普通高等学校"十一五"规

多媒体设计艺术基础

主编　张雪莉

编著　冯晓临　王宗泰　王妍莉
　　　方宁兰　张丽萍

国防工业出版社

·北京·

内容简介

本书从介绍多媒体基本理论入手,从语法和语汇两个方面阐述了多媒体艺术语言这一多媒体设计的重要艺术基础,其中第1章主要介绍多媒体基本理论,第2章至第4章分析了多媒体语言的三种重要语法,即超链接构成法、平面构成法和色彩构成法,第5章至第7章阐述了多媒体语言的两种重要语汇(即"动态画面"与"声音")创作的基本艺术规律。

本书每一章都设有学习目标、思维导图及教学活动建议,概念清晰,内容丰富,案例具体,分析详尽,既有利于课堂教学也有利于课后自学。

本书可作为高等学校教育技术及数字媒体艺术等专业相关课程的教材,也可作为高等学校媒介素养类课程教材的系列用书,还可作为广大多媒体艺术创作爱好者的学习参考用书。

图书在版编目(CIP)数据

多媒体设计艺术基础/张雪莉主编. —北京:国防工业
出版社,2010.11
普通高等学校"十一五"规划教材
ISBN 978-7-118-07118-4

Ⅰ.①多... Ⅱ.①张... Ⅲ.①多媒体技术 - 应
用 - 艺术 - 设计 - 高等学校 - 教材 Ⅳ.①J06 - 39

中国版本图书馆 CIP 数据核字(2010)第 204435 号

※

国防工业出版社出版发行
(北京市海淀区紫竹院南路23号 邮政编码100048)
北京奥鑫印刷厂印刷
新华书店经售
*
开本 787×1092 1/16 印张 13¾ 字数 314 千字
2010 年 11 月第 1 版第 1 次印刷 印数 1—5000 册 定价 26.00 元

(本书如有印装错误,我社负责调换)

国防书店:(010)68428422 　　 发行邮购:(010)68414474
发行传真:(010)68411535 　　 发行业务:(010)68472764

前　言

当今时代,以"网页"为代表的数字化多媒体作品(以下简称多媒体作品)正极大地影响着人们工作、学习、生活、娱乐的方方面面。然而,与多媒体作品用户数量的急剧攀升相比,多媒体作品的设计与开发却相对滞后,一个重要原因就在于:可以熟练掌握电脑操作技术的人很多,可以熟练掌握多媒体语言艺术规律的人却很少。音乐、美术、文学、影视等艺术都有自己的语言,多媒体作品集音乐、美术、文学、影视元素于一身,运用的是一种新型的综合性语言,即"多媒体语言"。这种综合不是简单的堆砌,它有自己独特的规律可循。多媒体设计的艺术基础就在于,首先要掌握这种多媒体语言。从感官接受的角度讲,多媒体语言包括了数字化的视觉语言、听觉语言和视听语言。从语汇的角度讲,多媒体语言不仅包括传统的艺术语言,如文学、音乐与美术语言,更包括一些新型的媒体语言,如"影视语言"和"超链接语言"等。

"艺术"的问题,总是关乎人文、关乎创造和欣赏的。对多媒体作品制作者而言,只有掌握好多媒体语言,才能创作出更加优秀的多媒体作品;对多媒体作品欣赏者而言,只有掌握好多媒体语言,才能更加深刻、全面地理解多媒体作品的真正意蕴。然而,在教育技术学研究领域,有关多媒体语言的研究一直比较薄弱,且大都停留在多媒体"界面"(或画面)这一层次,并未展开更多系统的研究,比如,什么是多媒体语言及其研究? 什么是多媒体作品及其分类? 多媒体语言的语汇和语法应该由哪些方面构成? 这种状况,无疑加重了教育技术学"重技术轻人文"的片面倾向,并成为导致多媒体教育资源开发滞后的重要"瓶颈"。因此,加强多媒体语言的研究与教学显得刻不容缓,无论对于提高教育技术学、数字媒体艺术、广播电视编导等相关专业人才的素质,还是对于提高全体公民的"媒介素养",都有非常重要的意义。

本书首次创造性地提出了多媒体语言的语汇和语法体系,重点分析了多媒体设计的超链接构成法、平面构成法、色彩构成法三大重要语法,以及影视画面、影视音乐音响和有声语言三种重要语汇。其中第1章、第2章、第3章由张雪莉编写;第4章由王宗泰编写;第5章由冯晓临编写;第6章由方宁兰、张丽萍编写;第7章由张雪莉、王妍莉编写。最后,由张雪莉审校全书并定稿。

由于本书讨论的是多媒体语言,涉及许多彩色图例和案例分析,许多案例作品如多媒体课件和学生 DV 视频作品等无法在书本中直接表现,读者如果需要,可登录以下网页观看、浏览:

观看书中彩色图片和相关多媒体课件请登录 http://home.163disk.com/snowli 下载相关文件;观看相关视频请登录 http://u.youku.com/snowli1108,打开"我的专辑",在"多媒体艺术基础"专辑中观看,所需解压密码和观看密码请与本书编者联系,编者的电子邮箱是 1069242756@qq.com。

此外,需要说明的是,本书所涉及到的部分参考文献来自互联网,其网址均已在"参考文献"中注明,但由于互联网内容更新速度较快,可能出现一些网址无法打开的情况,还请广大读者谅解。

由于作者水平有限,书中难免有错误与不足之处,恳请专家和广大读者批评指正,以帮助我们改进提高。

作　者

目　录

第1章 多媒体作品设计概论

本章学习目标

1. 了解媒体的发展与分类。
2. 理解多媒体的含义。
3. 了解多媒体作品的特征与分类。
4. 理解多媒体作品设计的艺术基础——多媒体语言的含义、语汇和语法。

本章思维导图

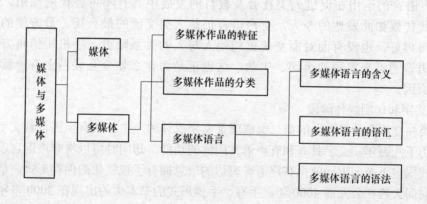

1.1 媒体、数字媒体与多媒体

1.1.1 媒体、数字媒体与多媒体

一、媒体

如今，我们生活在一个媒体的时代，电话、电视、广播、电脑、网络、DVD 视频播放器、CD 唱盘、MP3、MP4 甚至 MP5、有声书等各种媒体纷至沓来，层出不穷地包围着我们的日常生活，它们是如此强大地影响着我们工作、生活、学习、娱乐的方方面面。我们不禁要感叹，多媒体时代已经来临了吗？纸张、书本时代是不是已经消退了？到底什么是多媒体呢？要说清楚多媒体的概念，我们还得从媒体的概念说起。

日常生活中，我们往往给媒体太多的含义，有物质层面的，也有符号层面的，现在一般认为，"媒体"（medium）就是信息的载体，也就是在传播信息时，从传播者到接受者之间携带和传递信息的任何物质。

媒体其实是人的身体的延伸，比如，电话是嘴巴的延伸，电视是眼睛和耳朵的延伸，电脑是大脑的延伸，文字是思维的延伸，等等。现代传播媒体与技术极大地增强了人们观察事物的能力，使人们对信息的表达与交流不再只局限于抽象的文字范畴，而是更加形象、直观、生动，因而也大大加强了人们对信息和经验的表现力与接受力，网络媒体的发展又使人与人之间信息的交流空前活跃。对如今的每一个公民来说，会用媒体，用好媒体，尤其是用好数字媒体，应该成为一种基本的素养。

1. 媒体的发展阶段

媒体的产生和发展大致经历了以下几个阶段：

1) 有声语言媒体阶段

语言一开始只是有声的，并没有文字的形式，也就是说，最早的语言是纯粹的"有声语言"，本书此处所讲的语言也仅仅指"有声语言"，或者说仅仅指语音形式的语言。早期的有声语言传播仅仅限于人与人之间的面对面传播，尽管如此，有声语言的产生却标志着人类在记忆和传递知识，以及表达较复杂的概念方面，有了巨大的进步。有声语言的产生还使得人类群体间彼此的交流与合作有了可能，人们可以把自己学会的东西有效地传授给社会中的其他成员，当然也可以传递自己的情感。

有声语言的运用在促进人类社会及教育的发展中具有不可替代的作用，即使在各种现代传媒如此发达的今天，有声语言仍是人类交流的最直接、最方便的工具。书信写得再好，也没有面对面交谈更能使人与人的关系贴近，手机短信再方便，还是不如语音通话来得更加亲切、生动。这也正是为什么如今互联网上有声读物大受欢迎的原因。

2) 文字和印刷媒体阶段

人类在交流和传播方面的第二大成就是文字媒体的产生。从有声语言到文字的产生大概经历了几万年。文字具有和有声语言同样的功能，却同时可以将有声语言以视觉符号的形式固定下来，因而使得有声语言表达的信息拥有了视觉化的保存形式。最初采用文字的时间大约在公元前4000年。手写、手抄形式的书本大约出现在3000多年以前。大约在公元前2世纪，中国人发明了造纸术，公元105年蔡伦造出了一批良纸。公元7世纪中国发明的造纸术传入日本，8世纪传到阿拉伯等地，12世纪欧洲才造出了纸，于是，很长一段时间以来，纸成了书写文字的最方便工具。纸和文字的发明开创了人类信息传播的新篇章，可以将信息储存并且更加广泛地流传，对继承人类文化遗产、促进社会进步与文明起到了重要的作用。

由于文字是有声语言的视觉形式，它除了与有声语言一样，有明确的语义，可以表达抽象的概念外，更可将人类的抽象思维以视觉的形式直观地显示，因此其独特价值自然是无可替代的。大家会发现，随便打开一个网页，虽然其中五颜六色的图像、视频比比皆是，生动的音乐音响、有声读物随处可见，但"文字"这种古老而传统的符号（或者说表示媒体）却并没有消亡，而且还往往在网页中发挥着不可替代的作用。

3) 电子传播媒体阶段

19世纪末至20世纪是科学技术迅速发展的年代，其中电子科学技术的发展更为突出。人们把以电子技术新成果为主发展起来的传播媒体称为电子传播媒体，比如，幻灯、投影、电影、唱片、广播、电视、录音、录像等。电子媒体的发展大大提高了人类的传播能力和传播效率。其中影视艺术的诞生是最值得书写的。

1895 年 12 月，卢米埃尔兄弟在巴黎第一次公映电影，引来了世人无比惊奇赞叹的目光，并且开始了电影传播的新时代！初期的电影自然是无声的、黑白的。后来，人们发明了光学录音法，1927 年，诞生了有声电影。又经过多年的努力，1940 年，彩色电影开始普及了。再后来，又有了立体电影、宽银幕立体声电影、环形电影等。电影的诞生，曾让多少人着迷、惊叹，它是如此的直观、形象、生动——银幕上的活动影像，简直就跟真的一样！电影的姊妹艺术电视，则始于 1936 年的法国和美国，其优势在于让活动的影像家庭性、日常化，并且可以及时地、大范围地传播新闻。

4）数字媒体阶段

数字媒体又称"第四媒体"、"新媒体"或"网络媒体"。它是相对于报刊、广播、电视这三种媒体而言的，是通过计算机与网络平台以数字信号而非模拟信号传播文字、声音和图像、视频等信息的媒体。至于什么是数字媒体，它有什么特点等，将在后续的内容中讨论。

2．媒体的分类

按照不同的分类标准，我们可以将媒体分为不同的种类。

按照接受媒体的感觉器官不同，可以将媒体分为以下四类：

(1) 视觉型媒体——如幻灯机和幻灯片、投影器和投影片等。

(2) 听觉型媒体——如录音机、收音机、语言实验室以及唱片、录音带、CD 唱盘等。

(3) 视听型媒体——如电影、电视机、录像机、影碟机以及录像带、视盘等。

(4) 交互型媒体——如计算机及其相应的软件。

按照信息在人—机信息系统的运动规律，以及国际电信联盟（ITU）对媒体作的定义，可将媒体分为以下五类：

(1) 感觉媒体。感觉媒体是指能够作用于人的感官，使人能够直接感知信息的一类媒体。我们知道，人类的感觉通道主要包括：视觉（人类感知信息最重要的途径，人类从外部世界获取信息的 60%左右是从视觉获得）、听觉（人类从外部世界获取信息的 20%左右是从听觉获得）以及触觉、嗅觉、味觉（通过触、嗅、味觉获得的信息量约占 20%）等。视觉感觉媒体就是指能被视觉感官接收的可见光波段的电磁波；听觉感觉媒体就是能被听觉感官直接接收的可闻声频段的声波（机械波）。

(2) 表示媒体。表示媒体是指为了使人—机信息系统能够采集/显示、加工处理、存储/传输各类感觉媒体所携带的信息，而人为地构造出来的一类媒体，主要表现为信息系统赖以工作的各种信号形态。表示媒体在实质上是人类在传播过程中创造使用的各种符号，其形态主要包括图、文、声、像。

根据属性的不同，表示媒体又可进行如下分类：

按照时间属性划分，可以分为离散媒体和连续媒体。离散媒体是指不随时间变化而变化的媒体，如图形、静态图像、文本等。连续媒体（又称时间媒体）则是指随时间变化而变化的媒体，如声音、视频、动画等。处理离散媒体通信相对简单，由于文本文件不随时间变化，在当前时刻往网上传送一份文本文件与隔 10 秒后再传送这份文本文件，效果是相同的。但是，对连续媒体来说，情况就不同了。实时传送实况电视节目，其中包含视频与音频媒体信息，两者都是与时间有关的。视频数据流与音频数据流必须同步传送，以确保这两种数据流能同时到达接收端。倘若通信信道允许音频信息流比视频信息流更快地通过信道，那么接收端的接收效果看起来一定很别扭。

按照空间属性划分，又可以将表示媒体分为一维媒体、二维媒体和三维媒体。如单声道的音乐信号被称为一维媒体。二维媒体则指立体声、文本、图形等。三维图形、全景图像和空间立体声则被称为三维媒体。多媒体语言的研究，便是在表示媒体的层面上展开的。

(3) 显示媒体。显示媒体是指将人—机信息系统中的表示媒体转换为人类可直接接收的感觉媒体的一类媒体，如阴极射线显示、液晶显示、等离子体显示、胶片显示、纸显示、扬声器显示等。

(4) 存储媒体。存储媒体是指人—机信息系统中用于存放表示媒体的一类媒体，如磁盘、光盘、胶片等。

(5) 传输媒体。传输媒体是指人—机信息系统中将表示媒体从一处传送到另一处的一类媒体，这类媒体可以是热、力、电、光等不同类型的信号。

由于本书所涉及的主要是表示媒体，因此上面对表示媒体进行了重点介绍。

二、数字媒体与多媒体

多媒体是媒体数字化发展的必然结果。电脑与科技传播领域最具影响力的大师之一的尼葛洛庞帝，在其《数字化生存》一书中开宗明义地指出：作为"信息的DNA"的"比特"，正迅速地取代"原子"而成为人类社会的基本要素。而"比特"就是"数字"。能够用计算机记录和传播的信息媒体，一个共同的重要特点就是信息的最小单元是比特（bit）——"0"或"1"。无论是文字、图像、声音或视频，在计算机中存储和传播时都可分解为一系列比特的排列组合——数字"0"或"1"的排列组合。数字媒体的主要特征是：

(1) 提供超链接。数字媒体的一个最首要的典型的特征就是提供超链接，大家可以看到，在互联网上，处处是超链接，网民根据自己的兴趣，只要轻轻一点，便可从一篇文章进入另一篇文章，从一个网站进入另一个网站，这比起读报纸、听广播、看电视具有更加强大的内容选择上的自由性。如图1.1所示是《中国教育报》2010年8月25日头版局部截图，纸质的报纸虽然也图文并茂，却没有什么超链接，而在《中国教育报》电子版的网站上，不但针对很多版面的很多栏目与版块提供了超链接（图1.2），而且我们可以通过其中首页提供的更多版块的超链接（图1.3），以及"往期回顾"中的超链接（图1.4）随意浏览到更多的内容。

(2) 传播全球化。传统媒体的传播范围和受众范围常限于当地，数字媒体的传播则可跨越地域限制，受众也可遍及全世界。如今，互联网已经把我们的地球变成了一个小小的村落，无论在世界哪个角落发生的事情，通过网络，几乎在第一时间全地球的人就都可以知道。

(3) 传者多元化与互动化。web2.0时代的到来，使得数字媒体的传播者与受播者之间乃至受播者与受播者之间的互动交流成为现实，基于网络这个平台，每个人都可以发表自己的见解，抒发自己的感情，最典型的例子就是个人空间或Blog的普及。如今，很多人都拥有自己的个人空间，或是较为私密的QQ空间，或是腾讯、新浪、搜狐的正规化博客，网络已经成为大众共同发言的数字媒体。博客是一种"一对多"的网络交流工

图 1.1 《中国教育报》2010 年 8 月 25 日头版截图（局部）

01版：要闻	版面目录	
❶ 做好开学准备工作确保灾区中小学顺利开学	第01版：要闻	
❷ 成都新津：每个乡镇建一所标准化幼儿园	第02版：新闻	
❸ 提升高等教育质量 服务福建跨越发展	第03版：教师书房	
❹ 明确工作方针 深入贯彻落实	第04版：教育科学	
❺ 图文：背上新书包 笑脸迎开学	第05版：现代校长	
❻ 河南向省内受灾严重学校拨款1100万	第06版：大视野	
❼ 西藏兜底安置就业困难毕业生	第07版：今话题	
❽ 宁波北仑：强师资整体提升学前教育质量	第08版：校长圈	

图 1.2 《中国教育报》2010 年 8 月 25 日电子版中的版面阅读超链接

中国教育新闻网　　首页　新闻　国内　国际　基教　高教　评论　高考　考研　就业　教学　学术　专题　图片　资料　论坛　博客

中国教育报

图 1.3 《中国教育报》2010 年 8 月 25 日电子版中的导航类超链接

往期回顾

◄ 2010 ▼ ► ◄ 8 ▼ ►

日	一	二	三	四	五	六
1	2	3	4	5	6	7
8	9	10	11	12	13	14
15	16	17	18	19	20	21
22	23	24	25	26	27	28
29	30	31				

图 1.4 　《中国教育报》2010 年 8 月 25 日电子版提供的往期回顾超链接

具，此外，还有一对一的及时通讯工具如"QQ"，"多对多"的交流工具如电子论坛（BBS），除了及时交流的 QQ、MSN，还有异步交流的 E-Mail，等等。例如每个人都可以通过点击《中国教育报》电子版中的"论坛"与"博客"超链接（图 1.3），来发表话题、文章，从而与《中国教育报》的编辑、记者或其他读者进行互动、交流。

（4）传播速度快。数字媒体可以随时发布新闻等各种信息，甚至可以实时发布，它制作、发布新闻的程序简便，每个网民都可以成为新闻发布者，其时效性远胜过传统媒体。

（5）内容无限量。传统媒体如报纸的版面是有限的，广播、电视媒体的时段也是有限的，而数字媒体发布信息时，却不会受版面和时段的限制，其内容可以无限丰富。如《中国教育报》电子版提供的各种超链接（图 1.2、图 1.3 与图 1.4）就可以大大扩展其纸质报纸的容量，为读者提供更大的几乎是无限的容量。

（6）查询复制与操作控制易。数字媒体具有很强的资料检索功能，我们可以随时上网，在很短的时间内查看、检索自己需要的内容，并可直接复制到自己的硬盘或软盘上，或直接通过打印机打印出来。大家都知道，即使是一个小小的 MP3，也可以方便地实现乐曲的检索和选择播放，可以单曲循环播放、目录循环播放，也可以按照目录只播放一遍；可以顺序播放，也可以随机播放；可以轻松复制或删除一首或整个目录中的乐曲；可以随时录制声音。所有这些，比起传统的"磁带录放机"来都要容易得多。再比如在图 1.4 中通过选择不同的日期我们就可以方便地查询到《中国教育报》往期的内容。当然，在该报允许的情况下还可以复制其中的内容。

（7）手段多样化。数字媒体可以集报纸、广播、电视三者之长于一体，实现文字、图片、声音、图像等报道手段的有机结合，网民可同时拥有读报纸、听广播、看电视的诸般乐趣。

（8）技术依赖强。数字媒体传播的图、文、声、像等信息都是通过"0"和"1"这两个数字信号的不同组合来表达、转换的，传者和受众必须通过因特网发布和接收信息，因此和传统媒体相比，数字媒体对技术的依赖性更强。

由上可知，如今的数字媒体已经能够处理图、文、声、像等多种媒体信息并能够轻松实现信息之间的超链接了。其实，最早的计算机只处理数字运算，所以才称其为"电子计算机"。后来，计算机技术逐渐大量地并主要地应用于文字信息处理，所以又有人称之为"文字处理机"或"信息处理机"。再后来，可以用计算机辅助绘图，从而发展了计算机辅助设计技术（CAD），发展了三维图形动画技术，一直发展到今天，可以处理数字视频、音频信息的阶段，即多种数字媒体信息处理的阶段，也就是多媒体技术阶段。

那么，到底什么是多媒体技术，什么又是多媒体呢？是不是只要将图、文、声、像等表示媒体中的任意两种媒体元素放在一起，就是多媒体？当然不是，但在实际生活中却不乏这样的观点。大家试想一想，按照这样的观点，影视媒体算不算多媒体呢？影视媒体可是包含了图、文、声、像等多种媒体元素在内的啊！但是很明显，我们不能将影视媒体称之为多媒体，因为影视媒体当中的各种媒体元素是按照蒙太奇手法顺序组接在一起的，其中也没有可以随处跳跃的超链接。那么，既有图片又有文字的报纸、杂志算不算多媒体呢？当然也不是。本书以为，多媒体的含义应该是这样的：

多媒体是指这样一种媒体或技术，它能够以计算机技术为中心，把语音、图像处理技术和视听技术等以超链接的形式非线性地集成在一起，从而完成"图、文、声、像"等多种媒体元素的数字化传输、存储、表示与显示。

由上可知，多媒体的含义其实包括两个层面，一个是指多媒体技术，另一个是指多媒体作品。在本书中，当然是指后者了。多媒体技术与多媒体作品是紧密联系的两个概念——运用多媒体技术组织、表达、发布的作品便是多媒体作品。通常，我们便把多媒体作品简称为多媒体。下面，通过分析多媒体作品的特征和分类，来进一步深入理解多媒体的概念。

1.1.2 多媒体作品的特征与分类

一、多媒体作品的特征

多媒体作品具有以下一些特征：

1. 多维性

多维性是指多媒体作品具有将多种媒体元素集成在一起的能力。只要需要，多媒体作品的开发便可以将图、文、声、像等多种媒体元素集成在一起，其优越性是只有图、文两种媒体元素的纸质媒体和虽然多种媒体云集、生动直观却又缺少非线性和交互性的影视媒体所无法比拟的。图、文、声、像这四大媒体元素各有所长各有所短，只有取长补短，综合运用多种媒体元素，才能使人们思想的表达不限于单纯的抽象或单纯的形象，而是绘声绘色、视听兼备、抽象与直观并存，多媒体正是如此。

2. 非线性

多媒体作品具有将多种媒体元素集成在一起的能力，同时，这种集成更是一种非线性的集成。非线性指多媒体作品不是多种媒体信息即图、文、声、像在一维的时间或空间上的简单堆砌，而是按照一定的表达意图将多种媒体信息立体地有机地组合在一起，其中起关键作用的元素便是超链接，其根本的技术支持是信息处理的数字化。在互联网上，点击超链接，我们便可以在多种媒体元素间自由地、跳跃式地选择浏览，这正是由于网页开发人员已经将各种媒体元素、各种信息进行了立体的、多维的链接。多媒体的这种非线性的立体的信息组织方式最大地适应了人脑的思维方式与信息组织、存储方式（图 1.5）。

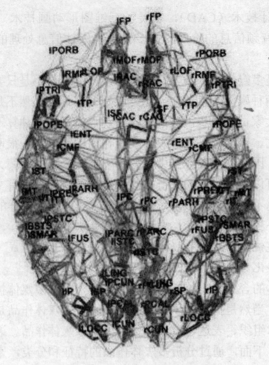

图 1.5　大脑神经网络图

非线性是多媒体作品区别于传统媒体的最大的特征。传统的媒体如书本、报纸是在一维的空间上显示文字、图片等信息的，其中没有什么超链接；影视则是在一维平面空间上按照时间顺序显示动态影像、文字和图片、声音等多种媒体信息的。它们都不是非线性的。只有网页、数字化的多媒体课件等才具备非线性特征，也才能称之为多媒体作品。

3. 交互性

交互性指的是人们在使用多媒体作品的过程中，可以通过一些具有交互功能的超链接，按照自己的意愿方便地选择或搜索浏览相关的内容，可以输入自己的个性化的信息，比如录入自己的语音、歌声，上传自己的视频、图片，发布自己的文章等。多媒体作品的交互性还表现在它可以在多媒体作品的开发者与使用者之间，或在使用者与使用者之间建立联系，让他们各自发表评论、反馈，互相交流、切磋。交互性是多媒体作品的重要特征之一。

4. 实时性

实时性又称为动态性，是指多媒体作品中的各种媒体元素，无论是图与文，还是声与像，其内容都很容易被修改、更新，因而呈现出一种临时性的特征。比如，在博客中，博主可以随时修改主页的背景图案、色彩、布局，更可以随时发表、修改、删除文章和超链接等。实时性是多媒体作品具有强大吸引力的关键之所在，如果没有了实时性，恐怕也不会有多媒体作品繁荣的今天。

二、多媒体作品的分类

根据内容的有限或无限，可将多媒体作品分为以下两类：

1. 开放式多媒体作品

开放式多媒体作品指以网络为重要技术依托，以网页为主要形式的多媒体作品，也就是通常所说的网站或网页。它的结构非常复杂，是一个开放式的动态灵活的系统，其中每一个网页都可能通过各种超链接而指向本网页之外的其他更多的网页。这类多媒体作品初期制作完成后，在后期，每一个网页的内容都可以及时更新、不断丰富，因此具有很强的动态实时性。

2. 封闭式多媒体作品

封闭式多媒体作品主要指可以离开网络运行的多媒体作品，主要包括单机版多媒体教学课件或游戏软件等。因为没有网络作为依托，其超链接大都是指向本作品之内的素材或节点，一旦制作完成后其内容也不方便及时更新，所以说是一种封闭式的多媒体作品。无论是开放式还是封闭式多媒体作品，都具有多媒体作品的共同特点，即多维性、非线性与交互性，只是在实时性上有些区别。

1.2 多媒体设计的艺术基础——多媒体语言

多媒体作品设计与制作的过程，从大的方面，可以分为两个阶段：一是多媒体素材加工与制作阶段，二是多媒体素材的集成与整合阶段。无论是哪个阶段，其所涉及的都是对多媒体语言的掌握与运用，比如在第一个阶段，涉及的是多媒体语汇的掌握与创作，即数字化"图、文、声、像"等多种媒体元素的创作与制作；第二个阶段，涉及的是多媒体语法的运用，也就是如何运用超链接构成法、平面构成法和色彩构成法，将各种不同的媒体元素有机、恰当、美观地集成在一个页面中、一个网站中或是集成在一个多媒体课件中。也就是说，多媒体作品的设计与制作，自始至终都离不开对多媒体语言的掌握，这便是多媒体作品设计的艺术基础。

1.2.1 多媒体语言的含义

语言这个概念有广义与狭义之分。狭义的语言就是人类语言，我们一般简称其为"语言"，它是一种由音、形、意和语法构成的符号系统，是一种社会现象，是人类思维的工具。狭义的语言包括有声语言和书面语言两大类，是一种特殊的抽象符号。广义的语言则是指一切能够传达某种内容的既定或待定的形式系统，或者说广义的语言是指一切能够传达人们思想、感情的符号，这种符号可以是具体的也可以是抽象的。日常生活中，我们大量地使用这种广义的语言概念，如音乐语言、绘画语言、数学语言、舞蹈语言，甚至身体语言（表情语、手势语、哑语等）。

不同的传播媒体往往使用不同形式的语言。如：传统的印刷媒体使用书面语言和美术语言，广播媒体使用声音语言，影视媒体使用声音语言和动态画面语言，多媒体则要综合运用以上各种语言，先将以上各种语言（文字语言、声音语言、画面语言）数字化，再进行有机组合，从而创造出绚烂多彩的多媒体作品。如果说印刷媒体中的语言是视觉符号化了的人类口头语言和工业化了的人类美术语言（即静态画面语言），广播媒体中的语言是电子化了的人类口头语言、音乐语言和自然音响语言，影视媒体中的语言是电子化了的人类声音语言和（动态）画面语言，那么多媒体中的语言则是数字化了的人类口头语言、文字语言、音乐语言、（动态与静态）画面语言和自然音响语言。只是这些语言在数字化的过程中，除了运用其本身的语汇体系、遵循其本身的语法规则，又产生了一些新的语汇和语法规则而已，如电脑音乐中"合成音色"的运用、多媒体作品中"超链接"的运用和多媒体元素的取舍等。

因此，我们说多媒体语言是一种综合性语言，它的主要语汇是图（静态图片）、文（文字语言）、声（有声语言、音乐、音响）、像（动态图像、有声语言、音乐、音响）、超链接，它的主要语法有超链接构成法、平面构成法、色彩构成法、时间构成法和立体构成法。

1.2.2 多媒体语言的语汇

多媒体语言的语汇可以分为形式语汇和内容语汇。

多媒体语言的形式语汇是由超链接、平面、色彩和时间等几大要素构成的。"超链接"是构成数字多媒体作品（以下简称多媒体作品）的最重要的形式语汇，是多媒体作品区别于其他作品的重要元素，正是通过超链接，多媒体作品才具有了非线性、开放性等重要特征。"平面"指构成多媒体作品的一个个屏幕画面，是构成多媒体作品的基本单位，包括位置、面积、媒体元素种类、对比等诸多要素。"色彩"是多媒体作品传情达意的一种重要元素，不同的色彩搭配风格表达着不同的情感和审美情趣。"时间"要素不仅决定着时间性内容语汇，如音乐与影视语汇的表达，而且也决定着多媒体作品某一平面上各种内容要素是否要同时安排，尤其决定着对声音和视频等时间媒体是否要同时呈现。

多媒体语言的内容语汇也就是我们通常所说的多媒体作品的素材，主要由图、文、声、像四大要素构成。图，即静态图片，形象、直观、生动，缺点是无法传达准确的深层含义；文，即文字语言，准确、鲜明，擅长表达思想，但不够形象直观；声，即音频，包括有声语言、音乐和音响三大方面，擅长抒情，但抽象；像，即动态视频，生动、逼真、传神，擅长表现运动和直观展现事物发展过程，但难以准确传达人物内心的思想和情感。在一部多媒体作品中，图片越多则越直观通俗，多用于少儿型、科普型多媒体作品。而文字越多则越深刻宁静，多用于思想性强的、抽象的理论型多媒体作品。声音要素尤其要根据主题的需要恰当布置，一个最起码的规则是在多媒体作品的某一个页面中，不能同时出现两种不相干的声音元素，否则形成噪音互相干扰。视频的布置也要根据表达的需要，不一定是越多越好。因此，以上四种要素有机组合、取长补短，是构成多媒体作品的基础。要创作多媒体作品，首先就要掌握图、文、声、像这四大语汇，要了解它们各自不同的表现力和局限性，要掌握它们各自的基本原理和基本制作方法，这样才能在创作中恰当取舍、合理搭配，最终完成一部优秀的多媒体作品。

一、图

多媒体语言中的"图"这一语汇的创作，是对传统的美术语言的数字化运用。

美术语言是人类的一种特殊的交流形式。说它特殊，是因为孤立的美术的构成要素不代表任何意义。它们只是被美术家在特定的情景中，构成一定的结构关系，表达一定的审美内涵。美术语言的构成要素包括点、线、面、体、明暗、色彩、空间、材质、肌理等。在美术语言构成要素中，"点"是形象或者空间中的最小单位，是相对形象或者空间其他要素而存在的，并且同时具备形状、大小、色彩、肌理等视觉形式。"线"通常被分为直线、曲线。直线具有直接、明确的感觉，曲线具有优雅柔美的感觉，因此，"线"是有一定表情功能的。线同时也具有位置、长度和一定的宽度。"面"比点、线要素更能确立美术形的意义，这是因为形最终是以某种形象出现在人们面前。"体"在美术构成要素中具有形状、质感、色彩等特征。"体"在雕塑、建筑中体现尤为突出。美术的其他语言要素如明暗、色彩、空间、材质、肌理等，由于篇幅所限不再一一介绍。

同时，美术语言运用于多媒体作品创作，牵扯到美术语言的数字化表达的问题，也就是所谓的电脑美术创作。电脑美术包括电脑绘画和由电脑控制的活动雕刻，是科学与艺术相结合的新兴学科，它与传统绘画是不同的两个概念。随着计算机功能的不断增强，在计算机绘画软件中，许多以往认为不可能做到的事情现在可以轻而易举地做到，在传统绘画中许多难以修改之处现在随意就能修正，比如，要给《蒙娜丽莎》里的画中人换件衣服，只需短短几分钟的时间即可做到；动画片原来是需要一张一张地画，现在我们只需要把一个动作的首尾设计出来，过渡程序通过电脑就可完成。在影视制作中，电脑美术更是大显身手，常常是实景镜头与电脑美术相结合，如电影《谁杀了兔子罗杰》是演员与卡通同台，《侏罗纪公园》(图 1.6)是主角与电脑恐龙共演，还有风靡一时的《泰坦尼克号》（图 1.7）、《阿凡达》（图 1.8）中电脑特技的运用等。

图 1.6　侏罗纪公园中的恐龙

图 1.7 电影《泰坦尼克号》海报

图 1.8 电影《阿凡达》海报

可以说电脑美术提供给人们平等的艺术创造机会，任何一位美术爱好者都能加入到计算机美术的行列中一展身手，它对传统美术的普及很有益处，且对传统美术本身提出了新的标准。

美术语言在多媒体作品的设计与创作中的运用，主要包括两个方面：一个方面是运用于多媒体作品的页面设计，另一个方面是运用于多媒体作品中静态图片的创作或加工处理。而第一个方面的内容，正是多媒体作品的平面构成法所涉及的主要内容，本书将在第3章专门阐述。

二、文

"文"即文字语言，也可以简单地认为是人类的"书面语言"。

无论多媒体作品的形式如何生动，许多时候，它还是离不开文字语言的运用。与有声语言不同，文字语言可以用视觉符号的形式传达准确而抽象的概念、含义和思想，可以将人类的抽象思维恰当地表现出来，是其他形式的"表示媒体"所无法替代的。打开网页或多媒体课件，虽然其中不乏花花绿绿的图片和有声有色的音频与视频，但我们依然可以看到其中总是有很多的文字，在简练而明了地传递给我们很多信息。

文字语言在多媒体作品中同样要经过数字化处理的过程。Word等文字处理软件的运用使我们对文字语言的录入、修改、创作更加便捷。

三、声

1. 有声语言

有声语言是人们在社会交往中传递信息、交流思想和感情的一种最直接、最普遍、最常用的基本语言，是书面语言的基础。相对来说，有声语言比书面语言更加直接、方便、广泛和迅捷。有声语言具有有声性、自然性、直接性、即时性和灵活性的特点。此外，与书面语言一个最大的不同是，有声语言意义的传达在一定程度上与"副言语"密切相关。副言语（paralanguage）又称副语言、类语言，是指超出言语交际和分析范围的各种不同性质或种类的伴随言语语言的声音。它有两种类型：一种是功能性发声，如笑声、哭声、叹息声、呻吟声、咳嗽声以及因惊恐而发出的喊叫声等；另一种是伴随有声语言出现的语音特征，如语音、语调、语带、语顿、音质、音高、音量、停顿等。这些无固定语义的功能性发声虽不是言语，却蕴涵着丰富的非言语信息，是言语难以表述的。因此，有声语言比文字语言具有更强的抒情性。

有声语言运用于多媒体作品，也同样存在着数字化的过程。数字音频技术的发展可以让有声语言的录取、存储、加工和传输变得更加灵活方便，从而为有声语言运用于多媒体作品提供了强大的技术支持。

有声语言在多媒体作品中的运用，是多媒体作品不同于传统文字作品的显著特征之一。鉴于此，本书将在第7章中专门阐述有声语言创作的基本方法。

2. 音乐

音乐也是一种古老而独立的艺术语言。音乐语言指音乐所使用的物质媒介及其表现方式。音乐的物质媒介是音响，表现方式是旋律、节奏、和声、音色等，它们也称为音乐语言的四大要素。音响是音乐的物质性因素，是音乐区别于其他艺术的物质存在，音响的特殊性制约和规定着音乐艺术的审美特性。音响最基本的特性是创造性、运动性和表情性。

旋律、节奏、和声、音色既是音响的表现方式，也是具有美感的音乐语言要素。旋律是音乐语言中极富魅力的要素，人们的听觉最容易感知的就是美的旋律。旋律是乐思的灵魂，音乐家的才能大都体现在旋律创造中。美的旋律可以千古流传，可以久久地回荡在欣赏者的心中。节奏指音响的长短、强弱的组织形态，它使音乐既有变化又有统一。音乐家将生命中富于变化的静与动、急与缓、强与弱进行美化并融入旋律，增强旋律的生命之流。和声指乐音的纵向结合，是两个以上的音的共鸣。和声具有扩展旋律表情的功能，同样的旋律配上不同的和声，可以有明亮、暗淡、尖锐、柔和的变化。音色是音调通过不同的发声器和发音方法所产生的听觉品质。

音乐走进多媒体作品，同样是数字化的结果，数字音频与电脑音乐技术的飞速发展，让音乐在多媒体作品中的运用更加方便灵活。电脑音乐系统的核心技术是 MIDI 技术。MIDI 本是"音乐设备数字接口"，即"Musical Instrument Digital Interface"的简称，是20 世纪 80 年代初为解决电声乐器之间的通信问题而提出的一种技术。MIDI 传输的不是声音信号，而是音符、控制参数等指令，它指示 MIDI 设备要做什么，怎么做，如演奏哪个音符、多大音量等。它们被统一表示成 MIDI 信息（MIDI message）。也就是说，MIDI 系统实际就是一个作曲、配器、电子模拟的演奏系统。从一个 MIDI 设备转送到另一个 MIDI 设备上去的数据就是信息。MIDI 数据不是数字的音频波形，而是音乐代码，可以认为是一种电子乐谱。与传统音乐相比，电脑音乐的制作更加灵活、个性化，而且为音乐语言开拓了更加丰富的音色。

首先，传统的音乐演奏方式是实时的，也就是说，几个演奏者必须同时演奏各自的声部，是一种只适于现场演奏的方式。如今，借助电脑强大的多媒体处理能力，制作者可以随心所欲地进行音乐作品的录制和编辑，比如，制作者可以先录制一个钢琴音轨，然后对其中不满意的地方进行修改（不是重新录制），接着录制一个套鼓音轨，然后再把它们同时播放出来，如果有个别地方节奏不准，可以精确地修改单个音符。即使最挑剔的制作人，也可以通过电脑的帮助获得理想的效果。

其次，传统的音乐演奏方式要求演奏者掌握很多技巧，一些世界名曲的技术难度更是令人望而生畏，要想成为专业水平的演奏者，必须经过多年练习。电脑音乐的出现解决了这个问题。由于电脑音乐的制作采用的是非实时的合成录音方式，因此制作者可以用自己熟悉的乐器演奏自己完全不会演奏的乐器，如擅长键盘演奏的乐手可以在电子合成器的键盘上演奏小提琴、长笛曲等，甚至直接通过乐谱编辑由合成器来完成音响模拟。对于难度超过自身演奏水平的段落，可以采用分步录音的方式，对于无法一次完成或者无法按现场演奏要求完成的段落，可以分多次完成，利用合成手段来达到常人无法达到的音域和速度。MIDI 允许制作者对所发声音的细节做精确的调整，如音色、速度、音量等，因此从理论上讲无论多么复杂、要求多么苛刻的音响效果都可以制作出来。

另外，由于电脑音乐采用的是电子合成器或采样器发出的声音作为音源，因此它的音色可以非常丰富，可以"凭空"制造出某种音色，也可以用具体乐器的声音通过某种算法进行合成变形，产生另一种全新的音色，所以它的音色永远是最丰富的。虽然目前的技术还不足以使"MIDI"音源发出的声音与真实乐器完全一致，但是这个差异在不断地缩小。

因此我们完全可以说，虽然音乐语言的掌握需要专门的学习和长期的耳濡目染，然而在数字媒体时代，MIDI 的普及让每个音乐爱好者都可自由、低成本地学习音乐语言，丰富音乐语言，创造音乐作品。而且，由于 MIDI 音乐作品存储空间小，大大方便了其在网页等多媒体作品中的应用，因此，掌握好 MIDI 制作工具，无论是对提升自身音乐素养，还是修改、编辑现成的音乐作品为影视、多媒体等其他作品进行配乐，都是非常有用的。

音乐语言对事物的表现具有运动的、时间的哲理性，音乐语言在传达人类抽象的情感方面具有其他语言不可替代的作用，因此，把握数字时代电脑音乐的脉搏，掌握好音乐这一独立语言，是设计和制作出优秀的多媒体作品的重要基础。

3. 音响

广义的音响指的是来自于自然、社会的一切声音，这里我们仅仅指除了人的有声语言和音乐之外的一切声音。没有音响的世界是枯燥的，没有色彩的。没有了鸟声、风声、雨声、雷电声、流水声、机器声，没有人的笑声、哭声、叹息声，这个世界将变得无比寂寥。音响真正走进艺术舞台，源自于影视的诞生，而音响真正可以在艺术或信息传播领域得以广泛、创造性地运用，还要依赖于数字媒体。数字音频技术不但可以原始地真实地记录各种音响，更可以加工、改造某种音响，甚至可以合成、制造出全新的音响。

四、像

"像"所涉及的主要是影视和动画等动态图像（包含声音）艺术。

动画和影视艺术是姊妹艺术，它们都是很年轻的艺术，但是却已经形成了自己独有的语汇和语法体系，如画面蒙太奇、声音蒙太奇、声画关系、镜头语言、影视音乐语言、影视音响语言等。关于这部分语言规律的研究，我们可借鉴影视艺术学的相关研究成果，将在本书第 5、6 章中加以重点分析，在此不再赘述。

1.2.3 多媒体语言的语法

多媒体语言的语法是多媒体语言研究的一项重要内容，但是一直没有太多系统的研究成果。本书创造性地将多媒体语言的语法分为超链接构成法、平面构成法、色彩构成法、时间构成法及立体构成法五个类型。以下对这五个类型的基本内涵加以阐述，在后续的章节中，将针对其中的超链接构成法（第 2 章）、平面构成法（第 3 章）、色彩构成法（第 4 章）展开重点分析与介绍。

一、超链接构成法

超链接构成法是多媒体语言特有的一种语法，它与多媒体作品交互功能的发挥密切相关，主要针对多媒体作品中的多媒体语言而言。超链接技术是实现多媒体作品内容无限丰富性的必要技术，也是实现多媒体作品接受者主动参与、自主选择的重要保障技术。因此，多媒体语言的超链接构成法主要是指通过动态图标、鼠标变换、加下划线、动画、声音等各种形式和相应的技术实现多媒体内容间的非线性超级关联的方法。

进行超链接设计，首先要理顺数字媒体内容间的逻辑关系。比如，对建网站而言，当策划等工作完成之后，马上要做的事就是把网站的整体框架搭建起来。建筑楼房需要有蓝图，拍摄电影、演戏需要有剧本，制作网站当然也需要网站的框架图，也就是网站的链接结构。对网站进行链接的规划，也就是决定以一种什么样的链接结构来展示网站内容，以让浏览者能方便地访问网站中的所有内容的过程。网站链接结构的规划，对整个站点中各个页面的设计将起到很大的指导作用。如果链接结构规划不当，会使网站中一些重要的页面深藏不露，重要的信息不能被访问者获得，这就违背了网站创建者的初衷。

二、平面构成法

多媒体语言的平面构成法是指在一维的计算机屏幕平面空间上安排图、文、声、像与超链接等各种要素的方法。平面构成法主要针对多媒体作品的界面设计而言，其实质是一种构图与排版的方法。以网页制作为例，浏览者在互联网上尽情畅游，必须让页面的构图排版更具艺术效果才能吸引更多浏览者的注意，才能加深他们对网页的良好印象。在进行网页的排版构图设计时，首先应该考虑的是网页的整体视觉平衡效果，其次，具有明快简约的风格、适当的留白、恰当的视觉冲击力等才能使网页更长久地吸引观众的注意。

平面构成的要素大致可分为形态要素和关系要素两大类：形态要素又称视觉要素，包括：点、线、面、色彩、肌理等；关系要素有些是可见的，如面积、方向、位置、空白等，有些则有赖于人们去感受，如重心、意味、功能等。视觉要素的编排、组合，是由关系要素所管辖的。

三、色彩构成法

多媒体语言的色彩构成法是指在计算机屏幕的平面空间或影视语言的画面空间上合理地运用色彩元素，以表达某一特定含义或达成某种传播目的的方法。色彩构成法主要是针对影视画面和多媒体界面语言而言的。色彩构成的实质就是将两个以上的色彩按照一定的关系原则去组合，创造出适应目的的构成形式。色彩构成的组合原则有均衡、变化、韵律、重点突出等。

色彩可以对构图与排版造成很大影响，不同的色彩还可以给观众带来不同的视觉冲击力和心理效果。以网页为例，颜色的恰当选取与合理搭配，都会使网页更具魅力。网页中的颜色主要包括背景色、前景色、图像颜色三部分。背景色的功能有两个方面：确定网页的基调色和分隔板块，前者是网站风格的重要组成部分，后者是网页空间划分的辅助手段。前景色主要是文字的颜色，通过与背景色的搭配，增加网页的活力和可读性，使网页更具吸引力。图像颜色一般自成一体，但也要注意与背景色、前景色的协调与搭配。

四、时间构成法

多媒体语言的时间构成法是一种线性的构成法，即按照"一定的时序"来安排画面、声音、文本等语言要素的方法。时间构成法主要与影视、广播、文学、音乐等艺术语言密切相关，它包括单线式时间构成法和复线式时间构成法两大类。

1. 单线式时间构成法——蒙太奇原理

单线式时间构成法是指在一条时间线上安排画面或声音某一种语言要素的方法，类似于单声部的音乐作品，我们可以将其称之为"蒙太奇原理"。蒙太奇原理源于影视艺术，时间构成法也主要是针对多媒体语言中的影视语言而言的。本质上，蒙太奇原理是一种关于时间艺术的原理，原指将一组画面在时间上以某种顺序组接起来以表达一个特定的含义，后来推广到声音艺术即广播艺术。广义地说，所有的时间艺术包括音乐艺术中所运用的也是蒙太奇原理，即将高低长短各不相同的音符在时间上以不同顺序组合起来，从而创作出一条旋律。对于影视艺术，单从画面或声音的角度看，其剪辑的原理就是一种蒙太奇原理，其语法就是单线式时间构成法。关于蒙太奇原理，在以后的章节中会有重点介绍和分析，这里不再赘述。

2．复线式时间构成法——影视声画关系理论

复线式时间构成法是指在一条时间线上同时安排画面、声音等两种或两种以上语言要素的方法，复线式时间构成法类似于多声部音乐作品的构成法，在影视艺术中主要表现为声画关系处理。在影视声画关系理论中，声音是一条线，画面是一条线，二者又都紧紧地结合在同一时间线上，因而产生了密切的"声画关系"——声画统一、声画对立和声画对位。正确处理声画关系是创作出优秀影视艺术作品的先决条件。有关这三种声画关系的具体内容将在本书第6章进行详细介绍。

五、立体构成法

多媒体语言立体构成法的实质，是运用时间构成法恰当设计与实现影视、声音等时间语言，运用平面与色彩构成法恰当设计与实现计算机屏幕、影视画面等空间语言，最后，运用超链接构成法将一个个平面上的图、文、声、像等语言以非线性的方式形成一个多维的、立体的、综合的多媒体作品。

由上可知，多媒体语言的立体构成法其实是包括时间构成法、平面构成法、色彩构成法及超链接构成法在内的一种综合构成方法。事实上，对于当今最流行的多媒体作品如网站而言，其设计多用的是这种综合的立体构成法，主要表现在，素材制作中可能多用时间构成法，而界面合成时则多用平面构成法、色彩构成法和超链接构成法。只有同时掌握了这几种语法，才能创作出优秀的数字多媒体作品，才能恰当而生动地表达出创作者的意图。

教学活动建议

课堂观摩经典的网页作品，讨论构成该网页的多媒体语言的特征，分析其所使用的语汇与语法。

第 2 章　多媒体作品的超链接构成法

本章学习目标

1. 了解时间表述法、空间表述法及超文本、超媒体的概念。
2. 理解超链接构成法的含义及其在发挥多媒体作品特性方面的重要意义。
3. 会分析多媒体作品的超链接构成。
4. 能在多媒体作品的创作实践中设计并运用超链接构成法。

本章思维导图

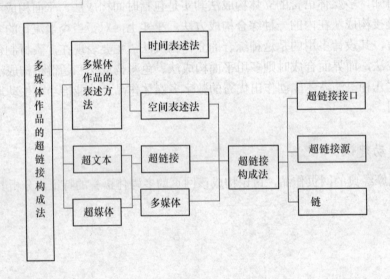

2.1　多媒体作品超链接构成法的基本原理

2.1.1　多媒体作品的时间表述法与空间表述法

人类的思维方式是自由随机联想的、跳跃式的、非线性的，也就是说，人在思考一个问题时常常并不会严格按照某一顺序展开。如例1所示。

例1　由听周杰伦歌曲《青花瓷》引发的联想与行为

有一个大学生，他在欣赏周杰伦的歌曲《青花瓷》（A），可能对《青花瓷》的旋律感兴趣，因为他是音乐发烧友；由此想到现代流行歌曲的特征，然后就想看看这首歌的乐谱（B）；看着乐谱突然又对周杰伦的演唱感兴趣，因为他是歌唱爱好者，于是就想能在哪里找到《青花瓷》的伴奏（C）；或者在自己电脑上安装某种录音软件（D）；从而将《青花瓷》试着翻唱一下（E）；翻唱的时候，可能他又对《青花瓷》的歌词感兴趣，因为他也喜欢文学，由此联想到中国古诗词的意境，并有了写一篇文章的冲动（F）……

由例1可知，这个大学生是按照 A－B－C－D－E－F 的顺序联想并产生相应行为的，但是下一次，他可能又按另一种顺序展开联想并产生行为。比如，按照F－C－D－E－A－B 等的顺序，也就是先写相关文章，然后找伴奏，再安装录音软件，再翻唱，再听，再找乐谱等。到了再下一次，很有可能，他又换了一种联想和行为的顺序，如直接翻唱（E）——录音（D）——上传翻唱（H）——与网友在网上交流演唱心得（I）……照这样联想下去，除了A、B、C、D、E、F这些行为，一个人内心所想的和他想做的会无穷无尽继续下去，那么我们不妨分析一下，要实现他上述的所思所想所为，用什么语言表述最合适呢？怎样才能让他真正实现他的所思所想呢？又怎样才能满足我们人类想象、思维与行为的各种无穷无尽的自由跳跃的可能呢？这就要从多媒体作品组织传达信息的基本方式说起。从根本上说，数字媒体传播和表达信息的方式主要有两种：线性的时间表述法和非线性的空间表述法。

一、时间表述法

时间表述法是在时间轴上对多媒体信息进行编辑、表述，是一种传统的、线性的信息表述方式。如传统的文本媒体，无论是书本，还是计算机中的文本文件，都是线性的，读者在阅读时，必须一字一字、一句一句地按顺序读，没有更多自由选择的余地。比如，如果把"你吃了吗？"变成"吃你了吗？"，含义就完全不一样了。同时，当我们听别人讲话的时候，只能一句一句地听，说话的人也只能一句一句地说，并且需要按一定顺序才能正确表达他的含义。同样，观看影视作品或欣赏声音作品（如音乐、广播）时也是一样的情况，只能按照导演预先编排好的顺序去观看欣赏，否则很可能无法理解影视或声音作品的真正含义。

时间表述法运用的往往是一种线性结构或树状结构，如图 2.1 和图 2.2 所示。也就是说信息点呈线性排列，用户只能按某个预置顺序接受信息，或信息点按照层次关系排列组织，用户沿着树状分支接受信息。该树状结构由信息之间的自然逻辑形成。

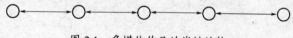

图 2.1　多媒体作品的线性结构

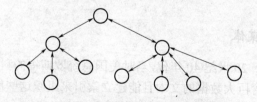

图 2.2　多媒体作品的树状结构

二、空间表述法

空间表述法，也就是超媒体表述法，它是指在空间上编排多种媒体信息，并提供多种关联信息的一种综合表达信息的方式。例 1 中的那段文字，只能线性地、按照一定顺序给我们描述该大学生的所思所想，而且这种描述还是从旁观者的角度进行的一种描述。从当事人即该大学生的角度来说，他要能及时迅速地同时实现他的所思所想，那么运用电脑、多媒体和网络等数字媒体会是最佳的选择，因为这些数字媒体表达信息的方式是空间性、非线性的。比如，他可以利用百度的 MP3 搜索功能，找到周杰伦的《青花瓷》进行欣赏，然后，再到乐谱网站下载《青花瓷》乐谱，再上音乐翻唱网站进行翻唱、上传，再去博客上写博文等，再打开 QQ 和网友交流翻唱心得……空间表述法常常采用网状结构或同时具备线性结构、树状结构与网状结构的复合结构，它类似于人脑思维的自由联想方式，各信息点按照其内在的逻辑相关性建立链接，用户可在各信息点之间自由"航行"，没有预置路径的约束，如图 2.3 所示。

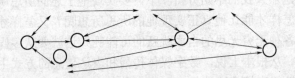

图 2.3　多媒体作品的网状结构

　　信息的组织结构取决于多媒体作品的控制策略。一般来说，线性结构主要适用于电脑主控策略；树状分支结构既可用于电脑主控策略也可用于用户主控策略；网状结构主要适用于用户主控策略；而复合结构主要用于电脑—用户混合控制策略。

　　从以上结构分析可以看出，要实现例 1 中的思想，最适宜的就是这种空间性的网状结构或复合结构，而且往往要由电脑、网络和多媒体系统来完成，其核心思想就是超文本、超媒体和超链接，如图 2.4 所示。

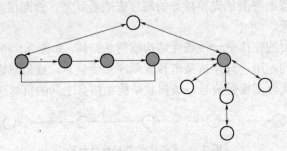

图 2.4　多媒体作品的复合结构

2.1.2　超文本与超媒体

　　超文本思想起源于 20 世纪 40 年代，当时美国总统罗斯福的科学顾问 V.Bush 建议生产一种机器，它能包含巨大数据的文本且能建立索引来组织这些信息，并建议提供一种简易的方法在文件之间建立链接。后来根据他的建议实现了 Memex（即 Memory exender 的缩写，一种专门存储书籍、档案和信件的设备）。但由于当时技术的限制，Memex 只是一个功能相当有限的工具。真正的超文本系统到 20 世纪 60 年代后期才推出。大约同一时期，美国的泰得·纳尔逊（Ted Nelson）开始提出了他对未来文本处理的思想，并

20

同时正式启用 Hypertext 和 Hipermedia 术语。那么到底什么是超文本呢？我们从"书本"媒体说起，来说明这个问题。

"书本"是由章节组成的，这些章节是按线性次序排列的——"书本"中的知识由若干个知识点组成，这些知识点分布在各个章节中，可以说一本书是将知识点按线性次序排列的文本，所以我们说书本是一种文本（text）形式。然而实际上，知识点之间的联系是复杂的，要掌握一个知识点的内容，可能需要先掌握另外若干个知识点的内容，而这个知识点又可能是掌握另外若干个知识点的前提。可见知识点间的联系并不是线性的，而是一种网络结构，从宏观上可以认为人脑中知识的存储结构就是这种网络结构。

人的大脑在分析与解决问题时，并不是线性地搜索头脑中所有的知识点，而是根据问题本身的启示，触发某些知识点，从而在所掌握的全部知识网络的局部范围内展开搜索。如果将知识按书本的形式（即文本结构）存储在计算机中，将给我们的搜索带来很大的不方便。如果模拟人脑知识库的存储结构，即按知识点的内在联系用网络结构存储，采取某一种触发机制，就可以极大地提高搜索效率，这样一种存储形式就是所谓的超文本结构。超文本具有多方面、多层次的表现力，为人们提供了一种全新的写作方法。超文本结构类似于人类的联想记忆结构，它采用一种非线性的网状结构组织块状信息，没有固定的顺序，也不要求读者按照某个顺序阅读。

超文本技术是一种信息管理技术，它以节点（知识点或信息块）作为基本单位，这种节点要比字符高出一个层次，它可以是某一字符、文字的集合，也可以是屏幕中某一大小的显示区等。也可以说，超文本是对线性文本的一次抽象，它的基本信息单位不是字符，而是信息含量丰富的节点，每个节点表达一个特定的主题，它的大小根据实际需要而定，没有严格的限制。在信息组织方面，则是用"链"把节点组织成"网状结构"。"链"反映了节点之间的关系和联系，节点和链形成了一个网络。

近年来由于多媒体技术的发展，超文本技术得以迅速发展和应用，使得超文本真正成为一种实用的信息管理技术。超文本技术在多媒体作品中的应用，便产生了"多媒体超文本"，即"超媒体（Hipermedia）"，这时，节点中信息的载体既可以是文字，也可以是听觉、视觉等媒体信息，还可以是多种媒体信息的组合，甚至还可以包括计算机可执行程序。

2.1.3 多媒体作品的超链接构成法

一、什么是超链接构成法

所谓超链接就是用"链"把各种节点关联起来的一种技术。如果说，超文本是用非线性方式组织在一起的文本，超媒体是用非线性方式组织在一起的多媒体，那么，超链接则是实现各种媒体、文本之非线性关联的一种重要技术。

超链接技术主要集中地体现在网络及多媒体作品中。在网络中，超链接是指一个网页到另一个网页的一种链接关系。超链接在网络中起着非常关键的作用，它不但可以将各个网页联系在一起，而且将 web 页与图像、声音、动画、视频、数据等多媒体文件联系在一起。可以说，超链接使全球的信息资源联系在一起。超链接是网站和网页中必不可少的重要组成部分，互联网上众多的网站和网页都是通过超链接联系在一起的，也只有通过超链接才能使网页"活"起来，才能真正实现网络的"无国界"。在网页中添加超链接后，只需单击超链接就能将当前的网页转向其他页面，从而将一个个网页联系起来，组成一个有机整体。从某种意义上说，超链接就是网页的灵魂，成功运用超链接可以使网页变得更加灵活、美观和便捷。

超链接主要有 WWW 超链接、FTP 超链接、BBS 超链接、E-mail 超链接等形式。最为常用的是 WWW 超链接，一般包含文本超链接和图像超链接两种形式。

那么，什么是多媒体作品的超链接构成法呢？本书作出如下界定：

所谓多媒体作品的超链接构成法，是指通过在各种媒体或程序间建立非线性关联的方式，帮助创作者完成作品内容的全方位发布、管理与更新，帮助作品欣赏者完成欣赏内容与欣赏顺序的自由选择及意见反馈的一种多媒体作品构成方法。

关于媒体中的超链接，是可以追溯到印刷媒体即书本当中去的。虽然书本的阅读方式大体以线性为主，但其中却存在一些类似超链接的东西，那便是书本中的"目录"。通过"目录"，读者可以自由地选择浏览和阅读的顺序，从而在一定程度上实现对书本整体内容的非线性阅读，但这仅仅是针对书本"整体内容"的一种非线性阅读，就局部而言，对书本的阅读只能是线性的——因为文字是线性的，静态的图片被放在书本中时，也是按照一定顺序排列的，阅读某一段文字的时候，不可能不按照一定的顺序去阅读。

由上可知，多媒体作品与印刷媒体（书本）有一些共同之处，都同时具有线性与非线性两种特征，不同的是书本上的媒体元素较少，一般只有文字和图片两种，而多媒体作品是图文声像并茂的。此外，书本中的超链接和链接源非常有限，一般只有两种：一种是正文前面的目录页，其超链接源指向书本中的内容；一种是文中的注释或文后的参考文献，其超链接源指向该书本外的其他资料。因此，与多媒体作品相比，书本的超链接并不能称之为严格意义上的超链接，其丰富性与便捷性都与数字化多媒体作品中的超链接不可同日而语。对多媒体作品来说，每一个页面都可以包含超链接和超链接源，尤其对于开放式多媒体作品，其超链接和超链接源的数量几乎是无限的。

二、超链接构成法在发挥多媒体作品的特性方面具有非常重要的意义

根据内容的有限或无限，我们可以将多媒体作品分为两大类：即开放式多媒体作品和封闭式多媒体作品。

开放式多媒体作品以网络为重要技术依托，以网页为主要形式。它的结构非常复杂，是一个开放式的动态灵活的系统。每一个网页都可能通过各种超链接而指向本网页之外其他更多的网页，而且这类多媒体作品初期制作完成后，在后期，每一个网页的内容都还可以及时更新、不断丰富。封闭式多媒体作品则以单机版多媒体作品为主，如储存在光盘或U盘中的多媒体教学课件等，因为没有网络作为依托，其超链接主要指向本作品之内的素材或节点，一旦制作完成后其内容也不方便及时更新。

不论哪种多媒体作品，都是以多维性、集成性、交互性和实时性等四种特性为主要特征的，而这四种特性的实现在很大程度上都要依赖于"超链接构成法"。

1. 多媒体作品之多维性的实现要依赖超链接构成法

多维化是指多媒体作品所包含的表示媒体的多样化，即多媒体作品是包含了图、文、声、像等多种媒体元素的。印刷媒体只包含文字和图片两种媒体元素，而且在电子排版技术没有出现以前，就是要将文字和图片排列在一个版面中也并非易事。如今，任何一个会操作电脑、会用 Word 软件的人就可以很轻松地在一篇 Word 文档中将文字和图片排列在一起（如用"插入—图片"命令来给文字添加图片），然后也是很方便地就可以把这样的文档打印出来。而要制作一个包含图、文、声、像等多种媒体元素和超链接的多媒体作品，如今也是非常容易。比如在 Powerpoint 软件中利用"插入—图片"、"插入—影片和声音"命令，就可以给幻灯片中的文字轻松添加图、声、像三大媒体元素，从而制作出一个精美的多媒体 PPT 文件。而利用 Authorware 等专门的多媒体制作工具就更容易将不同的媒体元素集合在一起了。这里要说的是，不论是 Word 软件中的"插入—图片"命令还是 Powerpoint 软件中的"插入—图片"或"插入—影片和声音"命令，其实质都是一种交互类超链接，即一种将软件使用者和计算机的某个程序联系起来的超链接。只有通过这类超链接，我们才能完成一部多媒体作品的创作。因此，我们说多媒体作品之多维性的实现要依赖超链接构成法。

2．多媒体作品之集成性的实现要依赖超链接构成法

正如前文所述，多媒体作品的集成性不是多种媒体元素即图文声像的简单堆砌，而是按照一定的表达意图将多种媒体元素非线性地、立体地有机组合在一起。要实现多种媒体元素的非线性的、立体的有机组合，就要依赖超链接构成法。从语法的角度来说，超链接构成法正是多媒体作品组织内容、传达信息的重要手段，如果没有超链接构成法，多媒体作品便仅仅以其平面化的"界面"存在着。也就是说，如果没有超链接构成法，多媒体作品就变成了一张类似于杂志页面的东西，或者说充其量就是一个可以在屏幕上播放动态视频的"平面化"的东西，看起来花花绿绿，图文并茂，多种媒体并存，但也仅仅是"一个平面"而已，它所包含的内容是极其有限的，我们只有通过点击该平面上的超链接，才能进入到更多的页面，才能接收到更多的信息。在这个意义上，从创作者的角度来说，才能真正实现多媒体作品集成性，或者说才能真正实现作品内容的全方位、立体的非线性发布。

3．多媒体作品之交互性的实现要依赖超链接构成法

所谓"交互"就是交流互动的意思，在数字媒体的传播过程中，交互包含了"人际互动"和"人机互动"两个方面，而且这两方面常常是紧密结合在一起的。比如，"人际互动"可以是同步的，也可以是异步的。在同步人际互动中，人与人的沟通交流常常运用 QQ 等网络实时交流工具，在这种互动中，人与人是通过电脑、网络及 QQ 等硬件、软件为中介展开交互的，所以其中包含了"人机互动"。而在异步人际互动中，人与人的沟通交流往往通过电子邮件、论坛、博客等工具进行，也是有电脑、网络等机器介入，也是包含"人机互动"的，所以严格意义上的纯粹的人际互动或纯粹的人机互动是不存在的，因此，将数字媒体传播过程中的交互看成是一种人—机—人之间的交流互动更加恰当。

在有些多媒体语言研究的内容中，常常把"交互"作为多媒体语言语法研究的一个重要内容，由以上分析可知，在数字媒体的传播过程中，交互更多的是一种人与人之间直接或人与人之间通过机器间接交流互动的"行为"。在多媒体作品的传播过程中，它更多地体现为"两种行为"：一种行为来自于多媒体作品的欣赏者，表现为他们对作品内容的自由选择式浏览、发表评论与留言等；另一种行为来自于多媒体作品的创作者，表现为他们根据欣赏者的意见对作品内容的后期修改、更新与管理等。

其实，无论开放式还是封闭式多媒体作品，其中都存在着交互。只不过对于前者而

言，交互更多地会影响内容的后期更新与修改，从而使多媒体作品不会像影视等艺术一样成为"遗憾的艺术"，而是一种永远年轻的常变常新的艺术；对于后者而言，交互往往只影响着欣赏者对于内容的选择接受的方式，而对于多媒体作品的内容本身，并无太大影响。因此，"交互"更多的是一种"交流"的行为，它与多媒体作品本身的创作尤其是前期创作没有太大关系，而只是与后期欣赏、内容维护有密切关系，所以，"交互"不应该是多媒体语言语法本身的一个要素。而且，"交互"离不开"超链接"，可以说，没有超链接构成法，交互便无法展开，多媒体作品的欣赏者正是通过"超链接"尤其是交互类超链接给作品创作者以评论、留言的方式提供反馈，创作者也正是通过某些交互类超链接，如"回复评论与留言等"或"再次编辑、修改作品等"，才能再次实现与欣赏者的沟通与交流即"交互"，所以，没有"超链接"，就很难实现"交互"。交互影响着多媒体作品语言的语法，但并不是多媒体作品语言的语法本身。

4．多媒体作品之实时性的实现要依赖超链接构成法

在不同类型的多媒体作品中，实时性的体现会有所不同。在封闭式多媒体作品中，实时性的意义更多的在于不同用户或欣赏者会通过作品提供的超链接，以不同的、富于个性化的浏览顺序展开对作品的欣赏或学习，从而产生了对作品内容的不同方式、不同程度的理解。也就是说，在这类多媒体作品中，实时性主要是隐性的，更多地体现为不同欣赏者对作品的不同的方式欣赏。

在开放式多媒体作品中，实时性的含义除了包括与封闭式多媒体作品中相同的内容外，还更加丰富。以新浪博客为例，在这类多媒体作品中，欣赏者可以针对作品本身提交评论，也可以针对创作者本人，以"发布留言、加好友、送礼物、打招呼、发纸条"等形式，与创作者进行更加密切的交流，然后，创作者可以对这些评论、留言等进行回复，或回送礼物等，也可以根据这些评论、留言和其他密切交流来修改、更新或管理自己的作品，这样，"博客"这种多媒体作品就成了一种动态、实时变化的多媒体作品，开放式多媒体作品的实时性由此体现得更加明显。而这一切，都要基于博客开发者及拥有者给出的各种超链接才能完成。

三、超链接构成法是多媒体作品开发者展现自己个性和思维风格的重要手段

通过超链接建立的信息网络，在建立信息间非线性关联的同时，也表现出作者思维的轨迹。从这个意义上说，它不仅提供了知识、信息本身，而且还蕴涵着作者对它们的分析、推理和组织等，其内涵是极为丰富的。

在一个多媒体作品当中，超链接数量的多少、超链接源的内容及功能的选择，是由多媒体作品的体裁决定的，而且常常体现着开发者自己独有的个性特点和思维风格。对于开放式多媒体作品而言，超链接构成既可能体现出某一个体开发者的独特的个性特征，也可能体现出某一开发集体的共同的集体特征。比如，像"博客"这种开放式多媒体作品，它的超链接构成会体现出博主强烈的个性特征———他的兴趣爱好、视听风格、交往风格等；而对于"新浪"、"搜狐"等综合性网站而言，其超链接构成则充分地体现出新浪与搜狐集团，以及大多数综合性网站所特有的"综合展示各类信息"的意图。对于封闭式多媒体作品而言，超链接构成则更多地体现出开发者的思维特征，比如单机版运行的封闭式多媒体课件，在每一个页面上组织哪些超链接，每一个超链接所对应的超链接源其内容或性质是什么，都体现着开发者的知识组织策略和教学设计思想。

2.1.4 超链接构成法的基本元素

多媒体作品的超链接构成法实际上就是用节点和链去实现一个多种媒体信息的非线性关联的网络。其中的多种媒体信息就是"节点"，而"非线性关联的方式"就是"链"。节点是指构成多媒体作品的一个个具有相对独立的内容的元素，是构成多媒体作品的最小的内容单位，在形式层面上，节点由超链接接口和超链接源两部分构成。而"链"则是连接超链接接口与超链接源的一种"有方向"的关联方式。

一、超链接接口

超链接接口简称"超链接"，常常表现为多媒体作品页面中的一个"热区"，其内容往往以超链接目标的"标题"为主，其形式可以是文字、图形、动画等。识别网页中超链接的常用方法是，如果鼠标移动到某一区域时鼠标指针变成了一只手的形状，那么这一区域的内容一般就是一个超链接接口。此时点击该超链接，便可打开其所指向的超链接目标。超链接的显示形式可以由用户在制作网页时自行设计。对于文字类超链接来说，最为通常的表现形式就是为作为超链接文字添加下划线，还可以不同的颜色或字体来区别该超链接是否已经被访问过。

1．超链接接口的分类

按照表现形式的不同，可以将超链接接口分为以下几种：

1）文字类超链接接口

文字类超链接接口以标题文字的形式概括超链接目标的主要内容，让人对超链接目标有一个理性的初步认识，从而为决定是否点击该超链接打下基础。这类超链接接口在实际应用中使用最为广泛。

2）图文类超链接接口

纯图片形式的超链接接口虽然形象却含义模糊，纯文字形式的超链接接口虽然含义明确但不够形象，只有将静态图片与文字结合在一起，才能既形象又含义明确地表示超链接目标的主要特征。图文类超链接接口一目了然，容易吸引用户的注意力。网页中，这类超链接接口在数量上仅次于文字类超链接接口。

3）动画类超链接接口

动画类超链接接口让文字、图片动起来，不但形象而且生动直观，很容易吸引用户的注意力。网页中常常以动画类超链接接口来链接广告内容，此类超链接接口在数量上排列第三。

4）视听类超链接接口

视听类超链接接口是最吸引用户注意力的，但有时出于技术的原因，有时出于实用的原因，这类超链接应用较少，即使应用，在一个网页内部出现的数量也不能太多。因为听觉通道不像视觉通道，当好几类不相干的听觉信息（网页中不同的超链接接口往往是不相干的）同时出现时，会变成一种噪音（处于同一个主题的同一作品如影视作品中的各种声音信息另当别论），且互相干扰，所以，我们在网页中很少见到这类视听兼备的超链接接口，一般就是不加声音元素的单纯的动画，也就是上述的第三类超链接接口。以新浪网首页为例，如图 2.5 所示。从图中可以看出，该首页上排列着的文字、图片与动画几乎全是超链接接口，如果进行统计，就会发现这些超链接接口中数量最多的是文字类超链接,其次是图文类,再次是动画类,而纯粹图片类或视听类超链接在该首页上是很少见到的。

图2.5 新浪网首页(局部)截图

按照功能的不同,可将超链接接口分为以下几类:

1) 导航类超链接接口

对于封闭式多媒体作品而言,这类超链接主要指向该作品内部其他页面的相关内容;对于开放式多媒体作品而言,这类超链接则既可能指向该作品内部其他页面,也可能指向其他网站的页面,总之,这类超链接可以帮助用户更好更快地选择浏览多媒体作品的内容。图2.5中的大多数超链接都是导航类超链接,尤其是图中上方如同表格一样整齐排列的三行文字类超链接接口,如图2.6所示,都属于导航类超链接接口,它们分别指向新浪网不同的版块,比如点击其中的"天气"这一超链接接口,便会打开如图2.7所示的网页,该网页便是属于新浪网的一个子版块。

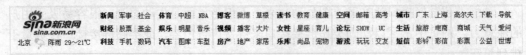

图2.6 新浪网首页的导航类超链接版块

2) 交互类超链接接口

交互类超链接所指的链接源不是供用户被动浏览的一块内容,而是执行一个程序以帮助用户进一步实现某种操作。如图2.7中右上方的"更改定制"超链接接口,就是一个典型的交互类超链接接口,点击该超链接接口,就会出现如图2.8(a)所示的交互输入窗口,只要在其中输入相关的地名(如"天水"),然后点击右边的"定制",就可以定制最常关注的某地的天气预报,也就是说,每次打开新浪的天气版块,该地的天气情况将默认显示,如图2.8(b)所示。而在更改定制之前,缺省显示的则是北京市的天气情况,如图2.7所示。

图 2.7　新浪网导航类超链接"天气"的链接源（局部）截图

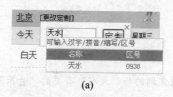

(a)

(b)

图 2.8　新浪天气板块

(a) 新浪网天气板块的天气预报定制窗口；(b) 新浪天气板块局部截图（更改定制为"天水"后）。

3) 综合类超链接接口

综合类超链接接口，既具有为用户进行内容浏览提供导航的功能，也具有帮助用户实现某种操作的功能，如一些"搜索"引擎性的超链接。利用这个超链接，用户只要输入相关搜索条件，便可搜索得到相应的内容。如图 2.9 所示，首先，在众多的搜索条件如"网页"、"新闻"、"音乐"、"地图"等当中选择第一搜索条件"音乐"，然后在其中的空白输入框中输入第二搜索条件如"天水"，最后点击"搜索"按钮，就会打开如图 2.10

27

所示的网页，其中包括与天水有关的众多"音乐"的导航类超链接，因此我们说这个"搜索"超链接接口是一种综合性的超链接接口。

图 2.9　新浪新闻网页的搜索超链接

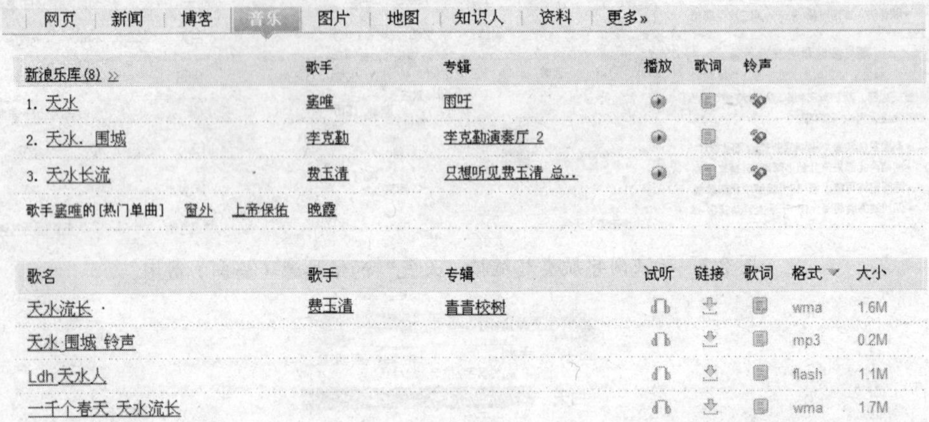

网页	新闻	博客	音乐	图片	地图	知识人	资料	更多»

新浪乐库(8) >>		歌手	专辑	播放	歌词	铃声
1. 天水		蜜唯	雨吁			
2. 天水．围城		李克勤	李克勤演奏厅 2			
3. 天水长流		费玉清	只想听见费玉清 总…			
歌手蜜唯的[热门单曲] 窗外 上帝保佑 晚霞						

歌名		歌手	专辑	试听	链接	歌词	格式 ∨	大小
天水流长 ·		费玉清	青青校树				wma	1.6M
天水 围城 铃声							mp3	0.2M
Ldh 天水人							flash	1.1M
一千个春天 天水流长							wma	1.7M

图 2.10　新浪网搜索到的与"天水"有关的"音乐"类超链接（局部）

2．超链接接口的特点

超链接接口具有如下特点：

1) 标志性

超链接接口仅仅是指向超链接源的一个"标志"，以能代表超链接源的、简要的、标题性文字或标志性动画、静图为主要内容，标志性是超链接接口的首要特征。

2) 精练性

超链接接口以精练性为主要特征，因为它只是指向超链接源的一个索引或标志，而不是超链接源本身，所以往往是简洁精练的，占着较小的面积，通常由一句话或一个词组成，即使是图片类、动画类的超链接接口，也会精选那些能反映超链接源基本内容的代表性图片或动作加以展示。

3) 灵活性

超链接接口虽然以标志性和精练性为主要特征，但为了强调某些重点内容（如，重大新闻或广告等），多媒体作品开发者会采取占用较大面积、突出位置和放大字体等手法灵活处理某些超链接的显示，以传递对这些超链接强调显示的意图。这便是超链接接口设计的灵活性。下面以图 2.11 为例来分析这几个特性。

图 2.11 是新浪新闻中心主页中"要闻"的板块，从图中可以看出，该板块上排列着的文字全是超链接接口，这些超链接接口都典型地体现出"标志性"和"简洁性"两大特征。如无论是"公安部督办 22 省区市 52 起涉黑案"、"商务部谈中国成第 2 大经济体报道"等分别是一句简短的话；"67 人失踪"、"滚动"等分别是一个词组。那么该板块中，其超链接接口的灵活性又是如何体现的呢？

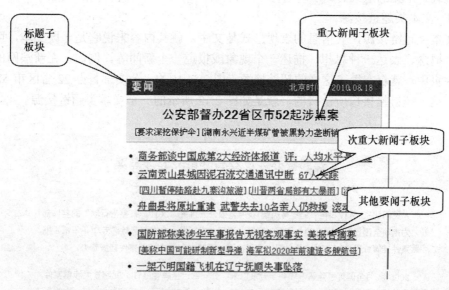

图 2.11　新浪新闻中心首页的要闻板块（局部）

我们可以将该板块分为标题、重大新闻、次重大新闻三个子板块，这三个子板块按从上到下的顺序依次排列，这样，不同的排列顺序就已经显示出各子板块之"新闻重大性"的不同。可以说，在这个板块中，灵活性主要体现在对"标题子板块"和"重大新闻子板块"的特殊强化显示上：

"标题子板块"以红色为背景色，从而达到强调的目的，并且将其放置在"第一行"的首要位置，强调的用意就更加明显，而其中"要闻"两字又放在本子板块的首要位置。"2008 年 6 月 26 日"等时间信息则以小一些的字号显示且不加下划线，说明该时间信息并不是超链接接口，不提供与它相关的更多内容。

"重大新闻子板块"只有"公安部督办 22 省区市 52 起涉黑案"这一个主题的内容，而不像下面两个子板块中都放置了很多不同主题的内容，而且，"公安部督办 22 省区市 52 起涉黑案"这几个字也是以更大的字号、粗体、居中显示，这充分显示出该条新闻的重大性。这便是超链接接口设计中"灵活性"的充分体现。

二、超链接源

超链接源也称超链接目标，由上可知，它可以简单认为是用户点击超链接时打开的一个页面。单击了一个超链接后，链接的目标将随即显示在浏览器（或屏幕）上。根据超链接指向目标的不同，系统将通过不同方式予以打开或展现。例如单击一个以文字或图片为主要内容的超链接后，所链接的文字或图片内容将显示在浏览器上；若单击了一个音频或视频文件的超链接，系统将自动开启默认的媒体播放器来播放该音频或视频文件。

1．超链接源的分类

根据信息显示方式的不同，超链接源可以分为以下几种形式：

1) 内容显示类超链接源

这类超链接源表现为某一种内容，可以是由图、文、声、像等四种元素自由组合的任意形式。常见的形式有：

(1) 文本类超链接源。

文本类超链接源，其信息的表现形式是文字。就其内容来说它是一段文本，可能解释一个概念、表达一种思想、描述一个现象或报道一个新闻等。例如，在新浪网的新闻中心主页中，就存在很多这样的超链接源，图 2.11 中的"公安部督办 22 省区市 52 起涉黑案"这一超链接接口所链接的，就是如图 2.12 所示的一个文本类超链接源。

公安部督办涉及22省区市52起涉黑案

http://www.sina.com.cn 2010年08月18日07:13 人民网

人民网北京8月17日电（记者黄庆畅）按照全国公安机关"2010严打整治行动"的整体部署，为推动全国打黑除恶专项斗争深入开展，近日公安部发出全国打黑除恶专项斗争第八批涉黑案件挂牌督办通知，对涉及全国22个省、区、市的52起重大涉黑案件挂牌督办。

2006年2月全国打黑除恶专项斗争开展以来，公安部已挂牌督办7批296起重大涉黑案件，目前案件侦办工作进展顺利，已移送起诉289起，提起公诉270起，一审宣判254起，生效判决210起。各地成功打掉了一批危害严重，影响恶劣的重大黑社会性质组织。

公安部表示，对挂牌督办案件将派员督导，跟踪督办，并给予专家、技术、经费等方面的支持。同时明确要求，各省级公安机关领导和地市级公安机关"一把手"要亲自担任侦查破案责任人，在党委、政府的领导和支持下，组织优势警力，采取下打一级、异地用警等措施，切实加大侦办力度，及时解决办案过程中遇到的问题和困难。要加强与纪检、监察部门及检察机关协作，深挖"保护伞"，确保除恶务尽。要依法查处全部涉黑资产，彻底摧毁其经济基础。

图 2.12　文本类超链接源

(2) 听觉类超链接源。

听觉类超链接源信息的表现形式是声音，即波形、MIDI 等音频媒体，它能给人以听觉感受。

(3) 视听类超链接源。

视听类超链接源信息的表现形式是图像和声音，即视频、动画和音频等视听媒体，是最具表现力的超链接源。

(4) 多媒体综合类超链接源。

多媒体综合类超链接源当中往往带入了图、文、声、像等各种媒体元素，其对信息的传达更加生动、全面。最常见的有图文类、视频兼文字类等。图文类超链接源，其信息的表现形式除了文字外，还包括灰度和彩色等的图形和图像。与文本类超链接源相比，这类超链接源给人一种比较形象化的感觉。如点击图 2.11 中的超链接接口"云南贡山县城因泥石流交通通讯中断"，就可以打开一个图文类超链接源，如图 2.13 所示。而视听、文字兼顾的超链接源中，既有视频的真实与生动，又有文字的抽象与明确，如点击图 2.11 中的的超链接接口"评：人均水平是关键"，便可以打开如图 2.14 所示的视听兼文字类超链接源。

30

边防战士正在救援受伤群众。新华社发 钟志芳 摄

新华网云南频道8月18日电（记者刘娟）发生在18日凌晨1点左右的云南怒江贡山普拉底乡泥石流目前造成贡山县城交通电力和通讯全部中断。

据前往救援的云南怒江边防支队武警战士介绍，由于山上冲下来的泥石流把公路冲断，路基冲毁，导致进出贡山的道路被迫中断，由于在灾害中，通讯光缆也被毁坏，电力设备也遭到破坏，目前贡山县城通讯已全线中断，电力供应部分中断。

图 2.13　图文类超链接源

图 2.14　视听兼文字类超链接源

如果说，起初的博客只是一种"个人文字与图片秀"的话，现在的播客或加入了播客功能的博客，则成了一种"个人图、文、声、像的多媒体秀"了，在如今的网页上，

上传、下载、欣赏视频与音频早已不是难事。在具有播客功能的博客或网页中，以及许多音乐网站（如百度 mp3 搜索）或视频网站（如土豆网等），就可以浏览到许多听觉或视听类超链接源，或上传自己原创的视频与音频文件。

2）程序类超链接源

程序类超链接源，其信息的表现形式是一种操作，其内容往往是一段程序，启动这个程序，就可以完成特定的操作，如图 2.9 和图 2.10 所示。

3）混合类超链接源

混合类超链接源是以上几类超链接源的混合表现形式，这是一类复杂的超链接源。在以后的案例分析中，我们会接触到这类超链接源，在此不再赘述。

2．超链接源的特点

超链接源具有如下特点。

1）内容的相对完整性

如果说超链接接口往往是节点在网页上的一个标志性的显示，那么超链接源则一般都是节点内容的实质性体现了。而根据前文可知，节点是构成多媒体作品的基本单位，在节点之间建立非线性关联而形成的网络系统就是多媒体作品的结构系统。因此，相对于超链接接口的简洁性和标志性（如图 2.6 中的"南宁人防办因误拉防空警报公开道歉"），超链接源的内容往往具有相对完整性（如图 2.12 所示），或者是一篇新闻报道，或者是一则图文结合的报道，或是一组图片，或是一段视频，或是一段音频。总之，超链接源往往能表达一个相对完整的主题和思想，对于内容显示类超链接源来说，更是如此。

2）形式的灵活多样性

与超链接接口的简洁性和标志性不同，超链接源的形式则复杂得多，对于开放性多媒体作品如网页更是如此。从形式上来说，超链接源可以是另一个网页，或者同一个网页上的不同位置；根据信息显示的方式不同，超链接源可以是图、文、声、像这四种元素的任意组合，还可以仅仅是一个程序。

3）多功能性

超链接源可以具有多种功能，既可以供用户欣赏浏览，也可以供用户针对该作品发表评论、反馈意见，还可以供开发者更新、修改和管理作品的内容与形式。

三、链

超链接接口与超链接源之间的关系或联系通过链来表达，它们将分散的超链接源连接起来，从而构成超媒体。链的功能强弱直接影响着超链接源信息的表现力，也影响着信息网络的结构。

链通常是单向的，链的数量通常也不是事先固定的，它依赖于每个节点的内容。有些节点与许多节点相关联，因此有多个链。有些节点没有启程链，就只能作为目标节点。超文本的链通常链接的是节点中有关联的一部分而不是整个节点。超媒体的链按其功能来分有以下几类：顺序链，结构链，交叉索引链，查询链，程序链。链的实质思想就是本章 2.1 节中所述"多媒体作品的时间表述法与空间表述法"的内容。顺序链、结构链、交叉索引链和查询链分别对应的就是多媒体作品的线性结构、树状结构、网状结构和复合结构，因此这里对链不再作重复分析和介绍。

2.2 案例分析

2.2.1 导航类超链接在新浪博客中的运用

一、博客与新浪博客概述

1. 博客

如今对于网民来说，博客已经不是一个陌生的词汇，许多网站都为用户提供博客服务，很多人也都拥有自己的博客。博客一词来源于"weblog"（网络日志），特指一种非凡的网络出版和发表文章的方式，倡导思想的交流和共享。一个博客就是一个网页，它通常是由简短且经常更新的"日志"所构成，这些日志的文章都按照年份和日期排列。比较完整的博客概念，一般包括三个方面：一是其内容主要为个性化表达；二是以日记体方式呈现而且频繁更新；三是充分利用超链接拓展文章内容、知识范围以及与其他博客的联系。

博客的内容和目的有很大的不同，从对其他网站的超级链接和评论，到有关公司、个人的新闻、日记、照片、诗歌、散文、音频、视频都有。大多数博客的拥有者是个人，其内容也是个人心中所想之事的发表，有少数博客是一群人基于某个特定主题或共同利益的集体创作。这些撰写和发布博客内容的人就叫做 Blogger 或 Blogwriter，我们可以称其为"博主"。

2. 新浪博客

在新浪网上，每个网民都可以注册一个通行证，即拥有一个属于网民个人的帐号和密码，并以此登录新浪网、申请开通新浪博客个人主页等。平时我们说的新浪博客，其实是有两个含义的：一个指的是新浪网的"博客"模块，它只有一个地址，即"http://blog.sina.com.cn"，其内容主要是通过新浪博客平台发表的精彩博文的分类展示；另一个指的则是某一拥有新浪通行证的网民在新浪网上申请的个人博客主页，其地址会随着申请者通行证的不同而变化。如笔者在新浪的个人博客主页的地址是"http://blog.sina.com.cn/xueli1010"，而其他博主在新浪的个人博客主页地址则可能是"http://blog.sina.com.cn/zhangsan666"，也可能是"http://blog.sina.com.cn / zhangsan999"（这里仅仅举两个例子，若这两个地址确属某特定博主纯属巧合）。我们这里所讨论的便是这种属于特定新浪博主的个人博客，简称新浪博客。

由于每个博主只能在登录了通行证后才能对他自己的个人博客进行各种管理，也才能在访问他人的博客时留下自己的脚印（一般是一种以他的昵称和头像显示的通向他个人博客的超链接），而没有登录通行证时只能以匿名身份访问某一个人博客（自己的或他人的）。因此，为了更加方便地分析新浪个博中的超链接构成，我们可以将某一新浪个博分为"（其博主）已登录"和"（其博主）未登录"两种状态。

新浪博客个人主页集图、文、声、像于一体，非常好用，图 2.15 所示的便是新浪博客个人主页的主界面（由于各个网站提供的博客其功能与界面都在不停地发展与变化，新浪博客也不例外，因此本书所提供的图片仅供参考，一切图片都请以网站所提供的最新界面为准），博主拥有该个人主页内容（包括作品内容和个人身份背景等信息内容）的发布和管理权。通过一定的设置，我们能看到该主界面包括了图（如"相册"模块）、文（如"博文"模块）、声（如"音乐盒"模块）、像（如"播客"模块）四种不同形式的模块，分别如图 2.16、图 2.17、图 2.18 和图 2.19 所示。此外，在新浪博客个人主页上，一般都包括由博主自定义的专门的超链接模块，如"友情链接"等。无论是哪个模块，我们都可以看到由新浪提供或由博主自己添加的许多通向本博客内部其他页面或外部其他网页的超链接接口（下文详述）。可以说，新浪博客是一款简易的、功能全面的、无需学习太多技术就可以掌握的个人多媒体网页制作与表达工具。

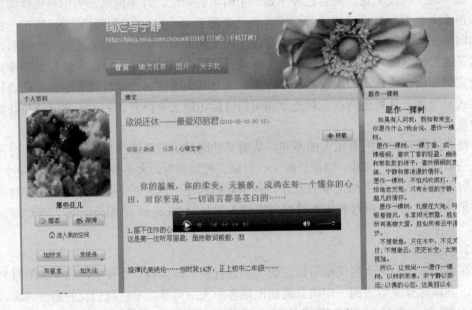

图 2.15　新浪博客个人主页的主界面截图（局部）

图 2.16　新浪博客个人主页主界面
中的"相册"模块

图 2.17　新浪博客个人主页主界面中
的"博文"模块

图 2.18　新浪博客个人主页的 "音乐盒" 模块

图 2.19　新浪博客个人主页的 "播客" 模块

对于未登录状态的新浪博客个人主页而言，其超链接类型以导航类为主，而对于登录状态的新浪博客个人主页而言，还提供很多交互类超链接。

二、新浪博客个人主页的导航类超链接构成分析

一个未登录状态的新浪个博主页给我们提供了许多有关内容浏览和基本功能展示的超链接接口。

图 2.20 是新浪个博主界面的最上端区域，在博客主题名称 "绚烂流年" 的下面，便是其一级主菜单，也就是 "一级超链接"，由 "空间、博客、播客、相册、杂志、圈子、论坛、新浪吧" 等几个子菜单构成。这些一级超链接均采用简洁的文字形式，属于典型的 "导航类超链接"。点击其中任意一个子菜单，便可打开其超链接源，每一个超链接源都是一个相对完整的内容模块，供用户浏览。比如，其中的 "空间" 模块主要用来展示博主个人信息及存放留言、邮件、纸条、好友等私密信息；"博客" 模块则是默认在首页就打开的模块，主要展示博主原创或转载的 "多媒体博文"；其他如 "播客、相册" 等模块则分别用来展示博主原创或转载的视频与照片。

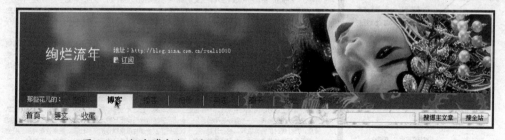

图 2.20　新浪博客个人主页的 "头图"、"标题" 与 "主菜单" 模块

我们可以看到，打开新浪博客个人主页，其首页即主界面默认或缺省的显示模块主要是与 "博客" 模块（如图 2.20 中鼠标所指）有关的各种内容，包括博文的全文或摘要

显示、针对博文的相关评论，以及阅读过该博文的访客的超链接显示等子模块。其中博文的摘要或全文显示子模块会占据较大的面积，如图 2.21 所示。

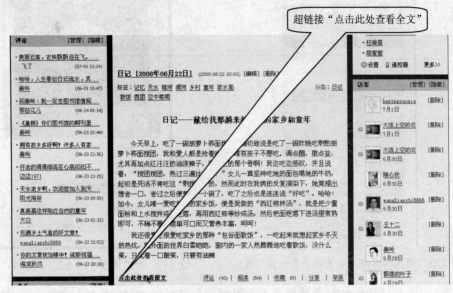

图 2.21　新浪博客个人主页中"博文"的摘要显示模块（局部）

　　点击图 2.21 中鼠标所指的超链接"点击此处查看原文"，就可以打开这篇文章的全文显示页面，如图 2.22 所示，因此，这个超链接就是一个典型的导航类超链接。在图 2.22 的左侧鼠标所指的位置，我们还可以看到，新浪为读者又提供了两个导航类超链接的子模块，一是"相关博文"子模块，点击这里的超链接，读者可选择阅读与这篇博文内容主题相近的其他博主的博文；另一块是"推荐博文"子模块，位于"相关博文"子模块的下方，点击这一子模块中的超链接，读者可选择阅读新浪推荐的优秀或热点博文。所以，正因为有这种"超链接套超链接"或"导航美超链接的互相嵌套"，我们的多媒体作品尤其是开放式的多媒体网页作品才如此吸引人。

图 2.22　新浪博客个人主页的"博文全文显示"超链接源及"相关博文"超链接接口模块（局部）

在博文全文显示页面的下方，是读者针对这篇博文发表的评论以及"谁看过这篇博文"（即曾经以登录身份阅读过该博文的读者的超链接）子模块，如图 2.23 所示。点击其中任何一条评论发表者（未登录形式发评论者除外）的超链接（见图 2.23 中"标注"所指），我们又可以打开该评论者的博客，如图 2.24 所示。

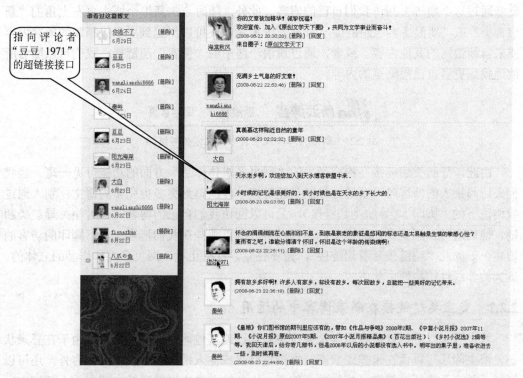

图 2.23　博文全文显示页面中的相关评论及评论者超链接模块（局部）

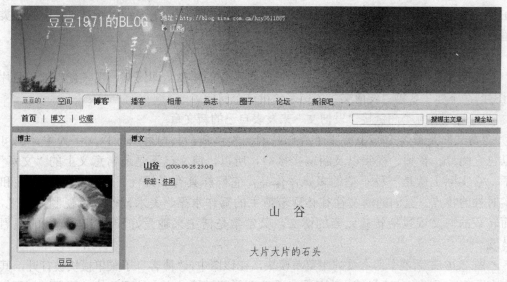

图 2.24　点击评论者"豆豆1971"超链接后打开其博客个人主页（局部）

正如前文所言，无论是我们正在浏览的某一特定博主的个人博客，还是通过点击该博客中的访客、评论者、博主好友等任何一个超链接后打开的其他博主的个人博客，只要我们是在登录状态下进行浏览，便会在已浏览的个人博客中留下我们自己的访问"脚印"，即通向我们自己个人博客主页的、以我们自己的昵称和头像显示的超链接，别人也就能通过这个痕迹去回访我们自己的博客。此外，随时点击新浪个博主页左上角的"新浪首页"或"新浪博客"超链接，如图2.25所示，便可以浏览到更多更精彩的博客内容或来自新浪网的其他内容。或者，通过新浪个博中的"搜索"超链接，我们可以随心所欲地找到更多自己想浏览的内容。

图 2.25　新浪博客个人主页中左上方的超链接

由此，导航类超链接在构成庞大的"网页多媒体作品"方面的功能可见一斑。当我们去访问别人的博客时，要通过导航类超链接才能浏览到更多更完整的博文；别人通过我们留下的"脚印"（导航类超链接），又可以回访我们自己的博客。通过相关导航类超链，他们既可以浏览我们的博文，也可以再去浏览那些在我们博客上留下脚印的访客的博客……如此"超链接套着超链接"，循环往复，没有止境，网页多媒体作品的立体的、庞大的非线性结构便由此生成。

2.2.2　交互类超链接在新浪博客中的运用

博主登录以后，就可以以登录身份访问自己或其他博主的个人博客。由于在登录状态，博主除了可以像在未登录状态一样浏览自己或他人博客中各模块的内容外，还可以通过各种交互类超链接进一步做更多的事，比如输入文本以发表博文或在他人博客中发表留言、评论，还可以上传视频、音频文件以发布原创或转载的视音频作品，也就是说，在登录状态的新浪博客中，其超链接主要体现为交互类型。下面针对新浪博客中的这类超链接，进行详细的举例分析。

一、运用交互类超链接发布或管理自己的作品

在新浪个博中，博主可以发表并管理三种类型的作品，即博文、视（音）频和照片（图片），下面主要以"发博文"为例来分析这个问题。

1. 运用交互类超链接"发博文"来发表自己的新文章

"博文"是博客空间中博主个人作品的一种体裁，其内容一般以文字为主，也可以包含图片、音频、视频以及超链接接口，所以，博文已不是通常意义上的"文章"了，它实际上就是一种小型的多媒体作品，它同样具有多维性、集成性、交互性和实时性的特点。原创的博文往往体现着博主的写作水平、美术创作或影视制作水平，而转载的博文或包括转载元素的博文，又常常是博主兴趣爱好和思想倾向性的强烈体现。

图 2.26 是新浪个博主页的主菜单模块，在该图中，"博客"子菜单模块被打开，其中右下角鼠标所指的"发博文"便是一个交互类超链接，点击该超链接，便可以打开如图 2.27 所示的"发博文超链接源"，该超链接源其实是一个图、文、声、像及超链接等

多媒体构成元素的输入和编辑窗口，也就是一个简单的多媒体网页制作窗口。图2.28所示的便是该窗口为用户提供的各种编辑用的交互类超链接，运用这些超链接，用户可以方便自如地输入、编辑图、文、声、像等多种媒体元素，从而完成一篇"多媒体博文"的输入、编辑与创作。

图2.26　新浪博客个人主页的主菜单模块与"博客"子菜单模块（局部）

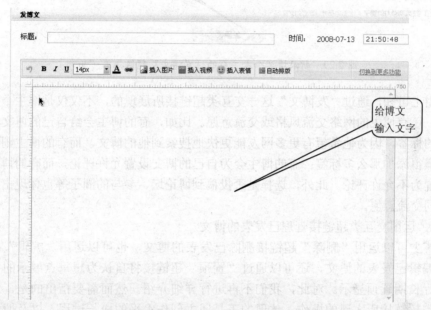

图2.27　新浪博客个人主页的"发博文"超链接源（局部）

图2.28　新浪博客个人主页的"发博文"超链接源（局部）

在图2.27所示发博文窗口的下面，如图2.29所示，可进行一系列博文属性设置，如为其添加标签、进行归类、选择投稿到哪一类排行榜、选择是否允许评论、是否投稿到博论坛或参与的圈子等，最后再点击交互类超链接"发博文"（图2.29中鼠标所指的超链接），博主就发表了他的博文。

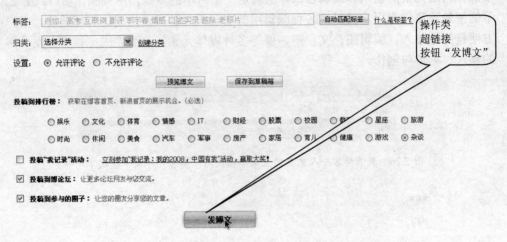

图 2.29　新浪博客个人主页的"发博文"超链接源（局部）

由上可知，通过"发博文"这一交互类超链接所展现的，不仅仅是博主个人的创作水平，还有博主的网络交流风格或交流意愿。比如，有的博主会给自己的博文添加较为详尽的标签，因为他希望有更多网友能更快地搜索到他的博文，而有的博主则可能不愿意或懒得添加那么多标签；有的博主会为自己的博文设置允许评论，而有的博主则将博文设置为不允许评论。此外，选择是否投稿到博论坛、参与的圈子等也体现出不同博主的不同交流意愿。

2．运用交互类超链接管理已发表的博文

博主可以运用"删除"超链接删除已发表的博文，也可以运用"编辑"超链接修改、编辑已发表的博文，还可以通过"置顶"超链接将自认为想重点展示的某一篇博文进行长期置顶显示。对此，我们不再进行详细介绍。然而需要指出的是，通过这些交互类超链接所实现的操作，体现的正是博主创作水平的成长过程，以及博主兴趣爱好、交流意愿的变化轨迹。除了发表多媒体形式的"博文"，在"相册"、"播客"模块中，运用一些交互类超链接，登录后的博主还可以发表、管理自己的照片、视频作品，其操作方法大致相同，这些都充分体现出不同博主不同的创作水平、兴趣爱好和交流意愿。

3．运用交互类超链接管理自己的"博客主界面"

超媒体的信息网络，在建立信息联系的同时，也表现出作者思维的轨迹。从这个意义上说，它不仅提供了知识、信息本身，而且还蕴涵着对它们的分析、推理等，其内涵是极为丰富的。

登录新浪博客后，博主可以运用"版式"、"模块"、"风格"三个交互类超链接（如图 2.26 所示），设置自己个人主页的内容模块、图案与色彩、版式等，从而管理自己博客的主界面。不同的版式选择、模块设置与背景图案或色彩选择，反映着不同博主不同的表现风格或交流倾向。

点击图 2.26 中的交互类超链接"版式"，博主便可打开如图 2.30 所示的"版式设置"窗口，其中可供选择的基本版式有两种："两栏版式"和"三栏版式"。图 2.30 新浪博客个人主页版式设置窗口点击图 2.26 中的交互类超链接"模块",博主便可打开如图 2.31 所示的"模块设置"窗口,在该窗口,博主可以选择将哪些内容模块显示在主页上,这些内容模块可以是新浪博客本身提供的,如博文、访客、好友评论、留言、分类、音乐、相册、播客等,也可以是用户自定义的。新浪博客允许博主自定义两种风格的模块:一种是"文本模块",这种模块让博主可以像写博文一样撰写一些"多媒体文本",常常是一种需要长期展示的内容,如自我介绍或公告等,还可以是想长期展示、重点推荐的图片、音频与视频等,如图 2.32 和图 2.33 所示。

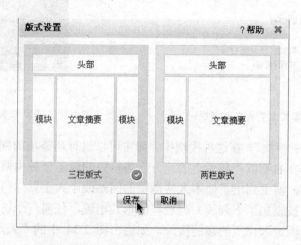

图 2.30　新浪博客版式设置窗口

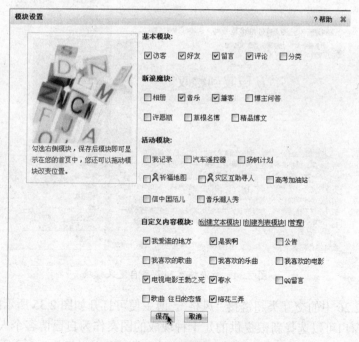

图 2.31　新浪博客模块设置窗口

41

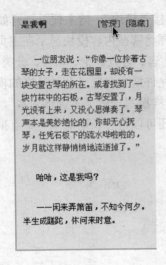

图 2.32　新浪博客文本类自定义模块一　　　　图 2.33　新浪博客文本类自定义模块二

　　另一种是"列表模块"，在这种模块中，博主可以进行超链接的列表型自定义，如图 2.34 所示。图中博文右侧以"我爱逛的地方"为标题的就是一种由博主自定义的列表模块，在这一模块中，博主列出了他本人常浏览的网站或个人主页，每一个网站或个人主页都以"超链接（被添加了下划线）列表"的形式出现，任何一个访问该博客的人只要点击该超链接就可以进入相应的超链接源，如点击图 2.34 中的"天水广电网"，就可进入该网站。

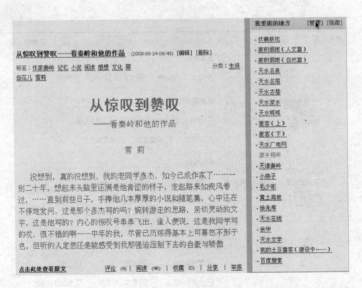

图 2.34　新浪博客列表类自定义模块

　　点击图 2.26 中的交互类超链接"风格"，博主便可打开如图 2.35 所示的"风格设置"窗口，在该窗口可以选择新浪提供的几十种现成的图案作为自己博客个人主页的背景，如图 2.35 中鼠标所指。博主还可以通过图 2.35 中的"自定义风格"对主页的背景图案进行简单的自定义设置，但需要有较强的平面设计能力。

图 2.35　新浪博客风格设置窗口

不同的界面，即不同的版式选择、模块设置与背景图案或色彩选择，反映着不同博主不同的表现风格或交流倾向，于是，版式、内容模块、背景图案与色彩就成了一种代表不同博主不同兴趣爱好、审美情趣、交流意愿的符号，这个界面因此也就成了一种语言，一种实现博主的"个人多媒体秀"的语言，这正是本书第 3 章所要重点阐述的内容，而这种语言得以实现和运用的前提，却有赖于本章所述的超链接技术或超链接语言的掌握。登录后的博主运用交互类超链接，除了可以进行上述两大类操作即"发布、管理作品"和"管理博客主界面"外，还可以进行一种非常重要的操作，即"建立与其他博主的联系"，具体来说，有以下两种操作：

(1) 访问其他博主的博客或针对某博主的作品发表评论，同时在访问过或发表过评论的博主个人主页上留下通向自己的超链接。

(2) 直接给某博主写留言、发纸条或加好友，从而与该博主建立更加密切的关系。可以说，这类超链接是实现博客互访的重要前提，是提高博客访问量的重要保障，从而也就成了博客这种"个人多媒体秀"得以存在的重要保障。由此，我们便可以更加深刻地领悟"超链接构成法"在多媒体作品创作中的重要意义了。

教学活动建议

1. 课堂讨论

(1) 做一个自由联想的实验，理解人运用大脑进行思维时的非线性特点。

(2) 讨论实现非线性思维与行为的策略。

2. 分析某一网站的超链接构成，体会设计者的设计意图。

3. 为自己的某一部多媒体作品设计超链接。

第 3 章　多媒体作品的平面构成法

1. 了解多媒体作品的页面及其特征。

2. 理解多媒体作品平面构成法的概念及其相关要素在多媒体作品制作中的重要意义。

3. 会分析多媒体作品的平面构成。

4. 能在多媒体作品的创作实践中设计并运用平面构成法。

本章思维导图

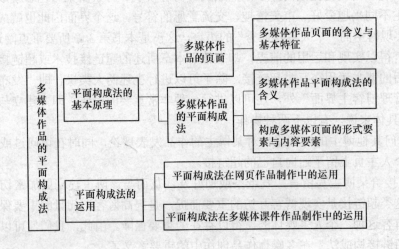

3.1　多媒体作品平面构成法的基本原理

3.1.1　多媒体作品的页面

所谓多媒体作品的页面是指构成多媒体作品的一个个屏幕画面，是构成多媒体作品的基本单位。

多媒体作品，看似图文并茂，视听兼备，然而从其构成单位来看，不外乎还是由一页一页的"页面"构成。在每一个页面上，文字、声音、图片、视频等要素按照一定目的在一个平面上排列、摆放，再通过超链接技术将一个一个的页面非线性地组织在一起，从而构成了一部部生动的开放或封闭的多媒体作品。

音乐和影视作品是与时间紧密结合在一起的作品，具有强烈的"动态"性质。人们常说音乐是时间的艺术，影视艺术也是。离开时间的流逝影视作品将定格在一个画面上而变成摄影作品，或者说音乐与影视作品，都是在时间上按照一定顺序呈现内容的作品，因此，音乐的基本单位不是单个的音符而是一个乐段，一个单音是没有多少意义的，影视的基本单位就更不是一个画面而是由一组画面构成的镜头。而构成多媒体作品的基本单位，则是一个个相对静止的屏幕画面即"页面"。多媒体作品的页面具有如下一些基本特征：

1．多元性

猛然一看，图文并茂的多媒体界面与印刷的杂志很相像，其实大家都知道，与杂志相比，多媒体作品拥有的，不仅仅是静态的图片与文字，更拥有动态的音频与视频，只不过动态的音频与视频在某一个界面上可能以超链接的形式简化为一个相对静止的图片形态加以呈现罢了，只要点击这个超链接，音频和视频就会"动"（播放）起来，所以多媒体页面是包含图文声像等多种媒体元素在内的页面，因而具有多元性。

2．超链接性

通过第2章的内容我们已经知道，虽然印刷媒体存在"目录"性质的超链接，但它的正文基本上都是有完整意义的链接源本身，除注释外，正文不再包含超链接（存在于读者阅读时大脑中的联想性超链接除外），而多媒体作品页面的内容却常常是超链接与超链接源的灵活组合。在多媒体作品的每个页面中，正文可能以摘要的形式出现也可能以完整的形态呈现，但不论是摘要形态还是完整形态，不论是文字的、图片的还是音频、视频形态的正文，它同时又可能包含许多指向其他页面的超链接，这就与印刷媒体形成了很大的不同。通过多媒体作品中每一个页面的超链接，可以浏览更多的甚至无数的其他页面，至于到底会浏览哪些其他页面或者以什么样的顺序浏览其他页面，前者取决于多媒体作品本身，后者则取决于用户的不同选择，正因如此，对多媒体作品的阅读就成了一种真正个性化的阅读。此外，通过交互类超链接，还可实现用户与多媒体作品的互动。

3．松散性

应该说，影视作品也是具有多元性的，同样包含图文声像等多种媒体元素，然而，对某一个具体的影视作品而言，尤其是对构成某一影视作品的基本单位即"镜头"而言，其中各种媒体元素之间的关系是非常密切的：音乐、画面、有声语言、音响、字幕、图片等元素会围绕一个表达意图密切结合在一起。比如，针对一组镜头，为何要选配这样一首音乐作品而不是另外一首音乐作品，是经过深入思考的。音乐或解说在影视中也许听起来支离破碎无法独立成篇，但与画面配合起来却非常贴切。影视最反对的就是声音与画面"两张皮"的做法，因为影视作品是时间性很强的线性的作品，在一定意义上它与音乐作品尤其是交响乐作品很相似，即要将各种要素在时间上有机、协调地结合在一起，各要素之间讲究的就是"协调与配合"。

而对于构成多媒体作品的基本单位即页面而言，其中各构成元素之间的关系却是松散的，也就是说构成多媒体页面的各个元素，如图、文、声、像等所表达的内容之间可能不是紧紧围绕一个主题，甚至互不相干。至于"不相干"的程度如何，常常与多媒体作品体裁和篇幅的开放性有密切的关系，越是大型的综合性的网站，其网页中构成元素的主题不相干性就越强，如图 3.1 所示；而越是小型的主题单一的多媒体作品如教学课件等，其页面构成元素的主题不相干性就越弱，如图 3.2 所示。这便是非线性的多媒体作品不同于线性的纯音乐作品、纯文字作品以及纯视频作品的一个主要特征。

图 3.1　新浪网首页（局部）

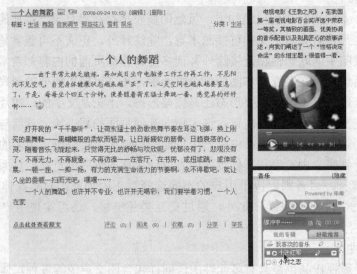

图 3.2　新浪博客主页（局部）

　　在图 3.1 中，第一行是"爱问搜索"的各个关键词，各关键词间没什么直接联系。下面主要内容是各种新闻的超链接，之间也没什么联系。像新浪这样的大型综合型网站的首页，往往全篇充斥的都是超链接，而不是链接源本身，或者说，其全篇几乎都是目录或索引而非正文本身。而在图 3.2 的个人博客主页中，虽然不再全篇充斥着目录索引性的超链接，而是以"博文展示"为基本主题，但大家会发现一般说来博主会把"博文展示"在主页的展现设定成"摘要形式"，这是为了同时展示更多的博文，也是为了给读者留下一点小小的"悬念"。另外在图 3.2 中，博文与页面右侧下部"音乐"版块中的音乐作品之间，或与右侧上部自定义版块"电视电影王勃之死"之间，都没有什么必然的直接联系，当然也不是完全没有联系，至少它们共同反映着博主的审美情趣和所思所想。而当点击图 3.2 中的超链接"点此阅读全文"打开图 3.3 中的博文全文展示页面之后，属于该博文的所有文字、图片和音乐、视频才是有密切联系的。在图 3.3 中，博文标题是《一个人舞蹈》，文章讲述的是一个人如何通过舞蹈等途径强身健体、自我调节的问题，文中所配插图是一幅舞蹈图片，下方音乐播放器播放的音乐也是一首舞曲《Let's go》，这些都与整篇博文的主题密切相关。由此可知，多媒体页面中构成元素关系的松散性也是相对的。

图 3.3　新浪博客的全文阅读页面（局部）

4．相对静止性

多媒体作品页面的相对静止性表现在两个方面：

第一，与影视作品相比，多媒体作品的页面是可以停驻的。用户可以从容地在某个页面上选择想要去的地方进行浏览，这种浏览是主动灵活的、非常个性化的。而影视作品在播放中虽然也可以暂停，但观众难以在某一个暂停的画面上自由选择浏览其他任何相关内容，观众对影视作品的浏览是被动的，是名副其实的"观众"。

第二，多媒体作品页面的静止是相对的。首先，有些多媒体作品页面中音频或视频本身就是缺省播放的，从而是运动的；其次，即使多媒体作品页面中的音频或视频被设置成"缺省不播放"，当用户想观看或聆听时只需点击播放按钮即可开始播放，"静"的马上就变成"动"的了。此外，即使是多媒体作品页面中那些看起来静止的文字或图片，它只要被做成超链接，只要被用户一点击，也可能就会指向许多动态的音频或视频，更何况点击超链接打开其他页面的过程本身就是一种运动，所以说，多媒体作品页面的静止性是相对的。

3.1.2　多媒体作品的平面构成法

一、什么是多媒体作品的平面构成法

由于多媒体作品的页面是构成多媒体作品的基本单位，因此多媒体作品页面的创作就成了多媒体作品创作的一个非常重要的基本环节。同时，又因为多媒体作品的页面具有多元性和相对静止性，因此多媒体页面的创作在很大程度上可以借鉴报纸杂志的平面构图和排版方法，在这个意义上，就产生了多媒体作品的平面构成法。那么，什么是多媒体作品的平面构成法呢？本书给出以下界定：

所谓多媒体作品的平面构成法，就是指在一个屏幕平面上如何对多媒体作品的各种

元素，如图、文、声、像和超链接等进行构图与排版的方法和规律。

虽然多媒体页面的创作可以借鉴报纸杂志的构图排版方法，但相比这些传统的平面媒体，多媒体作品毕竟还多了音频与视频、超链接三大因素，因此，多媒体页面的实际创作过程要复杂一些。

二、多媒体作品平面构成法的基本原理：页面设计

正如前文所述，多媒体作品的页面可以简单地被看成是一个平面或一个版面，对多媒体作品界面的设计就成了一种版面设计。版面设计也叫版面编排或排版，是平面设计中最具代表性的一大分支，运用在多媒体作品设计中时，主要指根据特定表达的目的，将图、文、声、像和超链接等元素成功地组织安排到一个屏幕平面上的设计艺术。依照版面设计的基本原理和方法，我们来讨论多媒体作品平面构成的基本原理——页面设计。

1. 多媒体作品页面编排的基本要素

多媒体作品页面编排的基本要素包括构成要素和编排要素。

1) 构成要素

字符：字符即文字符号，它是报刊书籍的主要版面符号，也是多媒体作品页面的主要符号。字符的属性有字号、字体、字距与行距。不同的字号和字体给人以不同的视觉美感，大的字号显得清晰、醒目，但容易让人有"只见树木不见森林之感"，小的字号显得含蓄、秀丽，但容易让人有"只见森林不见树木之感"；楷体亲切娟秀，宋体严谨正式，隶书秀丽典雅，黑体醒目凝重。大的字距与行距给人以强调、开阔的感觉，但同样容易造成"只见树木不见森林之感"，小的字距和行距显得紧凑密集，但也容易造成"只见森林不见树木之感"。关于字符即文字编排详细内容，将在后文进行重点介绍。

图片与代图片：图片与字符相比，不仅本身就能传递一定的信息，而且在吸引受众注意、增强版面力度以及美化版面方面具有更大的优势。其中有一种图片我们可以称之为"代图片"，它实质上是一种"图片型超链接"，除了图片本身的意义外，它还代表着一种链接源，点击它就可以打开其他相应的链接源，或播放相应的视频与音频。有关多媒体作品页面中图片设计的主要内容，也将在后文进行重点讲述。

音频：在传统的平面媒体中，是不存在音频这一构成要素的，但在多媒体作品中却大量存在着。音频本身虽然不占空间，但很多音频为了播放控制的方便会以播放器或播放图标的形式出现在页面当中，这种播放器与播放图标往往就是一种图片的样式，也就是一种"代图片"。此外，音频的特点决定了在整个页面中不应该存在不相干的两种音频同时播放的局面，否则会形成噪声从而严重干扰用户的浏览。

视频：视频的情况与音频基本相似，但不同的是，不加音频的视频可以在一个页面中多处同时播放，而伴随音频的视频则要注意不要与其他带音频的视频或纯音频同时播放。正在播放的视频在页面中总是最吸引人的要素，我们会发现在新浪等网页中常常会用动态视频来做广告。

2) 编排要素

版式：版式即对多媒体作品的平面进行横向与纵向分割而产生的页面划分形式。通常有两栏式、三栏式或四栏式等。版式的划分是多媒体版面设计的首要问题，通常采用网格系统来设计版式，这方面内容将在后文加以详细介绍。

(1) 色彩。

色彩不仅仅是一种美学符号，还是一种情感性的编辑符号。组版者可以通过色彩传递多种情感意义，使受众在接受文章内容之前，就有一个准确的情感匹配，引起受众情感的共鸣。色彩的作用有烘托气氛、划分区域和制造美感等，本书将在第 4 章专门讨论多媒体作品的色彩构成问题。

(2) 线条与形状。

线条与形状从来源上说有三种，一种是由视觉形象自身的轮廓所构成的实体线条与形状，如一个月饼是圆的，一把尺子是直线；另一种是由各视觉形象之间的位置排列所构成的关系线条与形状，如一群人围成一个圆形，一盏盏路灯排列成一条直线等；还有一种是由影调的分界线所形成的线条。从性质上，我们又通常把线条分成直线与曲线两大类。直线的特征是直接明确、坚强有力，人们常常把直线比作一种男性线条，但直线同时又显得简单生硬。直线可分为水平线、垂直线和斜线三种类型，水平线显得宽广、辽阔、安静、稳定；垂直线在人的视觉中有种向上生长的趋势，因此可以表现挺拔、刚直、崇高、伟大等感觉，垂直线也具有向下倾压的力感，画面出现几条平行的垂直线，就会使人产生紧张、肃穆、威严和庄重的感觉；斜线有强烈的动感，是画面中的不稳定因素，当构图以斜线尤其是对角线为主导线条时，画面会显得很活跃，它会使自身不动的物体如道路、建筑物等产生动势，又会使运动的物体得到强化，表现出强烈的运动感和速度感，对角线还可以表现一种漫长感，常用来表现河流、山脉、队伍等。曲线是一个点沿一定方向运动时受到阻碍所产生的轨迹。曲线给人的感觉总是柔美、温和的。曲线有 "C" 形、"S" 形和 "O" 线三种基本形式。"C" 形线会使人联想到半圆形或半球形，因此很富动感与活力。"S" 形线又称蛇形线，历来被誉为是最有魅力、最为优美的线条。以 "S" 形线构图，会使页面显得赏心悦目，极富美感。"O" 形线就是圆形线，是一条封闭形曲线，具有内在的充实感、饱满感和一致、和谐的个性，同时因为它其实也是一个球体形状，因此常常显得富有动感、充满活力。

面积：在一个多媒体页面中，某个元素所占的面积越大，越是引人注意。创作者往往会根据表达的意图来确定要重点展示的对象，加大它的面积。有时文字可能占据大片面积，有时又可能是图片占据大片的面积。在一个页面上，文字面积越大，该页面越显得安静理性；相反，图片（包括动画）所占面积越大，该页面越显得直观活跃。在文字中，大字号与小字号会形成面积的对比从而吸引观众的注意力，同样，几张图片之间也会形成面积对比以表达创作者的意图。

(3) 位置。

一般说来，在一个页面中，某个元素的位置越靠上、靠左，越容易被用户注意；反之，越靠下靠右，则越不易被用户注意。多媒体作品的创作者往往利用这一点将想要优先被用户浏览的元素放在靠上靠左的位置。比如，在新浪博客中，博文的排列一般是按日期进行的，最上面的博文往往是最新发表的博文，也是博主希望被更多博友阅读的博文，但有时博主可能会将很早以前发表的某一篇博文置顶（即放在最上面），从而对其再次进行重点展示。以上是在一个页面内讨论 "位置" 要素，如果是从多媒体作品整体的角度，即从各个页面之间的关系来看，首页自然是最重要的位置。综合起来，也就是 "头版头条" 是最重要的位置。

2. 多媒体作品页面设计的形式美原理

1) 页面的比例

美的比例是多媒体作品页面设计成功的基础，世界公认的最美的比例是黄金分割（1：0.618）。德国的标准比例大方、朴素、公正，是以正方形的对角线为长边、正方形的边长为短边求得的长方形的比例（1：1.414），也是一种美的比例。1：1和3：4的比例使人感觉稳重而可靠；1：2的比例使人感觉秀丽、高雅；此外，2：3和5：9也都是良好的比例。如图3.4所示，这是西北师范大学教育技术与传播学院2005年多媒体课件大赛中获得一等奖的作品《孔雀东南飞》中的一个页面，其页面的整体比例大致是一种3：4的比例，而其中每一个小图的比例又是2：3的比例，看起来舒适美观。

图3.4 多媒体课件《孔雀东南飞》中的"精讲细解"页面

2) 页面的视觉力场

在一个生动的设计页面中，都存在着一个视觉力场。受重力经验的影响，视觉密集点集中在页面下方有沉稳、凝重的感觉；反之，视觉密集点集中在页面上方则有轻盈的感觉。

3) 页面的视觉流程

由于阅读的习惯经验，人们看一个页面，习惯的视觉流程是从左到右，从上到下，以"文字行"的方式审视作品，最后视线集中在页面几何中心偏上的位置。但人的视线的流动，也受到页面中各个视觉要素的影响，通过页面视觉重量的安排可以改变版面的视觉中心，从而改变人们的视线停留点。在图3.4中，我们的视线一般会停留在页面中偏左的位置，因为主要的内容图片集中在页面的左侧，也就是说，该页面的视觉重量在左边。

4) 页面的视觉中心

人的生理特征决定了在一个页面中，人们感觉到的中心比实际的几何中心要略高一些，我们称它为习惯视觉中心。这就是为什么在一个页面设计中，主要的文字或图形经常放置在中间偏上部位的原因。应当认识到，在页面中这个区域是较之下部或边缘地区更受人重视的区域。但是，这并不等于所有的设计都要将页面中心放在习惯视觉中心的

50

位置，反而有时会采用种种办法，将页面中心偏离习惯视觉中心，以取得新颖醒目的效果。图 3.4 中的页面就是一个典型的例子，用户浏览该页面的视觉中心总是落在左侧。

5) 页面的视觉方向

在页面中，字行、字组、图片的安排都存在着某种方向的运动感，我们将其概括为水平、垂直、倾斜三类。水平线与视线左右运动的方向一致，使人感到舒展、自在、宁静，犹如广阔平静的大地；垂直线与视线上下运动的方向一致，这就容易使人联想到高大的松、杉、雄伟的纪念碑，从而产生崇高、肃穆的感觉；倾斜线则充满着运动感。如图 3.5 所示，该图是"课文朗读"的一个页面，因此该页面的主要视觉要素是文字，这些文字中，课文的标题"孔雀东南飞"几个字秀丽古朴，在页面的左边区域竖向排列，从而形成一条垂直线，显得庄严肃穆，与课文所表达的沉重的情感基调很是吻合。而课文本身的文字则在页面的右边区域按行排列，从而形成一条条横向线条，而且正如图中所示，随着音频朗读的进行，有一条红色的线条会伴随出现，该线条所指正是音频中朗读的文字，于是读者的视线便随着这条红线一行行从左至右、从上至下前进，这种横向的线条和它的运动给人一种宁静、舒展的感觉。整个页面横线与竖线纵横搭配，在形式上很是赏心悦目。

图 3.5 多媒体课件《孔雀东南飞》中的"课文朗读"页面

6) 页面的对称形式

在页面设计编排上，对称的设计是以中轴线为依据进行设计的。对称有垂直对称与水平对称两种形式，这其中还包含不完全对称与对称中的不对称这两种变化。对称的页面给人以庄严、稳重、典雅之感，但太对称的页面看多了会显得平庸、呆滞。图 3.4 和图 3.5 中的页面采用的都是不对称构图，显得生动活泼。

7) 页面的视觉均衡

均衡这一形式原理应用于页面设计后，所产生的效果比对称页面要生动得多。如果将对称形容为一架天平，那么均衡则可理解为一杆秤。页面的均衡就是要保持页面中视觉重量不等甚至差异很大的基本形之间的平衡、稳定。在多媒体作品的页面中，各种设计要素在感觉中的轻与重是由多种因素决定的。图 3.5 中巧妙地运用了均衡的原理，页面左边的文字虽然少但是字体大，而且几个文字就占据了页面中三分之一的面积，页面右边的文字虽然多但字体小，占了三分之二的面积，这样，便实现了一种均衡感。

8) 页面的空白

页面中的空白与建筑中的虚空间相似，实形、虚形是一个矛盾的两个方面，它们是同等重要的。在一个页面中，只看到图形、文字，而不注重留白，如同音乐中没有休止、舞蹈中没有定格与造型一样，会缺失不少的美感，并容易造成一种紧张压抑之感。图 3.5 中的页面便巧妙地运用了空白，从而与大片的文字形成了对比并造成均衡，给人一种形式美感。

9) 页面的分割

页面分割是一种最基本的编排技巧。页面分割要结合页面的比例展开，一般有横向分割、纵向分割、栅格分割、纵深分割、自由分割五种形式。图 3.4 中既包含纵向分割也包含栅格分割，图 3.5 中则主要是纵向分割。

10) 页面的节奏与韵律

节奏与韵律原本是音乐的术语，本来指的是乐意长短变化的错落有致、高低起伏和生动协调。页面中字、行的重复与变化，同种字体相似笔画的重复，图片的重复或相似，种种同类视觉要素变化交替的重复、渐变等，应用到页面中都能产生美的节奏和韵律。图 3.4 中相似的图片形成一种与课文风格极为协调的古典节奏，与背景音乐《高山流水》一起营造出了一种"静观"的节奏和韵味。

11) 页面的对比

对比相对于静的均衡，是一种动的均衡。对比使版面产生强烈的视觉冲击。可以说，有了对比页面更有魅力。页面的设计要取得成功，就要在页面中制造对比。一般有外在形象和内涵概念两方面的对比。形状、面积、色彩等要素都可以形成对比。图 3.5 中就存在着一种"疏"与"密"、"大"与"小"、"动"与"静"的对比（页面左下角的图案是动的，其他文字部分则是静的），因此很富形式美感。

3. 多媒体作品平面构成法的基本原则

多媒体作品界面的版式编排，应遵循以下两大原则：

1) 目的性原则

目的性原则是多媒体作品版面构成的一个首要原则，它是指创作者要根据表达的需要确定对象主次，也就是说，哪些是主体内容，哪些内容是要让用户首先了解首先浏览的，要做到心中有数，然后据此来确定整个版面的视觉中心或某一模块内部各元素的视觉中心，以及其他版面设计的要素。一般忌讳画面的对半切分和对角线分割的构成形式，并且，对于物象的造型和色彩引起的视觉刺激也要很重视，通常是面优于线、方形优于圆形、有彩色优于无彩色、暖色优于冷色、纯色优于灰色。

2) 艺术性原则

(1) 比例协调、保持均衡。

版面比例包括整个画面长与宽的数值、图形与图形的大小、图形与文字的位置分配以及空白与物象之间的比例关系。多媒体作品中页面画幅的上下、左右区域和长宽比例、均衡与否直接影响着用户的心理。趋于正方形比例的版面具有稳定、平和之感；趋于长方形比例的版面带有一定的视觉冲击力。

(2) 注意留白、强弱得当。

从中国画到西洋画，都很讲究版面中的黑白分布，实质上是注意空白的选留。留白忌黑是中国画的一个重要构图理论，即讲究版面中的图与底、强与弱、主与次的关系得当。

(3) 对比调和、表里如一。

对比与调和是视觉语言构成的基本法则，形式和内容的统一是理论到实践的转化。版面形式的节奏感和韵律感通过要素关系中的大小、疏密、强弱、虚实对比等因素来体现，视觉冲击力靠对比与调和来表达。

(4) 动静要协调。

在多媒体作品中，动态的视频常常带给用户最强的视觉冲击力，音频的播放也与展现作品风格、表达内容或展现创作者的审美趣味直接相关。至于音频和视频是在页面打开时就自动播放还是由用户自行控制播放，要根据创作者的意图决定，但有一个必须遵守的原则是，一个页面不要有太多的视频同时播放，尤其是同时伴有音频的视频。对于音频而言，更不应同时播放几个不同的音频作品，否则不同的声音互相干扰形成噪声，无论对作品表达还是对用户接受都无益处。

三、多媒体作品页面设计中的几个重点要素

1. 网格系统在多媒体作品页面设计中的应用

网格系统是现代国际上普遍使用的一种版面构成方式。设计网格首先要在版面上确定版心的尺寸，以及确立栏目的宽窄、空白的大小、横栏与竖栏的数目和尺寸。版面设计中的网格系统一般是统一或连续的，设计师在这种统一标准尺寸的网格中，纳入文字与图片。纳入的方式可严格遵循网格进行，也可在统一中求变化，即在以网格为依据的基础上，进行程度不同的破格设计。总之，要体现统一的视觉秩序和特征。当然，网格系统可以是多种多样的，要根据实际的需要进行设计，处理版面的栏块分割。总结起来，网格一般有七种形式：

1) 单格系统

希望版面上大片留白时，适用单格系统。如图 3.6 所示，该页面是课件《孔雀东南飞》的版权页，因无太多文字内容，整个页面作为"一格"，在这"一格"的中心来展现著作人的姓名。页面上端两侧是两束对称的梅花，其他大面积的则是空白，显得简练而主体突出。

图 3.6　多媒体课件《孔雀东南飞》中的"版权"页面

2) 双格系统

双格系统是常用的简单分栏系统，栏中可插放图片。如图 3.5 就是一个双格系统，左栏是标题栏，标题下方是一个简单的动画，显得静中有动，右栏是正文栏。

3) 三格系统

三格系统是最常见的格状系统，广泛用于报刊和网页，栏宽较小，文字长度适合阅读，适合多种尺寸图片的插放。如图 3.7 所示，从左起，第一栏较窄，用来说明本软件的类别与性质是"教学软件"；第二栏最宽，重点展示本节课的教学目标、教学重点和教学难点；第三栏的宽度介于前两栏之间，是本课件的导航超链接，是通向其他页面的重要模块。

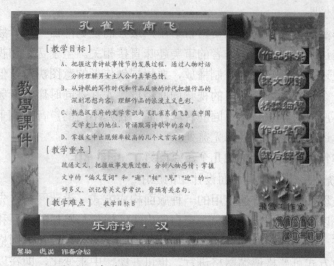

图 3.7　多媒体课件《孔雀东南飞》的主页面

4) 四格系统

四格系统可视为双栏系统的变化型，栏宽的组合适用多种尺寸的插图，适用一般大小的字体。如图 3.8 所示，西北师范大学网站首页的界面被分成四栏，从左起，第一栏主要是图片新闻，第二栏主要是公告、快讯和近期关注等，第三栏是网站导航栏，主要包括通向本网站其他页面的超链接，第四栏则是站内常用网页的导航和电子邮箱服务等。

图 3.8　西北师范大学网站首页（局部）

5) 多格系统

多格系统意味着栏宽的缩小，栏宽小则只适用较小字体或简单的标题，更多可能的栏宽组合应用可形成有趣的画面组合。如图 3.9 所示的新浪网首页的顶端，就是一个典型的多格系统。虽然新浪网首页的主体部分主要是三栏的布局，但从整体上来说某些局部常常是多格系统。图 3.9 中，多格系统用来放置新浪网中主要板块的超链接，为浏览者提供快速导航。我们会发现，在 3 行 21 列的多格系统中，放置了 63 个超链接，这充分显示出新浪网作为"大型综合类网站"的属性，且每一个超链接都是文字形式的，都由两个字组成，整齐而简洁。

图 3.9　新浪网首页和顶端部分

6) 组合格系统

组合格系统是使用上述任意两种系统组合而成的，该系统广泛运用于网站的页面排版中。其实在实际运用中，许多网站的页面都不是简单的双格、三格或四格系统，而是呈现出一种灵活组合的态势，在此不再举例。

2. 多媒体作品页面设计中的文字编排

在多媒体作品中，文字的概念不应该仅仅局限于"传达信息和意义"上，从版面设计的角度来看，文字更是一种高级的艺术表现形式。我们会发现，虽然音、视频是多媒体作品区别于其他媒体作品的重要元素，文字在许多多媒体作品中依然是主要的。因此，研究和总结它在页面设计中的艺术规律，就具有非常重要的意义。我们可以通过改变文字的形状、数量、面积、位置和方向来产生不同的版面效果。

1) 文字的字体、字号、字距、行距与色调

关于文字的字体与字号、字距与行距，我们在本章前面的内容中已有介绍，关于色调问题也会在第 4 章中专门论述。这里补充说明一些问题。

采用具有独特创意的标题字体会使多媒体作品增加魅力。如利用象形表现手法设计的新字体造型、书法、电脑艺术字体以及利用以不同材料、不同艺术手段创作的搭砌、剪贴字体等。图 3.5 左侧竖向排列的"孔雀东南飞"几个字，以篆字体的形式出现，古朴典雅，与课件所表现的课文内容风格非常吻合。

另外，字号的大小实际上与文字的面积有关。在版面中，单个字母、单个文字面积大小的差异，称为跳跃率。跳跃率低的适用于古典风格的版面，跳跃率高适用于活泼或现代感强的版面。文字面积的变化，还包括字行长短、字组大小的变化，它们都能给人带来不同的心理感受。在图 3.10 中，左上角的"恩多教育网"几个字被放大，醒目地表明了网站名称。

2) 文字的数量和种类

在一个版面中，使用文字量的多少，会给人以不同的感觉——文字数量少的版面给人热闹、形象、通俗的感觉，文字数量多的版面给人以雅致、深沉、信息量多的感觉。

如图 3.10 所示的是恩多教育网的首页，该页面使用文字元素较少，而使用图片元素较多，形象通俗，充分体现出"该网站是面向少年儿童的网站"这一属性。

　3) 文字的位置

文字在版面中与图版共同形成的感觉，与它们的布局位置有很大关系。重心偏上有轻快感，重心偏下则显沉稳；重心在视觉中心的位置有庄重感，偏离视觉中心则显得生动活泼；字距、行距小就有紧凑感，字距、行距大则感觉疏朗清新。图 3.10 中的文字位置基本上都是偏离视觉中心的，因而显得生动活泼。在页面顶端，那些大小错落有致的文字排列与右下方的稀疏的文字排列形成一种"天"与"地"的对比，沉重中有着轻盈，给人一种均衡感。而页面右侧中间的文字与图形则将空旷的中间地带加以点缀，从而让整个页面布局显得更加生动。

图 3.10　恩多教育网首页

　4) 文字的排列方式

大多数情况下，按照现代人的阅读习惯，文字通常采取横排的方式。中国的传统书法是竖排的方式。垂直与水平方向排列的文字稳重、平静，倾斜的文字则动感强，通过不同文字方向的编排组合，可以产生十分丰富的变化。

在实际设计中其主要的变化有：

(1) 齐头散尾法。齐头散层的文字犹如行进中的彗星，有明确的方向性，一般贴近图片使用，或对位排列以求版面的平衡，但不适用于大量的文字。

(2) 左开段落法。这是最常见的文章排法，符合人的阅读习惯。但要注意的是：段落中每行文字不宜过长，否则换行阅读很吃力，应利用版面分栏控制大篇幅文字的段落宽度。

(3) 中轴对称法。常用于对称构图的版面，以保持形式上的统一。

(4) 齐头齐尾法。齐头齐尾的文字如同规范的几何形体，最具规整性。

(5) 提示法。通过首字母放大、前缀指引符、字符加粗、加框、加下划线等方式，将所要突出的文字段、行、组、词、字表示出来，引起重视。

(6) 文字绕图法。弥补图形造成的版面空缺,文字与图保持一定间距自动绕行跨越。这种文字绕图的排列方式使得版面结构完整而富有美感。

(7) 曲线排列法。曲线排列的文字优美而有流动感,但这种排法适用场合较少,大多是为了与版面的曲线构图保持一致,以取得版面设计的统一美观效果。这种排列亦不适用于大量的文字,如图 3.10 所示。

(8) 斜线排列法。斜线排列的文字有强烈的运动感,这种排列方式版面活泼有张力,许多音乐、舞蹈、运动等相关的广告设计主题常采用斜线排列文字。

3. 多媒体作品页面设计中图形的编排

版面中的图形简称图版或图片,广义上可理解为除文字外一切有形的部分。图片在排版设计中占有很大的比重,其视觉冲击力比文字强,能具体而直观地把我们的意念表现出来,创造出强而有力的诉求性画面。图片会在排版设计要素中形成独特的性格,成为吸引视觉的重要素材,具有很强的视觉效果和导读效果。

1) 图版的种类

常见的图版有手绘插图、照片、图形、装饰符号、纹理等。

2) 图版的数量

图片数量的多寡,可影响到读者的阅读兴趣。如果版面只采用一张图片,那么其质量就决定着人们对它的印象,这往往是显示出格调高雅的视觉效果的根本保证。增加一张图片,就使版面变得较为活跃,同时也就出现了对比的格局。图片增加到三张以上,就能营造出很热闹的版面氛围,非常适合于普及的、热闹的和新闻性强的读物。有了多张照片,就有了浏览的余地。图片数量的多少并不是设计者随心所欲的结果,而要根据版面的内容来精心安排。如图 3.10 所示,该图是恩多教育网的首页,在该页面上,较多的图片充分表现出该网站以中小学生甚至学前儿童为主要阅读对象的特性,形象直观、科教普及。

3) 图版的面积

在一幅版面中,图版面积与总面积之比越大越吸引人,尤其是那些大图与小图面积对比强烈的版面,显得开阔、气派、有现代感。图的面积占总面积的比重越少,图的面积对比越小,就越显得古典和平稳。图版面积的大小安排,直接关系到版面的视觉传达。一般情况下,把那些重要的、吸引读者注意力的图片放大,从属的图片缩小,形成主次分明的格局,这是排版设计的基本原则。在图 3.10 中,右下方的三幅图片如同被放大的特写画面,显得格外醒目,再配上"学前"、"小学"、"中学"的文字,将网站的主要内容表现得一清二楚,同时也成为用户得心应手的导航图标。

4) 图版的位置

插图在版面中的位置根据具体的设计需要而定,一般常用的模式有散布式、四角式、通栏式、越空式、版心式、题头尾花式、自由式等。插图位置的不同,会给人不同的感受。图片放置的位置直接关系到版面的构图布局。对于多媒体作品的页面来说,通常,应该把那些重要的图片放在版面中靠上、靠左的位置或前景层次上。

5) 图版的方向和层次

图版方向的改变,一方面包括图片外形横、竖、斜的各种变化,另一方面还包含图片内人物动势、视线、位置等方面的变化。特写、近景、中景、远景也给人以不同的方向感和层次感，有的逼向读者，有的隐向画面深处。特别是利用电脑设计手段，可以创造丰富的图版层次，增强设计构图的表现力。在图 3.10 中，左下角的远景图片仿佛一座童话城堡，而右下方的导航图片则成为醒目的近景，层次分明，富有美感。

3.2 案例分析

3.2.1 新浪博客个人主页的平面构成法运用分析

一、"版式与面积"要素的运用分析

以下从版式、图片与文字的比率、模块的面积、模块及模块内部各要素的位置这四大方面分析新浪博客个人主页的平面构成。

1. 新浪博客首页的"版式"分析

新浪博客个人主页给用户提供了两种"版式"：两栏式和三栏式。

两栏版式属于网格系统中的"双格系统"，是很常用的简单的分栏系统，具有简洁大方的特征。一般说来，那些想重点展示"博文"版块的博主，喜欢用这种两栏的版式，如图 3.11 所示。事实上，新浪博客的两栏版式并不是将页面平均对称地一分为二，而是一种不对称分割，且默认右边栏是博文展示栏，占据较大的面积，左边栏是其他信息栏，占据较小的面积。这种不对称分割没有了对称分割的呆板，给人一种生动简洁的美感。

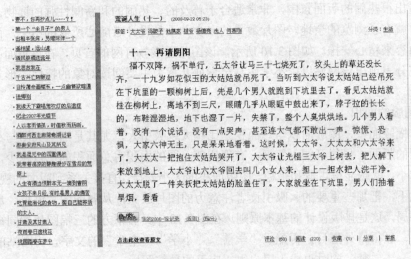

图 3.11　新浪博客个人主页的两栏版式（局部）

新浪博客提供的另外一种版式即三栏版式属于网格系统中典型的三格系统，如图 3.12 所示。这也是一种常用的网页版式分割方法，许多网站如新浪首页、搜狐首页都用这种版式，如图 3.13 所示。比起两栏版式，这种三栏的版式对页面的分割又细化了一层，适合较多不同模块的"并列式"放置，从而为它们争取到了更多的优先浏览的机会。不利之处在于，三栏的版式比两栏的版式在版面上显得稍微拥挤了一些。比如，在新浪博客的两栏版式中，右侧只能放置博文，如果想把评论、留言、好友及其他自定义模块如"友情链接"、"公告"等都展示出来的时候，这些模块就只能在左侧栏中按照自上而下的

顺序依次排列，而且只能排列在"博主（头像）信息"模块的下方，这样，当打开该博客主页时，第一时间内，左边栏中最多只能有一个排在最上面的模块呈现在观众眼前，其他模块则只能通过鼠标移动滑块上下滚动浏览。而如果浏览的观众没有多大耐心或博主及博文并没有引起观众更大的兴趣时，下面的模块很有可能就不会被浏览了。然而，在三栏版式中，除了中间一栏默认的还是放置博文外，左侧和右侧两栏都可以并排放置其他模块，尤其是右侧这一栏中，最上端没有了默认的"博主（头像）信息"模块，可以直接放置其他模块，这样，在三栏的版式中，打开该主页的第一时间内，至少可以有两个以上的其他模块呈现在观众眼前，从而为其他模块被优先浏览增加了更多的机会。

图 3.12　新浪博客个人主首页的三栏版式（局部）

图 3.13　10 月 18 日搜狐网首页（局部）

2. 新浪博客个人主页首页版面中的"面积要素"分析

由上可知，不同的版式分割方式决定了栏目的数量，而不同的栏目数量则决定了各栏目或各模块的面积，栏目数量越多，栏目的面积就越小。这是因为，虽然通过鼠标滚动等方式可以使屏幕的尺寸大大地增加，然而如果同时在横与纵的两个方向都使用滑块滚动浏览的话，会增添观众的厌烦感。所以，大多数网页，都采取保持横向长度不变而在纵向上实现滚动浏览的方法扩大屏幕尺寸，这样，也更符合我们"微观上从左至右而宏观上从上至下的浏览方式"。当然，栏目之间还有个面积比例问题，一般都不会采取均等的划分，而是会为主要的栏目或模块留下相对更大的面积。比如在新浪博客主页的两栏版式中，右侧的博文栏目就占据了很大的面积，而在三栏版式中，虽然博文栏目的面积不得不缩小，但相对左、右两侧的模块或栏目而言，还是占据了较大的面积，如图3.12所示。这种不均等的划分既是应了"突出重点的需要"，也在形式上给观众留下一种生动而不呆板的印象。

二、"各媒体元素使用率及位置要素"运用分析

1. 各媒体元素使用率分析

新浪博客为博主充分地提供了添加图片、视频和音频的功能。博主可根据自己表达的需要，自由地在博文中、在自定义模块中添加图片或代表视频与音频超链接的"代图片"。因为博客是一种个体表达，所以，其表达风格在很大程度上取决于博主个人的审美情趣、偏好等。有的博主只热衷于文字，有的热衷图片，有的热衷动画，有的喜欢视频，有的则同时热衷好几种媒体元素。前文已经提到，文字是间接的抽象的，但在表达思想与含义方面准确鲜明；画面的含义是多维的模糊的，但却具有直观形象的特点；声音元素尤其是其中的音乐艺术在表情方面则独具魅力。举个例子，如果要描绘一个人，文字可以充分地阐述他内心的所思所想，画面可生动地传达他的外貌特征，音乐则可以尽情地渲染他的内心情感。所以，不同的媒体元素便各有所长各有所短，关键在于怎样取舍，不同的博主总是擅长使用不同的媒体元素，因此，博客中各种媒体元素使用的比率问题就很具有个体色彩了。

图3.11所示是一个以文字表达为主体内容的博客，博主文笔幽默、犀利，或针砭时弊或虚构寄喻，篇篇博文都很精彩，虽然以文字表达为主，很少见到图片与音乐、视频，但访问率依然很高。

图3.12所示博客的博主是一个喜欢美术的青年，因此，他的博客几乎就是一个网上个人画展了——时不时发布一些自己新近的绘画作品。从图中我们也可看出，他把"相册"模块也放置在博客首页（图3.12中左侧所示），"相册"中的照片也主要是博主的绘画作品，这些作品与博文中所发布的基本上是一致的，只不过是两种不同的显示方式罢了。在博文中所贴的画作，所占面积大，主要展示最新发布的作品，而"相册模块"主要对发布的所有画作以幻灯的形式进行小面积展示。

图3.14是本章作者的新浪博客。由于笔者兴趣爱好广泛，再加上所从事专业又跟媒体密切相关，所以笔者除了会写一些文字类型的感想心得之外，还会经常发布一些有关音乐、影视作品的评论或听后感、观后感等。因此，在笔者的博客，所用媒体元素是比较丰富的，文字、图片、音频、视频等不同的媒体元素都常常会同时出现在首页，但会尽量避开几种不同声音元素的同时播放——比如，会将一种最想让观众优先注意的声音元素自动播放，而其他的声音元素无论是单纯的音频还是视频中的音频，都会把播放控制权交给观众，由他们选择何时关闭或打开某一声音元素。

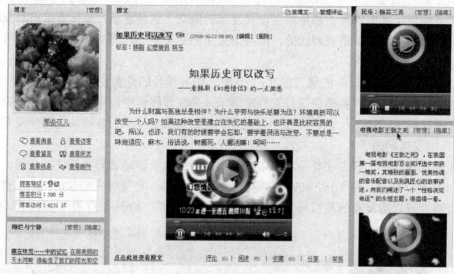

图 3.14　新浪博客个人主页中不同媒体元素的使用

2. 新浪博客个人主页首页版面设计中的"位置要素设计"分析

1)"位置要素设计"的第一层次:"头版"即"首页"内容的取舍

"位置"在多媒体作品尤其是网页的平面构成中起着重要的作用。众所周知,在排版中,"头版头条"就意味着重要性的提高,所以,对于新浪博客而言,选择哪些模块出现在首页即头版,又选择哪些模块出现在头条,就成了博主自我表达的一个重要方式。

有些博主喜欢首页的简洁明确,只在首页放置博文,甚至连评论、访客、留言、好友等模块都一概不予放置,有些博主则喜欢将新浪博客所提供的几乎所有模块都放置在首页。有些博主还在自定义模块中大做文章。如图 3.14 所示,要么放置自己想重点推介的各种视频与音频作品(图 3.14 右侧边栏),要么放置自己常去的链接,要么把自己早期发布的博文以标题超链接的形式放置在首页(图 3.14 左下方)。有的博主干脆把早期发布的博文直接在自定义板块中尽量全面地加以展示,如图 3.15 所示,图中左右两侧都

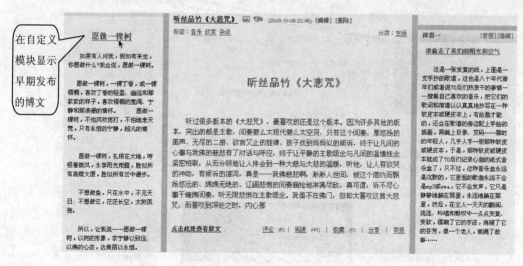

图 3.15　在新浪博客个人主页自定义模块中展示博文

是自定义模块，其中放置的都是博主以前发布的博文，这种展示，虽然有重点对象模糊化的缺点，好在面积上是有对比的，因而形式上还是美观的，博文的主次也还是可以区分开的。

2）"位置要素设计"的第二层次："首页"中各模块的位置安排

如果说在首页中对各模块进行选择性展示，是在非线性空间中为博客内容设定最初的"位置导航"，那么，一旦在首页中要展示的模块被确定下来，各模块之间便又有一个"位置"的安排问题了。

在新浪博客中，博主在登录后可以通过拖拽的方式来移动调整各模块的位置，如图3.16和图3.17所示。图3.16中的博文是最新发布的博文，如果博主想长时间、重点地展示这篇博文或以前发布的某篇博文，便可以将其"置顶"，如图3.17中鼠标所指，便是

图 3.16　新浪博客个人主页中各模块的位置安排（一）

图 3.17　新浪博客个人主页中各模块的位置安排（二）

将以前发布的一篇博文置顶显示（图 3.17 中标注所指），从而取代了图 3.16 中最新博文的"头条位置"。另外，图 3.17 的右侧栏中又将"评论"模块的位置移到最高处，从而使图 3.16 右侧栏中视频与音乐的位置被依次下移了。这些都是博主根据不同的展示需要对各模块的"位置"进行调整的结果。

3) "位置要素设计"的第三层次：某一模块内部各要素间的位置安排

如果具有操作上的可能性，博主还可以针对某一模块内部各要素的位置进行调整，调整的依据当然是博主认为的各要素的重要性。如果说对首页中各模块位置的调整是"粗调"的话，那么这种对模块内部各要素位置的调整就是"微调"了。图 3.18 的第（一）幅图中，"音乐模块"中的"怀念战友"、"十送红军"、"小村之恋"这三首歌是放在最上面的，如果顺序播放的话每次打开该博客主页这三首歌会依次首先播放。而在图 3.18 中的第（二）幅图中则将"青花瓷"、"妈妈的吻"、"庭院深深"三首歌曲放在最上面，则每次打开该博客时优先播放的歌曲就变成了这三首。

（一）　　　　　　　　（二）

图 3.18　新浪博客个人主页中模块内部各要素的位置安排

3.2.2　多媒体课件的平面构成法运用分析

与网页作品如博客等相比，多媒体课件属于封闭式多媒体作品，是一种以教学为主要目的、面向学生的多媒体作品，因此在其版面设计或平面构成中，首先要充分地分析教学内容的特点和学生的特点，再依据教学目标展开相应的设计。本节的分析将以西北师范大学多媒体课件大赛中的两部二等奖获奖作品为例，这两部作品分别是《师说》与《再别康桥》，其作者都是西北师范大学教育技术与传播学院的学生。

一、"各媒体元素使用率"分析

课件与博客不同，博客是一种个体表达方式，无论是表达内容还是表达形式都存在很大的个别差异，而课件是面向教学对象的，是受教学目标和教学内容制约的，因此，在课件中使用哪些媒体元素不使用哪些媒体元素，不是课件制作者能自由决定的，即不能由课件制作者个人兴趣爱好来决定。

作为课件，尤其是高中教学课件，"文字元素"的使用率定然是很高的，然而许多时候，由于教学内容在学科、体裁等各方面的不同，会出现媒体元素使用率的不同。大体上，理科教学课件可能多使用图片与动画，较少文字，而文科教学课件可能各种媒体元素都常常用到。我们这里要分析的《师说》与《再别康桥》两个多媒体课件，虽然都是高中语文课件，但在媒体使用率方面却存在较大差别。这是因为，两者的教学内容在体裁上存在较大的差异：

《师说》是我国古代位居"唐宋八大家"之首的韩愈写的一篇文言体的论说文，具有很古典的风格，以说理、论证为主要特征，代表着一种理性思维，而《再别康桥》则是我国现代"新月派"代表诗人徐志摩写的一首白话诗，具有现代的气息，以抒情、营造意境和形式美为主要特征，代表着一种感性思维，这些就决定了两个课件在使用媒体元素方面的不同。

1. 多媒体课件《师说》的媒体元素使用率分析

正如前文所述，由于《师说》是一篇文言体的论说文，具有很古典的风格，这种论说文的体裁便决定了它说理、论证的主要特征，代表着一种理性思维和思辨的精神。《师说》课件的创作者选择了以"文字"这一媒体元素为主要表达手段，只在开头的动画介绍中用了三幅古代圣贤的画像图片（孔子、韩愈、柳宗元），而且面积较小、显示时间短，并且以一幅古文的书法作品为背景，以"师说"两个大字为主体，处处显示出以"文字媒体元素"为主要表达方式的特征，如图3.19所示。

图3.19　多媒体课件《师说》的开场动画截图

除了以上开场动画中出现了三幅小图片外，整个课件只在其主体部分即"课文解析"部分的课文朗读中以背景图片的形式出现了一幅特征明显的图片，如图3.20所示，其他部分再没用图片这一媒体元素。当然，那些特征不明显的背景图片除外，如图3.21所示，课件主页中出现在左下角和右上角的被虚化了的不完整的背景图片。此外，在图3.21的主页中，其主体背景也是书法作品。这些都充分显示出课件创作者大力运用文字这一媒体元素的表达手法，这个表达手法的运用是较为成功的，它符合《师说》这一历史论说文名篇的风格特征，那就是"古典、理性与思辨"的精神。

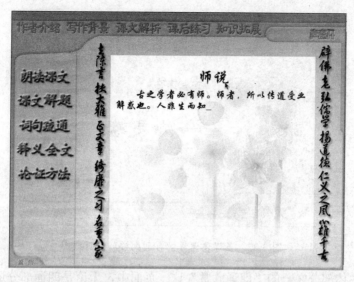

图 3.20　多媒体课件《师说》的"朗读课文"页面截图

图 3.21　多媒体课件《师说》主页

2. 多媒体课件《再别康桥》的媒体元素使用率分析

《再别康桥》(以下简称《再》)是我国现代"新月派"代表诗人徐志摩写的一首白话诗,具有浓郁的现代气息,诗歌的体裁决定了它以抒情、营造意境和形式美为主要特征,代表着一种感性思维和唯美的精神。《再》的课件创作者精心选择了一些能与诗中背景材料密切相关的图片,同时结合大量的文字阐述来表达教学内容,并配以适当的音乐,从而取得了较好的效果。由于后文要重点分析课件中文字与音乐、动画元素的运用,所以这里重点分析一下课件中图片的使用。

图 3.22 所示是《再》的主页截图,整个主页以一幅绿色调的图片为背景,图片的主体是一枝美丽的常青藤树叶,以圆弧的造型摆放在画框的中上部位。这充满生命力的枝叶,好像诗中描写的"浓阴",又似诗中主体物象"康桥"的造型,再配上优美的钢琴曲,给人以无限的遐思,一开始就把人带到了一种具有现代气息的诗意背景当中,与教学内容的风格很协调。在接下来使用课件的整个过程中,我们会发现这幅背景图片其实是整个课件的背景图片。

图 3.22　多媒体课件《再别康桥》主页截图

在课件主体部分之一的"朗诵欣赏"这一页面中，无论是朗诵部分还是专门的图片欣赏部分，都配上了与教学内容密切相关的康桥的美丽风景图片，如图 3.23 所示，这些美丽的图片无不把人带到与诗歌意境相得益彰的诗情画意当中。

图 3.23　多媒体课件《再别康桥》的"朗诵"及"图片欣赏"页面截图

综上所述，《再》的创作者能根据教学内容的需要选择运用相应的图片，从而为创造课件良好的教学效果起到了不可替代的作用。

二、文字、音乐与动画元素的运用分析

1. 文字元素运用分析

作为课件，尤其是高中教学课件，"文字元素"的使用率是很高的，因此，文字元素编排中的字体与字号、字距与行距等问题就成了一个非常重要的问题。

总体来说，无论《师说》还是《再》，运用文字元素时在字体的选择上都有一个共同特征，那就是对一直出现在几乎所有页面上的导航超链接型的文字元素，或是对装饰性的文字元素，其字体的设计是用了心的，是美观的，或是秀丽的隶书或是亲切的楷书，或是流畅的草书或是典雅的小篆。而对用来呈现教学内容的字体则很少进行精心设计，主要运用宋体这一非常普通的印刷字体。《师说》只在课文朗读页面将这部分文字元素的字体设计成"行楷"，如图 3.20 所示。《再》的这部分文字元素则通通是宋体。这固然在

教学中可以减少一些对学习的干扰因素，但如果能按照不同的教学内容对这些呈现教学内容的主体文字元素进行字体上的恰当设计，应该对提高课件的教学性和艺术性都会有所帮助。

此外，两个课件在文字元素的运用上还有一些问题，一是文字的色调对比设计，如图 3.24 所示；二是对留白的处理，如图 3.25 和图 3.26 所示。

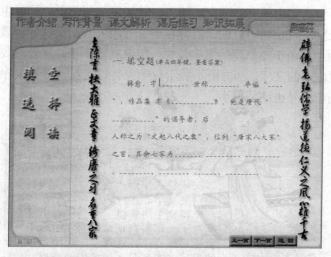

(a) 多媒体课件《师说》与《再别康桥》中文字的"色调对比处理"（一）

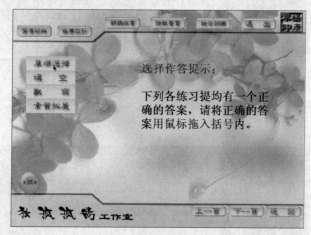

(b) 多媒体课件《师说》与《再别康桥》中文字的"色调对比处理"（二）

图 3.24 文字的色调对比设计

从图 3.24 可以看出，两个课件都采用了两栏的版式，都将课件主体内容放置在右边的大面积栏目中，这是合理的。但同时，在同样运用文字元素的页面上，显然图（a）的色调对比出现了问题：它将两列类似对联的草书文字放置在右边栏的两侧，这样固然很能体现教学内容的古典风格，但却将这两列草书的色调设置得太重，而中间那些需要重点强调的表达教学内容的文字，其色调反倒很浅，这样便有些喧宾夺主，自始至终，这两列草书都成为很"抢眼"的元素被用户首先注意，无论是从教学性还是从艺术性上都没有起到很好的作用。相反，图（b）在这方面就设计得比较好，教学内容以重色调得到了突出，而其他用以进行导航的超链接文字则被设置成浅色调，这就是正确的色调对比了，视觉上也很舒服，所以无论从教学性还是艺术性上都是较好的。

再来说说留白的处理，如图 3.25 和图 3.26 所示，两个课件在留白的处理上都不是很好。从图中可看出，无论图 3.25 还是图 3.26，右边栏中表述教学内容的文字都被限定在一个方框内，这固然是为了实现上下滑动浏览的方便，然而所有的文字都密密麻麻地挤满了方框四周，没有留出该有的空白，给人一种很压抑的感觉，同时也破坏了视觉上的美感。图 3.25 比图 3.26 做得好的一点只在于字号较大，从而保证了教学效果。在如图 3.27 所示的页面上，由于要呈现的文字较少，情况就好多了。这告诉我们，不要试图在一个页面上呈现太多的文字，那样既不利于教学也有碍美观。图 3.28 中标题文字则被顶在了方框的上端，字号也还是偏小。

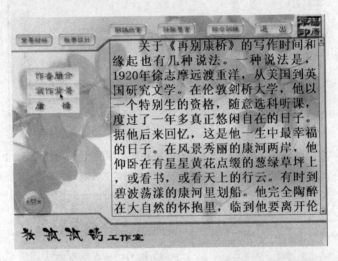

图 3.25　多媒体课件《再别康桥》"教学内容页面"截图一

图 3.26　多媒体课件《师说》"教学内容页面"截图一

68

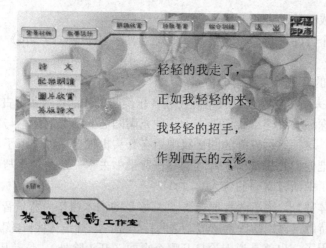

图 3.27 多媒体课件《再别康桥》"教学内容页面"截图二

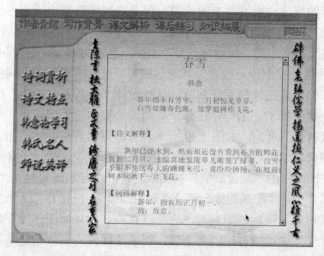

图 3.28 多媒体课件《师说》的"教学内容页面"截图二

2. 音乐元素运用分析

对于教学课件来说，除非是专门的音乐教学课件，一般来说音乐元素在其中只是一个背景元素，起到渲染教学内容气氛、调节课堂教学气氛、缓解学习疲劳等作用。如果是第一种情况，即渲染教学内容气氛的音乐，那么其体裁往往较为多样，配器往往较为复杂，情感的表达可能也较富戏剧性，可以是器乐曲也可以是声乐曲，可以是器乐独奏也可以是大型的器乐作品如交响乐等。而如果是后两种情况，则往往应该选择轻音乐作品或情调舒缓的声乐作品，如器乐小品或独奏曲等，配器也应该以清淡为主，否则会干扰教学的正常秩序甚至喧宾夺主，甚至使学生的思路偏离教学。

此外，课件中所使用的音乐，用户对它的控制要越方便越好，也就是说音乐元素的可控性要越强越好，不要在想停的时候停不下来，想前进或后退的时候也无法前进或后退。最后，课件中不同的页面如果使用了几首不同的音乐作品时，就要注意这几首不同的音乐作品之间的衔接，最好不要出现两首不同的音乐作品在用户没有注意到的情况下同时播放，形成一种噪音和干扰。

就以上三个方面，我们来分析一下多媒体课件《师说》与《再》中音乐元素的使用情况。

1) 《再》的音乐元素运用分析

《再》的开头用了一首很具有中国民族音乐韵味的作品。乐曲用古筝、笛子与钢琴的悠长、寂寥而深远的旋律给我们带来了一种充满回忆的唯美的情感与氛围，与教学内容的基调很吻合，这种悠远安静的回忆氛围用在开头也很合适，一下子可以让学生的心绪安静下来，并把他们的思绪引入诗歌的写作背景中去——那个古典与现代结合的年代，以及那个兼收了中西方文明的诗人。

课件的主体部分，用了两首理查德·克莱德曼的钢琴曲作为背景音乐，同时也用来营造教学内容即诗歌《再》的诗意意境。这两首作品，一首是《秋日的私语》，在课件中几乎每个页面都用了，也就是说无论打开哪个页面（开头除外），这首乐曲都会自动播放，如果觉得不需要，可以通过左下角的音乐开关按钮来把它关掉。这首乐曲的运用是较为成功的，其平缓的旋律、娓娓道来的诉说，以及清淡的色彩很适合作为背景音乐。另一首是《梦中的婚礼》，主要用在"图片欣赏"页面，其所描绘的情感较之《秋日的私语》更为热烈，用在没有文字的"纯图片欣赏"页面，也较为合适，更有利于学生展开想象。

《再》的音乐播放控制即可控性总体来说较好，没有出现两首不同的音乐同时播放互相干扰的情况，但还是设计得不够到位：虽然设计了音乐开关按钮，但一关掉音乐后正在浏览的页面也就关掉了，无论你在哪个页面，只要你一关掉音乐，该页面就会自动地统统回到"背景材料"页面，如图 3.29 所示。再一点击音乐开关按钮，会出现一个只有主菜单的没有任何教学内容的空白页面，如图 3.30 所示，这便是设计上的一个很大的疏漏了。另外，在该课件的"朗读欣赏"页面中，有一个导航超链接是"配乐朗读"，结果打开该页面，却并不是"配乐朗读"而是"配图朗读"，在打开每一个主菜单页面都充斥着背景音乐《秋日的私语》的情况下，这个没有声音的"配图朗读"倒可以调节教学的"声音节奏"，让学生更加沉静地欣赏朗读，所以这样的应用效果还是不错的，只是应该把"配乐朗读"四个字改成"朗读欣赏"更为合适。

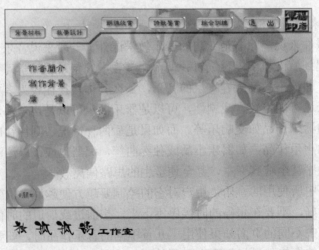

图 3.29　多媒体课件《再别康桥》音乐播放控制页面截图一

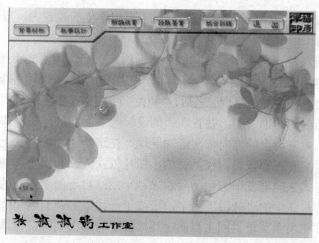

图 3.30　多媒体课件《再别康桥》音乐播放控制页面截图二

2)《师说》的音乐元素运用分析

《师说》在一开始的"开头动画"中，用了一首钢琴小曲作为背景音乐。该曲情绪明朗清淡，是符合教学内容论说的风格与体裁的。同时，该小曲在运用的时机上与音量控制上也恰到好处——音乐没有在一开始就与开篇朗读同时播放，而是为第一句"古之学者必有师。师者，所以传道授业解惑也"的朗读留出（音乐的）空白来，在下一句朗读进入前，画面变成黑场，音乐则以较大的音量进入，随着下一句朗读的播出，音乐音量便调到较小，"人非生而知之者，孰能无惑？惑而不从师，其为惑也，终不解矣。生乎吾前，其闻道也固先乎吾，吾从而师之；生乎吾后，其闻道也亦先乎吾，吾从而师之。"，随着这些文字的朗读结束，音乐音量渐大，从而很好地完成了它的背景渲染任务。贯穿课件整体的是古筝名曲《高山流水》，其播放特点是无论打开哪个主菜单，音乐都是延续连贯播放的，没有像《再》中那样，每打开一个主菜单所指的页面，钢琴曲《秋日的私语》都要从头开始播放，从而影响学生学习的情绪，让他们在潜意识中感到一种（不能完整欣赏一首音乐作品的）焦躁。然而，《师说》中音乐播放控制却出了一个严重的问题，那就是延续连贯播放的《高山流水》，与"课文解析"主菜单下的"朗读课文"页面的音乐同时播放，发生了冲突，形成了干扰和噪音，虽然可通过右上角的音乐开关按钮关掉背景音乐《高山流水》，但一开始的干扰已经形成。虽然该"朗读课文"页面运用的音乐，在调节气氛、吸引学生注意方面起到一定作用，但这个作用却被这种冲突与干扰减弱了，而且，在课文朗读到一半的时候，该音乐就结束了，即使是前面存在的那部分音乐，也与朗读语音一样没法随意地进行停止、前进与后退的控制，这也不能不说是声音元素设计上的一种失误。

3．动画元素运用分析

动画元素在多媒体课件中的运用会使课件更加生动、形象，对于调节教学气氛、吸引学生注意力及更好地展示教学内容方面都有很好的作用。比起《师说》，《再》在动画元素的运用上更少一些，严格地说，几乎没用什么动画元素，只在开头课件标题"再别康桥"四个字的显示中添加了几个"动态效果"而已，所以这里只对《师说》的动画元素运用做一些分析。在动画元素运用方面，《师说》不是很多，只在开头做了一个开场动画，该开场动画构图协调、动静搭配得当，对于吸引学生的注意力、展现教学内容主要精神起到了很好的作用。

图 3.19 是该开场动画的截图。该动画风格简约，重点运用了文字元素与声音元素。一开始，在黑色的背景上，"古之学者必有师。师者，所以传道授业解惑也。"两行漂亮的隶书伴随着朗读语音静静地呈现。之后，"师说"两个字在黑色背景的右侧由小而大渐渐入场。其后伴随明朗的钢琴曲，叠置在"师说"两字后面的是一幅作为背景图片的书法作品，该作品以由下自上的方向依次运动展现，在这个运动的背景上，在画框的左侧偏中心部位，随后又有三幅代表古代圣贤的小图片依次入画和出画，其入画的方式是突现的，其出画的方式是向着左下方运动并越来越小……自下而上运动的背景文字和自上面下运动的小图片与静止的"师说"两字，形成了一种很协调的运动节奏。

此外，该课件在由主菜单返回主界面时还添加了转场的效果，也增加了课件的生动性。

教学活动建议

1. 课堂讨论：比较电视屏幕画面与多媒体作品屏幕画面的异同。
2. 分析某一网站或多媒体课件作品的平面构成创意。
3. 为自己的某一部多媒体作品设计平面构成。

第4章 多媒体作品的色彩构成法

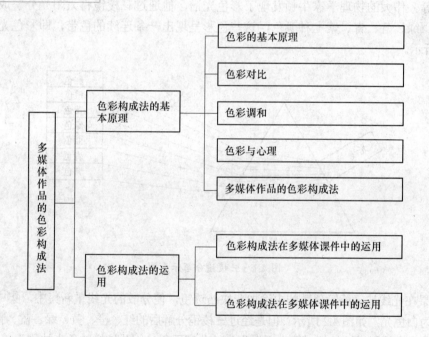

4.1 多媒体作品色彩构成法的基本原理

在多媒体作品中，包含图片、文字、声音、图像等四大元素。有意思的是，在这四大元素中，图片、文字与图像都具有"视觉特征"，即便是其中的声音元素，也常常会以播放器或图文超链接的形式显示在多媒体页面当中，因此，"视觉性"即视觉语言便成了多媒体作品尤其是多媒体作品的重要特征。而在视觉语言中，又以色彩最能引起人的注意。色彩既是界面设计的语言，又是视觉信息传达的手段和方式，是媒体设计中不可或缺的重要元素。它是艺术家们能够自由运用的最强有力的表现工具，它会直接刺激人的感观，或通过间接的联想，表达特定的情感、内涵、文化、心理等信息。巧妙的色彩运用不但能触动人们心中蛰伏的欲望，也能准确无误地表达出人们从喜悦到绝望的各种纤细的情感。在多媒体设计中，色彩的选择和搭配相当重要，不同的色彩搭配会产生不同的视觉效果及心理效应。作为一个多媒体设计者，要想在设计中灵活、巧妙地运用色彩，使作品达到精彩、生动的视觉效果，就必须对色彩的相关知识有深入的了解。

4.1.1　色彩的基本原理

一、光与色

在白天或者有灯光的条件下，我们能看到无数的物体，但在漆黑无光的环境中却什么都看不见，由此我们可得出一个简单而重要的结论：人们依靠光来辨别物体的形状和色彩，没有光就没有色彩。色彩是光刺激眼睛再传到大脑的视觉中枢而产生的一种感觉。光是电磁波的一种，不同的电磁波有不同的波长和振动频率。人的眼睛并不能分辨出所有的电磁波，只有波长在 380nm~780nm 的电磁波才能引起人的色知觉，这段波长的电磁波叫可见光。其余波长的电磁波，都是人眼无法看见的，通称为不可见光，如红外线、紫外线等。伟大的物理学家牛顿发现了彩色光谱，他通过三棱镜将太阳光分解成了红、橙、黄、绿、蓝、青、紫七种颜色，这些色彩呈现出一条连续的色带，即彩色光谱。如图 4.1 所示。

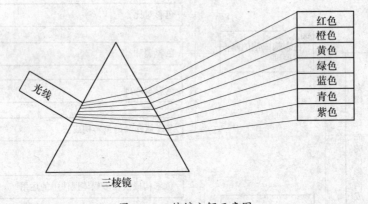

图 4.1　三棱镜分解示意图

如果在光线被三棱镜分散的中途加一块凸透镜，使分散的光线重新集中，集中后的一点又成为白色光，如图 4.2 所示。但是经过三棱镜分解后的红、橙、黄、绿、蓝、青、紫任意一个色光再次经过三棱镜时不会再发生光的分解现象，因此这样的色光被称为单色光。

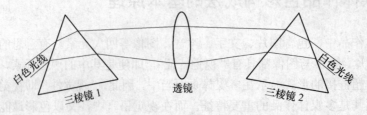

图 4.2　分解后再聚合示意图

74

牛顿之后大量的科学研究进一步告诉我们，色彩是以色光为前提而存在的。对人来说它是一种视觉感觉现象，产生这种感觉需要三个要素：一是光；二是物体对光的反射；三是人的眼睛。即不同波长的可见光投射到物体上，一部分被物体表面所吸收，而另一部分波长的光被物体反射出来，刺激人的眼睛，经过视神经传递到大脑，形成对物体的色彩信息，这就是人的色彩感觉。

二、光线色彩

太阳的白光虽含有七种色光——红、橙、黄、绿、蓝、青、紫，但其中以橙红、翠绿、蓝紫三种最为基本，它们按不同比例互相混合，可以产生人眼所能分辨的大部分颜色，如红色光和绿色光混合可以产生黄色光，红色光和蓝色光混合可以产生品红色光，蓝色光和绿色光混合可以产生青色光，三种色光等量混合可以产生白光。可是，没有任何色光能混合生成这三种颜色，因此，我们将红、绿、蓝称作色光的三原色，如图 4.3 所示。

图 4.3　色光三原色

有色光线互相混合后色彩的明度会增强，因此把光线色彩的混合称为加色混合。在加色混合中，混合产生的新色的明度等于各混合色光的明度之和。任意两种原色等量混合所生成的色彩即黄色、青色、品红色被称为间色（色光三间色）。如果改变三原色光的混合比例，几乎能够得出自然界的所有色彩。在光线的混合中，间色的亮度要比原色高很多。白色是色光三原色等量混合而成，而黑色则是由于所有的光线缺失而形成的。

三、颜料色彩

在光线照射到物体的表面时，有一定的波长被物体表面所吸收，而余下的波长则被物体表面所反射。被反射出来的波长进入观察者的眼睛，成为观察者所能分辨和看到的色彩。举一个简单的例子，一个红色物体的表面吸收了除红色以外的所有波长，那么未被吸收的红色波长就反射到观察者的眼中。而如果是黑色物体的话，就表明该物体已经吸收了所有的波长，没有光被反射出来。白色的物体则是反射了所有波长。

颜料其实是能够反射各种色光的物质。在所有的颜料中，我们发现紫红、黄、蓝绿三种颜料按不同比例混合可得出红、橙、黄、绿、蓝、青、紫等七种基本色以及其他更多的颜色，但是任何色彩都不能混合出紫红、黄、蓝绿这三种颜色，因此，我们将紫红、黄、蓝绿三种颜色定为颜料的三原色，如图 4.4 所示，这与色光三原色是不同的。平时我们所说的红、黄、蓝三原色其实是一种简略的说法。与光线色彩相同，用两种原色混合所得出的颜色称为间色。紫红色和黄色混合可以得到红色，紫红色和蓝绿色混合可以得到蓝色，蓝绿色和黄色混合可以得到绿色。间色与其相邻的原色混合会产生复色，称第三次。如果我们从三原色开始混合，则会得到三种间色和六种复色，共计会得到 12 种色彩，它们依次为红、红橙、橙、橙黄、黄、黄绿、绿、蓝绿、蓝、蓝紫、紫、红紫，我们将这 12 种色彩按次序首尾相接，便会形成最常用的 12 色相环，如图 4.5 所示。

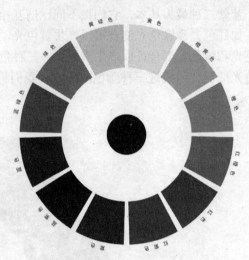

图 4.4　颜料三原色　　　　　　　　　　图 4.5　12 色相环

常见的色相环还有孟塞尔色相环、奥斯特瓦德色相环等。明度相同的颜料混合后所产生的新的色彩的明度会低于混合前的色彩，这是因为色彩中更多的波长被吸收，也就是说在这一混色过程中被反射的光线减少了，因此颜料的混合被称为减色混合。颜料混合的种类越多，相应的反射光亮就越少，最终将会变成黑浊色。理论上色彩三原色等量混合可以得到黑色，但实际上我们只能得到接近黑的浊色，这是因为颜料中都有添加剂的缘故，而白色颜料则是无法用其他颜料混合得出的。

四、色彩三要素

色彩可分为两大类，即无彩色系和有彩色系。无彩色系指的是黑、白、灰等没有纯度的色；有彩色系则是指红、橙、黄、绿、蓝、青、紫等有纯度的色。任何一种色彩（除无彩色只有明度的特性之外）都有它特定的色相、明度和纯度三个方面的性质，所以我们把色相、明度、纯度称为色彩的三要素，也称色彩的三属性。

1. 色相

色相顾名思义就是色彩的相貌，具体是指不同波长的光给人的不同的色彩感受。色相是区分色彩的主要依据，是色彩的最大特征。红、橙、黄、绿、蓝、青、紫等每个字都代表一类具体的色相，它们之间的差别就属于色相差别。一般来说，在多媒体设计中选择暖色相，如红、橙、黄等色彩的搭配，可以使界面显得温馨、和谐、热情；选择冷色相，如青、绿、紫等色彩的搭配，可以使界面显得宁静、清爽、高雅；选择对比色相，如红与绿、黄与紫、橙与蓝等色彩的搭配，可以产生强烈、饱满的视觉效果。

2．明度

明度是指色彩的明暗程度，也被称为色深度。明度是全部色彩都具有的属性，在色彩中混入白色，可提高色彩的明度，混入黑色则可降低色彩的明度。有彩色的明度是根据无彩色黑、白、灰的明度等级标准而定的。任何一个有彩色加白、加黑都可构成该色以明度为主的序列。

色彩的明度差别包括两方面：一是指同一色相内的深浅变化，如粉红、大红、深红等同样都是红，但一种比一种的明度低，如图 4.6 所示；二是指不同色相间存在着明度差别，从色相环上看，黄色明度最高，紫色明度最低，橙和绿、红和蓝明度相近。浅色的、亮的画面称做高调，深色的、暗的画面称做低调。如图 4.7 所示。

图 4.6　无彩色、红色的明度条示意图

图 4.7　红色的纯度序列示意图

明度关系是搭配色彩的基础，明度变化最适于表现物体的立体感与空间感。多媒体设计中如果背景色是黑色，而文字也选用了较深的色彩，那么由于色彩的明度比较接近，观者在浏览的时候，眼睛会感觉很吃力，影响浏览的效果。当然，色彩的明度差别也不能太大，否则屏幕上的亮度反差太强，会使观者很容易感到视觉疲劳，只有选择适中的明度对比，才会使观者在浏览过程中感到舒适和愉悦。

3．纯度

色彩的纯度是指色彩的纯净程度，也被称做色彩的鲜艳度和浑浊度，还有彩度、饱和度、浓度、艳度等说法。任何一个色彩加黑、加白、加灰都会降低它的纯度，混入的黑、白、灰越多纯度降低得也越多。每个色相的波长不同，其表现的纯度层次也会不同，其中红色的纯度最高，色阶变化也最丰富。

在纯色中加入不同量的与该色的明度相同的灰色，可形成该色的纯度序列，色彩呈现由鲜到灰的渐变，最终变成纯灰色。以纯度最高的红色为例，在水平放置的纯度条上，最左端为与红色同明度的灰色，最右端为纯红色，中间以不同比例的灰色与红色相混合，则形成红色的纯度序列。

在生活中我们看到的大多数的颜色都不是高纯度的，大量的色彩现象都处于不同纯度的状态中，人的视觉之所以能感受到色彩的千差万别，原因之一就是色彩纯度的丰富变化。

4.1.2 色彩对比

当两个以上的色彩相比较，出现明显的差别时，它们的相互关系就称为色彩对比。对比的最大特征就是产生比较作用，甚至发生错觉。色彩对比归纳起来主要包括以下几种：以色相差别为主的色相对比；以明度差别为主的明度对比；以纯度差别为主的纯度对比；以冷暖差别为主的冷暖对比；以面积差别为主的面积对比等。色彩间的差别越大，则对比越强；反之，则对比越弱。

一、色相对比

色相对比是由色相之间的差别造成的对比。单纯的色相对比只有在对比的色彩之间明度、纯度相同时才存在，但这种情况在实际中是很少见的，我们所常见的色彩对比常常是同时包含色相、明度和纯度的对比。所以我们在这里研究的是以色相对比为主构成的对比。色相对比主要包括如下四种类型：

1. 同一色相对比

在色相环上，距离角度在 5°以内的色彩的对比为同一色相对比，色相之间的差别很小，是最弱的色相对比。同一色相对比由于色相很接近，变化很细微，难以形成丰富、生动的视觉效果，只有改变色彩的明度和纯度才能形成变化，强化对比效果。

2. 类似色相对比

在色相环上，距离角度在 45°以内的色彩是类似色，在这个范围内形成的色相对比为类似色相对比，是色相的弱对比。类似色相对比比同一色相对比更明确、丰富、活泼，既统一和谐又略显变化。如果改变类似色相的明度、纯度可构成很多优美、统一、和谐的画面。

3. 对比色相对比

在色相环上，距离角度在 100°以外的色相是对比色，这样的色彩对比是对比色相对比。对比色相对比要比类似色相对比更加鲜明、丰富、强烈，是色相的强对比。如：红与蓝、蓝与黄、绿与紫、橙与紫、橙与绿……这种对比能使人兴奋、激动，但处理不好容易显得杂乱、无主次。

4. 互补色相对比

在色相环上，距离角度为 180°的两个色彩为互补色，互补色之间的对比是最强的色相对比，如红与绿、黄与紫、橙与蓝的对比。如果我们的眼睛在较长时间内盯着一个红色小方块观看，突然将视线移到白墙上时，会发现白墙上出现了一个相同形状的绿色小方块。这是因为人的视觉需要有相应的补色来对任何特定的色彩进行平衡，如果这种补色没有出现，人的眼睛还会自动地产生这种补色。这种互补色的规则是色彩和谐布局的基础，因为遵守这种规则便会在视觉中建立精确的平衡。

互补色相对比比其他色相对比的效果都更强烈、更完美、更有刺激性。因为补色对比能满足视觉全色相的要求，它们既互为对立又互为需要。但如果运用不当，特别是高纯度的互补色相对比，会产生过分刺激的感觉，可以采取降低纯度的方法来减弱对比。

以上是几种基本的色相对比类型。合理、灵活地运用不同类型的色相对比可形成强弱不同、丰富多彩的色彩语言，以表现我们丰富的思想和五彩缤纷的世界。如图 4.8 所示便是以色相对比为主设计的网页作品。

图 4.8　以色相对比为主的网页设计作品

二、明度对比

明度对比是指由于色彩在明度上的差别而形成的对比。

色彩的明度对比在色彩构成中占有很重要的位置，运用明度对比可表现出色彩的层次、体积、空间等关系。黑、白之间可形成许多明度台阶，即明度序列。人的最大明度层次判别能力可达 200 个台阶左右，但是为了方便研究与学习，一般都把明度标准定为 9 级左右。色彩学家孟塞尔把层级定为包括黑白在内共 11 级，黑、白之间为 9 级不同程度的灰，如图 4.9 所示。黑白灰无彩色用 N 来表示，N10 为理论上绝对的白，N0 为理论上绝对的黑。

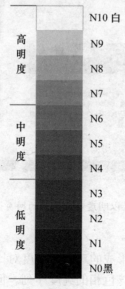

图 4.9　明度条示意图

配色的明度差在 3 个阶段以内的组合叫短调，是明度的弱对比。配色的明度差在 5 个阶段以上的组合叫长调，是明度的强对比。当高明度色彩在画面面积上占绝对优势时可构成高明度基调的画面。高明度基调能给人轻快、柔软、明朗、娇媚、纯洁的心理感受。当中明度色彩在画面面积上占绝对优势时可构成中明度基调的画面。中明度基调能给人以朴素、稳静、老成、庄重、平凡的感觉。当低明度色彩在画面面积上占绝对优势时可构成低明度基调的画面。低明度基调给人的感觉是沉重、浑厚、强硬、刚毅、神秘，同时也会产生黑暗、阴险、哀伤等感觉。

　　不同的明度对比程度，会给人带来不同的视觉作用和情感影响，一般表现为：明度对比强时，能给人强烈的光感和体积感，形象的清晰程度高；明度对比弱时，让人感觉模糊、含混、有平面感、形象不易看清楚。明度对比太强时会产生生硬、空洞、简单化的感觉，如黑与白的对比。在多媒体色彩设计中，应根据表现内容的需要，恰如其分地选择明度对比，才能取得理想的效果。如图 4.10 所示便是以明度对比为主设计的网页作品。

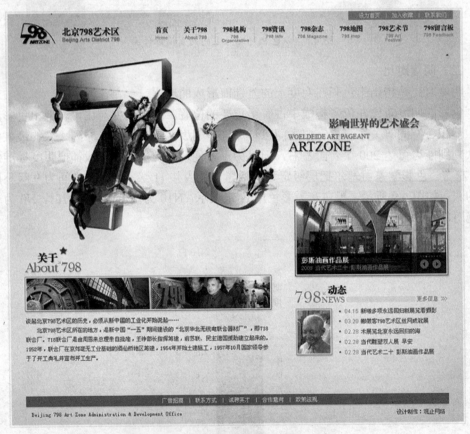

图 4.10　以明度对比为主的网页设计作品

三、纯度对比

　　色彩之间由于纯度的变化而形成的对比叫纯度对比。前面我们已经说过，纯色与跟它同明度的灰色相混合，可得到该色相的纯度序列。但是这样的纯度变化在实际运用中是很少见的，我们见到和使用更多的是纯色与不同明度的灰色或其他色相混合而形成的纯度变化。我们可以通过在纯色中加白、加黑、加灰、加互补色等方法来降低纯色的纯度。根据色彩的纯度序列，我们可分出高纯度色彩、中纯度色彩和低纯度色彩。

当高纯度色彩占据画面的主要面积时，可构成高纯度基调，即鲜调。高纯度基调能给人积极、强烈、膨胀、热闹、活泼的感觉。当中纯度色彩占据画面的主要面积时，可构成中纯度基调，即中调。中纯度基调给人的感觉是中庸、文雅、可靠、柔和、沉静。当低纯度色彩占据画面的主要面积时，可构成低纯度基调，即灰调。低纯度基调给人的感觉是自然、简朴、超俗、安静、随和等，同时也有平淡、消极、无力、陈旧的感觉。

根据对比色彩的鲜与灰的程度可将纯度对比分为纯度强对比、纯度中对比和纯度弱对比。纯度对比越强，鲜色一方的色相感越鲜明，因而增强了配色的艳丽、生动、活泼及注目性；纯度对比不足时，会令人感觉变化微弱，视觉效果单一，易使画面产生含混不清的效果。

以纯度对比为主构成的色调，都有含蓄、柔和、耐人寻味的感觉，合理、巧妙地运用色彩的纯度对比，可构成非常丰富、生动的画面。如图 4.11 所示便是以纯度对比为主设计的网页作品。

图 4.11　以纯度对比为主的网页设计作品

四、冷暖对比

不同的色彩会给人以冷或暖的感觉，因色彩的冷暖感觉的差别而形成的对比为冷暖对比。色彩的冷暖感觉是物理、生理、心理及色彩本身等综合因素所决定的，这在"色彩与心理"一节中会详细说明。

冷暖感觉实际上是人的触觉对外界的反映，当太阳晒到皮肤上，或每当看到橙色的火光映照时，我们都会感到温暖；而当站在蔚蓝的大海边，在蓝色的高山顶以及白色的雪地上时，我们会感到凉爽甚至寒冷。久而久之由于经验及条件反射作用，使视觉变为触觉的先导，当看到红、橙、黄等色时就感到温暖，看到蓝、绿、紫等色时就感到寒冷。

如图 4.12 所示，在孟塞尔色相环中，我们首先找出最暖的颜色——橙，将它定为暖极，再找出最冷的颜色——蓝，将它定为冷极。凡是离暖极越近的色越暖，凡是离冷极越近的色越冷。但世界上没有绝对的事物，冷暖的感觉也是相对的。蓝与蓝绿相比较，蓝较冷而蓝绿较暖，这是由于蓝绿中含有黄色的成分；而蓝绿与绿相比较，则蓝绿比绿冷。因此，冷暖对比实际是色相对比的又一种表现形式。

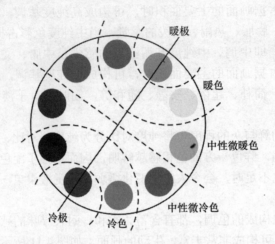

图 4.12　以孟塞尔色相环为标准划分的色彩冷暖

冷极的蓝色和暖极的橙色的对比是冷暖的最强对比。冷极与暖色的对比、暖极与冷色的对比是冷暖的强对比。暖极色、暖色与中性微冷色，冷极色、冷色与中性微暖色的对比为冷暖的中等对比。暖极与暖色、冷极与冷色、暖色与中性微暖色、冷色与中性微冷色、中性微冷色与中性微暖色的对比为冷暖的弱对比。在画面中，以冷色为主可构成冷色基调，以暖色为主可构成暖色基调。冷色基调构成的画面给人的感觉清爽、深远、冷静、透明、空间感强；暖色基调构成的画面给人的感觉是热情、刺激、厚重、膨胀等。

除了色相的变化带来的冷暖感外，色彩的冷暖变化还受明度及纯度的影响。受明度的影响表现为：暖色加白会变冷，冷色加白会变暖；暖色加黑会变冷，冷色加黑会变暖。色彩的纯度对冷暖的影响为：纯度越高，则冷色显得更冷，暖色显得更暖；随着纯度的降低，色彩的冷暖感觉也随之降低而向中性变化。如图 4.13 所示便是以冷暖对比为主设计的网页作品，图 4.14 和图 4.15 则分别是网页的暖色调界面设计和冷色调界面设计。

图 4.13　以冷暖对比为主的网页设计作品

82

图 4.14 暖色调界面设计

图 4.15 冷色调界面设计

五、面积对比

面积对比是指在画面中各种色彩所占据的面积大小之间的对比。这是一种大与小、多与少之间的对比。

在画面中，面积大的色彩易见度高，容易产生刺激感，当某一色彩的面积占有绝对优势时，则可构成以该色为主的色调。例如：以红色面积占绝对优势可构成红色基调，以高明度色彩面积占绝对优势可构成高明度基调，以高纯度色彩面积占绝对优势可构成高纯度基调，以冷色面积占绝对优势可构成冷色基调。

由此可知，画面的主色调受到色彩面积的影响，由于各色在画面中所占面积不同，会形成各种不同的色调。在进行色彩设计时，除了要不断地调整各色之间的色相、明度和纯度关系之外，还要注意各色块之间的面积对比关系，这样有助于我们设计出更加完美的作品。

以上所述的色相对比、明度对比、纯度对比、冷暖对比、面积对比等五种色彩对比，是最基本而且最重要的色彩对比形式。但在色彩设计实践中很少有单纯的对比形式出现，不同的对比形式往往会同时出现在一件作品中，如在以明度对比为主的画面中也有色相、纯度对比参加；在以色相对比为主的画面中也会出现明度、纯度的对比等。因此，我们在设计实践过程中需要把握以哪种对比为主的问题，这样才能更加科学、理性地搭配画面的色彩，形成优秀的色彩设计作品。

4.1.3 色彩调和

两个或两个以上的色彩，有秩序、协调地组织在一起，使画面色彩形成统一、和谐的整体，这样的色彩搭配就是色彩调和。色彩调和的意义在于：使有明显差别的色彩构成和谐而统一的整体，形成一种色彩秩序，从而构成完美的色彩关系。

在视觉上，既不过分刺激又不过分统一的配色才是协调的。过分刺激的配色容易使人视觉疲劳、精神紧张、烦躁不安；过分统一的配色令人感觉模糊、乏味、无兴趣。因此，在具体的色彩设计中，要做到在统一中求变化、变化中求统一，各种色彩相辅相成才能够求得配色的完美。

对比与调和是构成色彩关系的两个重要方面，它们既互相矛盾，又互相依存，减弱对比就能出现调和的效果。以下是几种常见的色彩调和的方法：

一、色彩三要素的调和

色彩三要素是产生对比的主要因素，因此，它们也是得到调和的主要因素。

1. 色相调和

1) 无彩色系调和

无彩色系的黑、白、灰之间只存在明度差别，没有色相差别，它们之间是最容易调和的。

2) 无彩色与有彩色的调和

任何无彩色与有彩色相配都调和，如果变化明度与纯度，则能取得更加丰富、明快的调和效果。

3) 有彩色相调和

邻近色相之间由于色相很相近，它们相搭配会令人感觉含混不清，不易取得视觉上的协调，因此，常采用变化纯度与明度的方法来增加调和感；类似色相调和有一定的变化，能形成丰富、统一调和的感觉；对比色因为色相差别大，必须要在纯度与明度上寻找共性才能促进调和；互补色之间色相差最大，但它们相搭配是非常和谐的，这是由于人的视觉追求生理平衡的缘故。不过有时补色之间的对比会显得过分强烈，这种情况下只有降低色彩的纯度，才能增加调和感。

2. 明度调和

1) 同一明度调和

同一明度的配色容易调和。如果调和色彩的明度与色相都相同或相近，则要变化它们的纯度才可调和；如果明度与纯度相同，则要变化色相以取得调和。

2) 类似明度调和

类似明度的配色具有较强的调和感，通常给人以含蓄、柔和的感觉。

3) 对比明度调和

对比明度的配色比较明快，但较难统一，一般是增强色相与纯度的共性来达到调和。

3. 纯度调和

1) 同一纯度调和

同一纯度的配色很容易调和，但要注意的是同一纯度调和需要变化色相与明度。

2) 类似纯度调和

类似纯度调和同样具有统一、含蓄、柔和的感觉，也需要在明度和色相上寻求一些变化。

3) 对比纯度调和

对比纯度的颜色相搭配，可以运用色相和明度的统一来增加调和感。

二、色调关系的调和

我们设计的画面都需要有一个主要的色调倾向，如暗色调、亮色调、暖色调、冷色调、黄色调、蓝色调等。但是，在许多画面中需要多种色彩同时出现，有些作品就会因为色彩较多而显得杂乱无章，这就是色彩间未取得调和的缘故。那么我们该如何来协调各色之间的关系，取得和谐统一的效果呢？方法有两种：一是各色中都混入同一种色相的色彩，如混入红、橙、黄等色构成暖调或混入青、蓝、紫等色构成冷调；二是各色中混入无彩色的黑、白、灰，构成暗调、明调、灰调。由于各色彩中混入了同一种色彩因素，使色彩之间产生了内在的联系，增加了共性，因而能够形成统一调和又有变化的效果。

三、构图关系的调和

1．渐变调和

让各色在构图中采用色相、明度或纯度有规律地递增、递减的方法来形成渐变效果，可以取得有规律性和秩序性的调和，这种调和又被称为秩序调和。渐变的种类有明暗渐变、色相渐变、纯度渐变等。

2．隔离调和

在对比强烈的色块之间插入与双方都带有亲缘关系的颜色可得到调和效果。在对比强烈的色块之间插入与双方都不发生利害关系的中间色，如黑、白、灰等，也可取得调和效果。

运用无彩色黑、白、灰，或用同一色相的颜色勾勒对比色块的轮廓，增加互相联结的因素，可取得调和效果。

3．比例调和

面积相当的色彩对比时，可以扩大或减小其中一色的面积，形成力量上的悬殊，以取得调和效果。

总之，色彩的和谐，取决于对比与调和的关系，即是否符合多样与统一的形式美规律。我们只有理解和掌握了色彩的对比与调和的规律，做到在变化中求统一、统一中求变化，才能搭配出符合形式美规律的美妙和谐的色彩来。

4.1.4 色彩与心理

色彩能够对人类情绪产生影响，这是早已得到普遍认知的客观事实。鲜亮的红色、橙色和黄色能够兴奋人们的神经，让人产生温暖、热烈的感觉；而蓝色和绿色则能平静我们的情绪，让人产生寒冷、冷静的感觉。千变万化的色彩通过视觉给人以不同的生理和心理感受，生理上的满足和心理上的快感共同作用形成了色彩的美感。因此，色彩常常被用来表达人们的情绪，同时也被用来唤起人们的各类情感。

一、色彩对人的生理作用

色彩对人的生理产生的影响主要体现在错觉与幻觉上，以及由此产生的直接联想。生理学对有色光的研究发现，人体机能和血液循环在不同色光的照射下会发生以下变化。

红色能够刺激心脏、循环系统和肾上腺，提升力量和持久性，但是接触红色过多时，会产生焦虑和身心受压的情绪。

橙色能刺激免疫系统、肺部和胰腺，能够产生活力，诱发食欲，利于恢复和保持健康。

黄色是一种象征健康的颜色，对大脑、神经系统形成刺激，提高心理的警觉性，活跃肌肉神经，能帮助放松，治疗体内的紊乱现象。

绿色是一种让人感到稳重和舒适的色彩，具有镇静神经、改善肌肉运动能力等作用。但长时间在绿色的环境中，易使人感到冷清，影响胃液的分泌，使食欲减退。

蓝色可引发平静和安慰的感觉，能消除紧张情绪，同时起着降低血压的作用。

紫色影响大脑，有净化、杀菌和镇静的作用，还能抵制饥饿。

黑色具有清热、镇静、安定的作用。对易激动、烦躁、失眠的患者来说接触黑色可使他们恢复安定，但情绪低落者不宜过多接触黑色。

白色具有洁净和膨胀感，对易动怒的人可起调节作用，有助于保持血压正常，但对于患孤独症、精神忧郁症的人来说则不宜让其长时间接触白色。

二、色彩对人的感觉的影响

各种色彩在不同的对比状态下，能引起人的不同的心理反应，产生各种各样的感觉，如冷暖感、轻重感、软硬感、进退感、胀缩感、兴奋与平静感等。

1. 色彩的冷暖感

色彩本身并无冷暖的温度变化，人之所以能感受到色彩的冷暖，是由于人的视觉对色彩的冷暖感觉引起的心理联想。造成冷暖感觉的原因，既有生理直觉的因素，也有心理联想的因素。

心理学家发现，在红色环境中，人的脉搏会加快，血压有所升高，情绪兴奋冲动；在蓝色环境中，脉搏会减缓，情绪较平静。在粉刷成蓝绿色的工作室里和粉刷成红橙色的工作室里，人们对冷热的主观感觉大不一样，在相同的温度下，蓝绿色工作室里的人容易感到寒冷，而红橙色工作室里的人则更容易感到温暖。在动物的试验中也获得了同样的结果。将一个赛跑用的马房分成两部分，一部分粉刷成蓝色，另一部分粉刷成红橙色。结果发现在蓝色部分的马匹赛跑后很快就能安静下来，而在红橙色部分的马匹却在很长时间内依然烦躁不安。

物理学则认为，物质的温度是能量的动态现象，冷暖是有无热能的状态。动态大、波长长的色彩是暖色，如红、橙、黄；而动态小、波长短的色彩是冷色，如蓝、绿、紫。暖色调的画面具有向外辐射和扩张的视觉效果，也很鲜艳夺目，散发出一种照耀四方的活力与生机。适合用暖色调表现的内容有女性主题、儿童主题、运动主题、喜庆主题等。

冷色调画面给人以寒冷、深远、理性等感觉。人们都有这样的体会，当心情烦躁时，到公园或海边看看，心情会很快恢复平静，这是绿色或蓝色对心理进行调节的结果。适合用冷色调表现的内容有大自然主题、科技主题等。

2. 色彩的轻重感和软硬感

色彩的轻重感主要取决于明度的变化，明度高的色彩感觉轻，明度低的色彩感觉重。高明度色彩使人联想到蓝天、白云等质感轻的物体，产生轻柔、漂浮、上升、灵活等感觉。低明度色彩容易使人联想到钢铁、石头、煤炭等富有重量感的物品，产生沉重、稳定、安定等感觉。

纯度和色相的变化也能影响色彩的轻重感觉。在同明度、同色相的条件下，纯度高的色彩感觉轻，纯度低的色彩感觉重。从色相方面来说，色彩给人的轻重感觉为：暖色红、橙、黄给人的感觉轻；冷色蓝、蓝绿、蓝紫给人的感觉重。

同样，色彩给人的软硬感觉为：凡是感觉轻的色彩均能给人柔软的感觉，凡是感觉重的色彩均能给人坚硬的感觉。

3．色彩的进退感和胀缩感

色彩的进退感和胀缩感是色相、明度、纯度、冷暖等多种对比所造成的错觉现象。一般来说，暖色红、橙、黄有扩散性并能引人注目，因而给人以前进、膨胀的感觉，而冷色蓝、蓝绿、蓝紫具有收敛性并不太引人注目，因而给人后退、收缩的感觉；明度高的色彩有前进或膨胀的感觉，明度低的色彩具有后退或收缩的感觉；高纯度的鲜艳色彩有前进与膨胀的感觉，低纯度的灰浊色有后退与收缩的感觉。

4．色彩的兴奋与平静感

从色相方面来说，暖色红、橙、黄等色对人的视网膜及脑神经刺激较强，会引起生理机能的加剧，促使血液循环加快，是能够令人兴奋的积极的色彩。而蓝、蓝绿、蓝紫等冷色给人的感觉是沉静而消极的；从明度方面来说，明度高的色彩由于刺激性大而容易使人兴奋，明度低的色彩则容易使人感到平静；从纯度方面来说，不论暖色与冷色，高纯度的色彩比低纯度的色彩刺激性强，令人感觉更加积极兴奋。

除上述几种感觉外，色彩还会对人的味觉、听觉等产生影响。

三、各种色彩的心理分析

1．红色

红色的注目性高，刺激性强，人们称之为"火与血"的色彩，能增高血压，加速血液循环，对人的心理产生巨大的鼓舞作用。红色的心理特性是：热情、活泼、引人注目、热闹、幸福、吉祥、革命，同时也给人以恐怖、不安的心理。由于红色容易引起注意、具有强烈的视觉冲击力，所以在各种设计中被广泛的利用。另外红色也常被用来作为警告，人们在一些场合或物品上，看到红色标识时，常含有警告危险之意。

2．橙色

橙色的视认性和注目性也很高，既有红色的热情又有黄色的光明，是人们普遍喜爱的色彩。橙色的心理特性是：温暖、华丽、甜蜜、兴奋、冲动、增加食欲。同时也给人以暴躁、嫉妒、疑惑的心理。橙色是象征警戒的颜色，如登山服装、背包、救生衣等都用橙色。

3．黄色

黄色是有彩色的纯色中明度最高的色彩。黄色的心理特性是：明朗、快活、自信、希望、高贵、向上，也会引起人的警惕、注意、猜疑等心理。在自然界中，迎春、秋菊、向日葵等，都是美丽娇嫩的黄色。秋收的五谷、水果等的黄色都给人以丰收、满足的感觉。

4．绿色

绿色为植物的色彩，它的明视度不高，刺激性不大，对生理和心理的作用都极为温和。绿色的心理特性是：自然、新鲜、平静、安逸、和平、可靠、信任、理想、纯朴等。人们称绿色为生命之色，并把它作为农业、林业的象征色。黄绿、嫩绿、淡绿象征着春天、青春与旺盛的生命力；艳绿、浓绿象征着夏天、茂盛、健壮与成熟；灰绿、土绿、褐绿则意味着秋冬、成熟、衰老。

5. 蓝色

蓝色的注目性和视认性都不太高，但在自然界中如天空、海洋均为蓝色，所占面积相当大。蓝色的心理特性是：寒冷、遥远、无限、永恒、透明、沉静、理智、高深、冷酷、忧郁等。由于蓝色具有理智、准确、沉稳的特性，因此在商业设计中，强调科技、效率的商品或企业形象，大多选用蓝色当标准色，如电脑、数码、软件等行业。

6. 紫色

紫色富有神秘感，在可见光谱中，紫色的波长最短，因此，人眼对紫色光的细微变化的分辨力很弱，容易引起视觉疲劳。紫色的心理特性是：优雅、高贵、娇媚、温柔、高贵、虚幻、虔诚等，还会令人产生苦、有毒、恐怖的感觉。灰暗的紫色象征伤痛、疾病等，易引起心理上的忧郁和不安；明亮的紫色则让人联想到天空的霞光、原野上的鲜花、情人的眼睛等，使人感到美好、幸福。由于紫色具有强烈的女性化特质，在设计中，紫色常被用来表现和女性有关的主题。

7. 黑色

黑色是全色相，也是没有纯度的色，与白色相比给人以暖的感觉，黑色在心理上是一个很特殊的色，它本身无刺激性，是消极色，所以很少单独使用，可是与其他色彩配合均能取得很好的效果。黑色的心理特性是：黑暗、罪恶、坚硬、沉默、绝望、悲哀、严肃、死亡、恐怖、刚正、忠毅、粗莽等。

8. 白色

白色的明视度及注目性都相当高，由于它是全色相，能满足视觉的生理要求，与其他任何色彩混合均能取得很好的效果。白色的心理特性是：洁白、明快、清白、朴素、神圣、光明等，同时也能给人死亡、失败等感觉。在设计中，白色具有高级、科技的意象，但纯白色会带给人寒冷、严峻的感觉，通常需和其他色彩搭配使用。在生活用品、服饰用色上，白色是永远流行的色彩，可以和任何颜色相搭配。

9. 灰色

灰色为全色相，也是没有纯度的中性色，完全是一种被动的色彩，它的视认性、注目性都很低，很少单独使用，但灰色很顺从，与其他色彩配合可取得极佳的效果，所以灰色是最为值得重视的色。灰色的心理特性是：阴影、灰心、中庸、忧郁、平凡、无聊、消极、无主见、颓丧、暧昧等。由于灰色具有柔和、高雅的意象，而且属于中间性格，男女皆能接受，所以灰色也是永远流行的颜色。在使用灰色时，大多利用不同的层次变化组合或搭配其他色彩，才不会产生过于沉闷、呆板、僵硬的感觉。

四、特定对象的色彩审美特征

不同国家、不同民族、不同文化背景、不同经历、不同性格、不同年龄的人对色彩的理解与欣赏、情感表达与心理反应等都是不同的。这些因素的不同，构成了特定个体或群体的色彩审美特征与区别。例如，生活在农村的人对绿色特别有感情，因为绝大部分植物的颜色都是绿色，绿色代表着收获的希望；非洲大陆由于气候炎热干旱，人们多喜欢鲜明艳丽的纯色，与黝黑的皮肤形成强烈的对比。

1. 色彩与性格

一般情况下，多血质或胆汁质的人，喜欢暖色或强烈活泼之色；黏液质或抑郁质的人，则喜欢绿色、青色等；有些人则属于中间状态，对各类色彩有广泛的适应性；有些人则易受到流行色的影响。

感情型的人对色彩的反应和喜爱一般会强一些，通常会对不同的色彩明确地作出各种反应。而理智型的人就不同，缺乏明确的好恶感，反应较含蓄，有的甚至对色彩无动于衷。一般而言，性格开朗的人会喜好明快艳丽的暖色，沉静的人会偏爱中性色、灰色或冷色。人的性格各异，对色彩的喜好会有各种差别。一个人处于不同情绪支配之下，对色彩的反应也不同，如烦躁时看一些强烈的、刺激的色彩，会加深不安感，若换成冷色或许能促使其平静下来。

2. 色彩与年龄

不同年龄阶段的人会有不同的色彩喜好。儿童一般具有活泼好动、好奇心强的特点，因此，他们大都喜欢极其鲜明、艳丽的颜色。他们首先会对知觉度强、注目性高的色彩发生兴趣，红、橙、黄、绿等纯色一般都会受到儿童的偏爱。

青年人大多喜欢能表现阳光、活力和青春的色彩，从充满活力的纯色到强壮有力的暗色，都是年轻人的色彩。中年人大多喜欢各种系列的中性色彩，他们大都倾向于追求宁静恬淡的生活。大方、稳重、恬淡、温和的色彩，最能体现出中年人的魅力所在。暖灰色调是老年人所钟爱的色彩，因为老年人大多追求平静、健康与素雅。

3. 色彩与性别

一般情况下，我们常用刚强、果断、正直、强壮等词语来形容男性，那么我们在表现男性主题的色彩设计中，也要体现出这些特征信息。在当今社会环境下，温文尔雅、沉着冷静是文明社会男士形象的诠释。一般来说，在色彩设计中采用灰色系列、黑色系列、对比强烈的色彩等可充分体现出男性丰富的内涵和独特而深沉的内心世界。在表现男性的主题中，一般不宜采用清淡的色彩和对比不明显的色彩。

形容女性，我们一般用美丽、温柔、高雅、大方等词语，因此，表现女性的色彩一般比较柔和、亲切、温顺、雅致、明亮。紫色的华丽、高贵和神秘无人能及，是最具有女性魅力的色相。因此，紫色常常被用来表现女性主题。浅蓝色、浅红色，也是设计师经常采用的女性色彩，给人一种心胸开阔、祥和博爱的感觉。另外，淡蓝或者淡绿、高雅的淡灰系列、淡黄色都可用来表现女性主题。

4. 色彩与民族、风俗

世界上，几乎每一个民族都有自己所崇尚的颜色，也都有自己的颜色禁忌，这种崇尚与禁忌，与它们的文化模式、宗教信仰等密切相关。我国婚礼多用红色，红盖头、红烛、红对联等都是红色。西方婚礼上则让新娘穿上白纱礼服以示其纯洁高尚。色彩心理还受到宗教信仰的影响，不同民族往往有不同的宗教信仰，也会对色彩形成不同的喜恶。汉族民间有尚红的习俗，黑色至今仍是满族人崇尚的颜色，彝族、基诺族、哈尼族等民族也崇尚黑色。同样是黄色，伊斯兰教视为死亡之色，而佛教却以黄作僧衣，认为黄色或金色是超俗的颜色，基督教则认为黄色是叛徒犹大的衣服颜色而代表着卑劣可耻。绿色被伊斯兰教视为生命之色。

4.1.5　多媒体作品的色彩构成法

一、什么是多媒体作品的色彩构成法

色彩是人类视觉最敏感的东西，它在多媒体设计中占有非常重要的地位。在视觉语言中，色彩具有先"色"夺人的力量，可以传递信息、吸引人们的注意并引起人们的心理共鸣。在多媒体设计中，色彩的选择与搭配是设计者要考虑的关键因素之一，好的色彩设计是多媒体作品成功的一半。那么，什么是多媒体作品的色彩构成法？本书作出如下界定：

多媒体作品的色彩构成法是指在计算机屏幕的平面空间或影视语言的画面空间上合理地运用色彩元素，以表达某一特定含义或达成某种传播目的的方法。

处理得当的色彩在多媒体作品中能起到传递信息、引人注意、突出主题、划分区域等作用。

二、多媒体作品色彩设计的基本原则

成功的色彩设计可以为多媒体作品锦上添花，达到事半功倍的传播效果。在多媒体作品的色彩设计中，只有结合作品的主题与内容，灵活、合理地运用色彩三要素、色彩的对比与调和规律以及色彩心理等基本原理，再结合设计者独特的艺术审美能力，才能设计出特征鲜明、具有艺术感染力、符合观众心理需求的作品。要达到这样的目的，一般应遵循以下几个原则：

1．整体性

多媒体色彩的设计一般要遵循"整体统一，局部对比"的原则。也就是说页面的整体色彩效果应该是和谐统一的，同时在局部又有适当的对比和变化作为点缀，这就需要作品有明确的色彩基调，即页面色彩的总体特征和总体倾向。

2．鲜明性

有关实验表明，有彩色的记忆效果是无彩色的 3.5 倍。也就是说，有彩色比无彩色更能吸引人的注意。作为设计用色，多媒体作品的色彩应该鲜明、生动、引人注目、易于记忆，我们可以采用夸张、提炼、强调、概括等方法使页面色彩具有强烈的注目效果和形式美感。

3．独特性

在高度发达的信息时代，一件多媒体作品的色彩只有与众不同、特征鲜明，才能给浏览者留下深刻的印象。在选用合适的色彩的同时，要尽量突出个性特征，以区别于其他同类作品，这就是色彩的独特性。有时需要大胆设想、勇于实践、突破陈规，才能取得出人意料的效果。

4．主题性和联想性

多媒体的色彩要符合所表达的主题和内容。不同的色彩有不同的象征意义，给人的心理感受也各不相同。所以在表达不同的主题和内容时，要充分考虑色彩的象征意义和给人的心理感受，选择适合表达该主题的色彩来进行设计。以网站为例，一些以年轻女性为服务对象的流行时尚网站，一般要多用浅淡的色彩，以表现女性的清纯柔美；政府网站则多采用红色来体现其严肃性；环保网站一般采用绿色来体现健康与生命。

5. 艺术性

美妙的色彩组合所营造出的氛围可产生强烈的视觉冲击力和艺术感染力。多媒体色彩设计也是一种艺术活动，因此必须遵循艺术规律。在考虑到多媒体作品本身特点的同时，按照内容决定形式的原则，大胆进行艺术创新，设计出既符合内容要求，又有一定艺术特色的作品。

6. 视认性

在多媒体的色彩设计过程中，还要考虑文本和图像的视认性，即文本和图像要易于识别。一般情况下，文本和图像与底色对比强时视认性好，对比弱时视认性差。但是，还要适当地控制对比的"度"，对比太强时，会增强屏幕对观者的视觉刺激，容易产生视觉疲劳。

三、多媒体作品色彩设计的基本方法

(1) 明确作品的主题、服务对象以及希望通过色彩表现达到的目的在进行多媒体色彩设计时，首先要明确作品的主题和服务对象，以及希望通过色彩表现达到的目的。所选用的色彩要符合作品主题并与服务对象的审美需求相统一。例如要设计一个儿童类网站，为了达到活泼、愉快而富有童趣的视觉效果，就要选择鲜艳活泼的色彩，使其符合儿童的心理需求。

(2) 确定作品的主色调。根据作品的主题、服务对象及用色目的，确定页面的主色调，以形成和谐统一的风格。多媒体作品本身是一个整体，在色彩设计上应特别强调统一，无论用多少种色彩去组合，都要有一个主色调来统领全局，以取得配色的整体性。

(3) 根据主色调选择辅助色彩。主色调确定后，还需选择几种辅助色配合使用，但是辅助色不宜过多，一般控制在三种左右为宜。在辅助色的选取和使用上，可运用色彩的对比原理来构造醒目的视觉中心；突出主题，表达情感；也可以运用色彩的调和原理对画面色彩进行调整与组合，形成统一和谐的整体效果。

(4) 确定背景和文本的色彩。背景和文本的色彩对比要比较强烈，以便突出主要文字内容，便于人们阅读。但要注意不能过于强烈，以免造成过强刺激引起视觉疲劳。正文和标题的背景色可以不同，一般正文的背景色用淡雅色较佳，标题的背景色可用较鲜艳的色彩。背景色如果以白色等淡色为主，其文本就要用低明度色彩，这种搭配较利于阅读；如果背景色是有彩色，那么文本色要选用与背景色有一定色相差或明度差的色彩。

(5) 确定超链接的色彩。设计的最后，要确定超链接、超链接翻转效果、当前超链接及已访问超链接的色彩，这里的"超链接"指"文字型超链接"。超链接的颜色要和其他文字颜色区别开，这样有利于浏览者很快找到自己所需要的信息；如果使用翻转效果，其翻转效果的色彩应与超链接色彩不同，这样可以突出已选到的超链接；已访问超链接的色彩可以与超链接的色彩相同，也可以不同。

4.2 案例分析

4.2.1 多媒体课件《信息技术与课程整合教学法资源库》的色彩构成创意分析

多媒体课件是使用非常广泛的一种教学和学习的手段。一个好的多媒体课件，除了精巧的构思和丰富的内容外，它的界面设计也是影响使用效果的重要因素之一。优秀的界面设计，可以将多媒体中那些抽象、枯燥的内容变得形象、生动、富有艺术情趣和感染力，给人一种耳目一新的感觉，使用户一进入课件就被深深地吸引。前面我们已经讲过，色彩是多媒体界面设计中最重要的艺术语言之一，下面我们就通过具体的案例来了解和分析色彩构成的基本原理是如何灵活运用在多媒体设计中的。

本节所要分析的是由西北师范大学教育信息化研究中心开发的针对教师教育技术能力培训与自主学习的多媒体系列产品之一——《信息技术与课程整合教学法资源库》的色彩设计，如图 4.16~图 4.24 所示。

一、创意思路

不同的画面色调会产生不同的视觉效果，并在很大程度上影响到访问者的情感。因此在多媒体界面设计中，确定主色调是至关重要的一步。主色调应选择与多媒体的内容、风格相吻合的色彩来充当。主色调是表现多媒体课件特色的关键，应该让人一看就感到一种新颖、别致的味道。

《信息技术与课程整合教学法资源库》是国家农村远程教育中教育资源有效利用的教学法支持平台，内容主要以中小学课程为主，它主要用于中小学教师的自主学习和日常教学，因此界面设计要迎合中小学的课程内容以及青少年的心理特征，要选择青少年所喜爱的鲜明、艳丽的颜色进行设计，力求体现出青少年的朝气与活力。

综合以上因素，最终确定这套多媒体光盘界面设计的主色调为蓝、绿色，辅助以橙、黄色。蓝色让人联想到宁静和智慧，绿色让人联想到生命和希望，橙、黄色则能让人感到光明、活泼、轻快。在设计中要充分、合理地运用色彩的对比、调和原则，形成和谐统一、丰富生动、具有高度艺术感染力的画面，力求使多媒体的内容能生动、形象地展示在读者面前。

界面设计要达到美观大方、层次清晰、结构新颖、主题突出的效果，同时要注意不能过分花哨。花哨的界面虽然能从心理上加深学习者的感知，但会喧宾夺主，容易使学习者分散注意力，甚至会成为毫无意义的累赘，影响到多媒体的使用效果。另外，我们在进行多媒体界面的设计构思时，可以充分利用某些工具软件帮助自己选择和组合色彩，如在 Adobe Photoshop、Adobi Illustrator、Coreldraw I 等平面设计软件中，我们可以用矩形拼凑出基本的页面布局，然后不断地进行调整，改变它们的色相、明度、纯度和面积等，以寻找最佳的配色方案。

二、三种不同的设计方案对比分析

1. 设计方案 1

这套方案如图 4.16 所示。色彩鲜明活泼、清爽自然、结构合理、主题突出，整体上呈现出一片生机与活力，导航清晰明确，使用方便，色彩搭配符合中小学课程内容的特点和青少年的心理特征，给人一种赏心悦目的视觉效果。

2. 设计方案 2

这套方案的特点是色调稳重大方、结构清晰、版式新颖，但是整体色彩过于中性化，画面主色调所使用的这种黄绿色纯度偏低，不适于表现中小学课程内容，难以体现青少年的生机与活力，如图 4.17 所示。

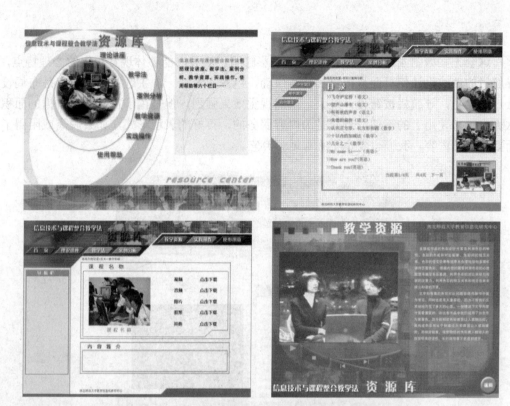

图 4.16 《信息技术与课程整合教学法资源库》设计方案 1

图 4.17 《信息技术与课程整合教学法资源库》设计方案 2

3．设计方案 3

这套方案如图 4.18 所示，其优点是色彩鲜明、活泼，能够体现青少年的心理特点，导航栏的曲线设计使页面显得更加活泼生动，色彩丰富统一，主题突出。缺点是布局设计过于常见，导航栏按钮设计过大，虽然视觉效果强烈，但是由于在画面上占据的面积太大，带来使用上的不便。形式是为内容服务的，再好的表现形式，如果脱离或阻碍了所要表现的内容，我们也要毫不犹豫地舍弃它。

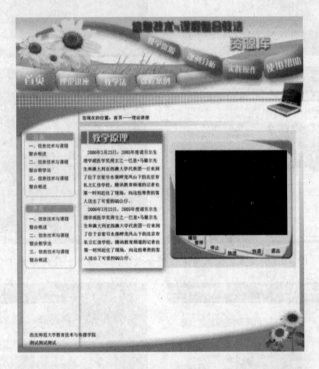

图 4.18　《信息技术与课程整合教学法资源库》设计方案 3

三、实施方案的色彩构成分析

以上所列出的三套设计方案各有优缺点，我们通过对比最终确定以第一套方案作为实施方案，并对它进行进一步的设计和完善。下面对这套方案的色彩设计进行深入细致的分析。

1．总体色彩分析

界面的色彩美与多媒体的内容密切相关。不同的主题和内容，应该用不同的色调来表现。这套多媒体课件的主要内容是中小学课程的案例及分析，所以界面色彩应该符合中小学生的心理特征，使用高明度、高纯度、色相明确以及对比较强烈的色彩，能够很好地体现出中小学生的朝气与活力。

我们常见的多媒体课件一般采用非常艳丽的纯色，这样的课件虽然第一眼看上去能给人极强烈的视觉冲击力，但是由于过分强调对比，如果长时间观看的话，会给观者的眼睛带来强烈的刺激，很快产生视觉疲劳，在很大程度上影响到多媒体的使用效果。此外，这样的搭配也很难体现出艺术的美感。

我们这套方案整体色彩明快大方、清新自然，既符合广大中小学教师和学生的审美特点，又能很好地表现这套多媒体的内容。由于这套多媒体课件的内容非常多，使用者要长时间地观看和学习，所以在设计时不仅要做到很快吸引观者的注意力并让他产生浓厚的兴趣，还要考虑到让观者在长时间的使用过程中感受到色彩给他带来的愉悦和享受。因此，我们在界面设计中大量使用了白色和一些高明度色彩，画面总体是以蓝、绿等冷色为主的冷色调，这是由于冷色调刺激性较小，会使人产生宁静、清爽的感觉，长时间观看不易引起视觉疲劳。

2．首页的色彩分析

图 4.19 所示的是该作品的首页设计。整体背景色为白色，上面的装饰图案是由不同明度和纯度的蓝绿色构成，与背景白色搭配形成统一和谐的视觉效果。课件名称部分采用的是橙色，与蓝绿色之间形成强烈的色相对比和冷暖对比，暖中有冷、冷中有暖，主调色彩和陪衬色彩相互照应、相互对比、相互衬托，使界面丰富多彩而不杂乱，统一和谐而不单调。栏目名称采用与主色调一致的蓝绿色，但是适当地改变了明度和纯度，使它在整个画面上更加醒目、突出。画面上粗细不同的线条和上下两边宽窄不同的矩形，既有明度和纯度的变化，又有面积的大小对比，加上左上角的动画图片，使画面显得更加生动、丰富。

图 4.19　《信息技术与课程整合教学法资源库》首页设计

3．导航栏的色彩分析

导航栏是多媒体作品的指路灯，尤其是在内容多而且复杂的多媒体作品中，导航栏的作用更加重要。导航栏的设计是否精彩，在很大程度上影响着多媒体作品的使用与推广。导航栏应该是多媒体界面设计中最精彩、最引人注目的部分。在同一件作品中的不同页面上，我们必须设计相同风格的导航栏来贯穿于整体之中。如果为了追求变化而在每一个页面上都设计风格迥异的导航栏，那么观者就需要花费大量的时间和精力去适应各种变化，这样不但浪费时间，还会严重地影响到多媒体的使用效果。

但这里所说的风格统一并不是指要在所有的页面上使用完全相同的导航栏。完全相同的导航栏会让观者在浏览过程中由于疲惫和麻木而丧失对多媒体的浏览兴趣。也就是说，我们应该在整体统一的前提下，在每一个或每一组页面的导航栏中寻求细节上的变化，使它们更加丰富多彩。

如图 4.20 所示，在这个设计方案中，我们在确保所有导航栏形状、布局、字体一致性的基础上，在不同页面上变换了局部色彩，带给观者更加丰富多彩的视觉享受。整体色调仍然为蓝绿色，始终给人一种清爽、宁静的感觉，使观者自始至终都以平静、愉悦的心情去浏览我们的作品。同时，为了强调和突出按钮部分，除了精心设计的形状之外，还在每个按钮上使用了不同的色彩，按红、橙、黄、绿、蓝、青、紫的次序排列，使得本来平淡的页面产生了很强的趣味性和吸引力，也象征着青少年生活的五彩缤纷。

图 4.20　《信息技术与课程整合教学法资源库》导航栏设计

4．文字与背景的色彩分析

背景往往是整个作品中占据面积最大的部分，也是作品色彩的主体部分，背景颜色设计得应当能够减轻视觉疲劳，反衬重点内容，激发学习情趣，稳定注意力。文字和背景的色彩对比问题在课件制作中最为常见，同时也是至关重要的。在这套作品中我们运用了白色作为背景色，因为低明度色彩容易让人感到压抑，高纯度色彩则由于刺激过大而容易让人感到疲劳。选择高明度的无彩色白色能给人的视觉带来舒适性和愉悦感。但是，纯粹的白色在视觉上略显单调和刺眼，我们可以采用一些手法让它更丰富、更柔和。在图 4.21 中，给白色背景上加了很淡的灰色的网格，不但适度降低了白色的明度，使背景看起来变成了亮灰色，而且使单调的白色背景变得丰富、活泼起来。

文字内容采用了视认性和注目性都很高的橙色，与白色背景之间形成既和谐又有对比的视觉效果。图 4.22 中，我们采用了一张图片作为文字的背景，但是把它处理得非常淡，避免影响文字的识别度，分散观者的注意力。文字采用深灰色，而不是纯粹的黑色，同样与白色背景形成了鲜明的对比，灰色与黑色相比又显得更柔和，更具有艺术性。图 4.23 中，通过降低背景色的明度来突出文字显示区域，同样使用网格与图形来装饰背景。但是在这个页面上，右边四个按钮设计是失败的，形象太大，不精巧，很大程度上影响了整体的效果。

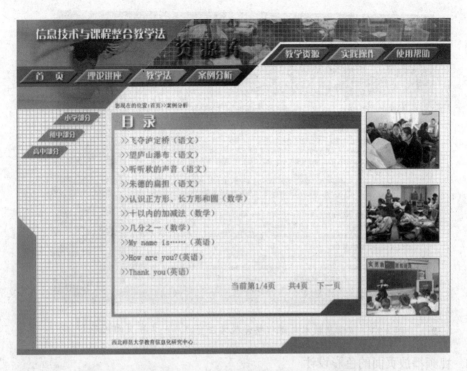

图 4.21 《信息技术与课程整合教学法资源库》目录页面

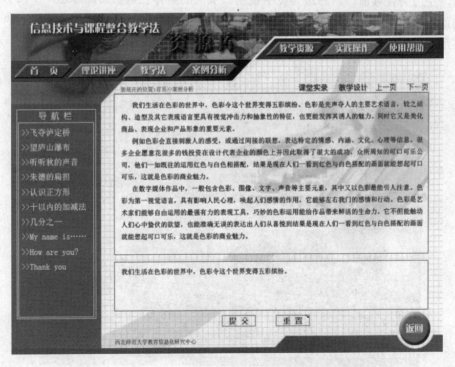

图 4.22 《信息技术与课程整合教学法资源库》文字页面（一）

图 4.23　《信息技术与课程整合教学法资源库》文字页面（二）

5．视频播放页面的色彩设计

如图 4.24 所示，这个页面在这套多媒体课件中用来播放视频。播放器的外观是专门设计的，左边为视频窗口，右边为文字说明。页面的整体色调仍为蓝绿色，不同明度、纯度的蓝色、紫色与绿色之间形成和谐统一的调和效果，而上面点缀的几块橙、黄色则与整体形成强烈的色相和冷暖的对比，使画面更加丰富、生动。

图 4.24　《信息技术与课程整合教学法资源库》视频播放页面

上面这个实例虽然不能代表很高的水平，但是通过对它的分析，我们可以得出一些经验和方法，即合理、灵活地利用色彩的形成规律、色彩的对比与调和关系、色彩的心理作用等规律来正确地规划多媒体课件页面色彩；根据内容的需要，利用色彩的心理联想来确定色彩基调，利用色彩的对比来吸引观者的注意力，利用色彩的调和关系来建立统一和谐又有变化的页面。

4.2.2 西北师范大学美术学院网站的色彩构成创意分析

互联网是当今社会中信息传播的最主要途径之一，其互联性、开放性和共享信息的模式，打破了传统信息传播方式的重重壁垒，为我们带来了新的工作和生活方式。网站的快捷、无距离及互动性是其在众多媒体中脱颖而出的主要因素，传统媒体在这一点上是无法与之相比拟的。色彩有着无限的魅力，网页中的色彩是其艺术表现的主要语言，也是树立网站形象的关键之一，善用色彩可以让平淡无味的东西变得新颖、生动，可以给人带来精神上的愉悦和享受。信息时代的快速发展，使网络变得更加多姿多彩。人们不再满足于简单的文字和图片，而是不断提高对美的追求，他们要求网页看上去更加漂亮、更具有时代感和艺术性。

在网页设计中，我们要考虑如何运用最简单的色彩表达最丰富的含义，如何让观众更愉快、更高效地接收网页上的信息，让网站给他们留下深刻的印象，从而更充分地发挥网站的功能和作用。我们应灵活运用色彩的基本原理，根据色彩对人们心理的影响将不同的色彩进行组合、搭配，结合网站的主题与特点，设计出美观大方、清晰明确、特色鲜明的网站作品。

一、创意思路

在这个高度信息化的社会里，单位或集体乃至个人，建设自己的网站是最直接、最便捷、最有效的宣传手段之一。网站的超时空特性，可以让世界范围内的人们认识和了解我们。美术学院网站的建设自然是要着重体现艺术性的特点，因此我们最初计划采用一种非常自由的布局，运用对比强烈的色彩来进行设计。但是考虑到这是一个教育机构的官方网站，过于自由的布局会显得太随意。于是决定采用常规形式，突出表现网站的现代感，力求简洁、直观、与众不同。

二、设计过程中不同色彩方案的分析比较

这个网站的页面设计大致经历了三个阶段，主要都是体现在色彩的变化上，下面对整个设计过程进行分析，比较不同色彩方案的优缺点。

1. 最初的色彩方案

如图 4.25 所示，在设计初期，主要以无彩色系的黑、白、灰为主，以强烈的明度对比来增强冲击力与吸引力，在导航栏部分采用了高纯度的橙色，使画面更加丰富，也使得导航栏在整体中十分醒目、跳跃。这种搭配的优点是视觉冲击力强烈，但是长时间浏览容易产生视觉疲劳，强烈的明度对比使人感到烦躁，影响浏览者的心情。大面积的黑、灰色的使用让人感到沉闷和压抑。这套方案的另一个缺点是在页面上运用的元素太多，色块的划分过于复杂，使画面显得杂乱无章，缺乏整体性。

图 4.25　西北师范大学美术学院网站设计方案初稿

2. 整改后的色彩方案

在总结出初稿的不足后，我们对网站色彩进行了重新搭配，同时重新设计了首页，这个方案相对第一个方案有了很大的进步，如图 4.26 所示。

首先是首页的重新设计。缩小面积，减少内容，使观者的目光集中于画面的中心，图片部分采用 Flash 动画效果，吸引观者的注意力，使观者产生继续看下去的兴趣。其次是整体色彩的改变。排除了强烈的明度对比，取而代之的是非常柔和的、中性的灰绿色，给人以温和、友善的感觉，整个画面的色彩非常和谐，主题也更加突出。在页面上，取消了一些没有意义的色块与线条，使画面更加富有整体感，视觉效果更柔和，有利于长时间的浏览。但是经过一段时间的验证，发现这种色彩搭配方案虽然和谐统一，但是所使用的色彩纯度偏低，有很强的消极性，会影响到浏览者的情绪，让人很难从中体会到愉悦的感觉，于是决定再次更改色彩方案。

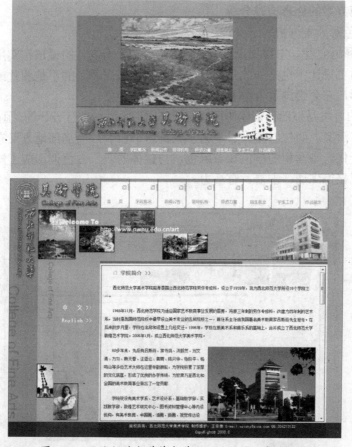

图 4.26　西北师范大学美术学院网站设计方案修改稿

3．最终的色彩方案

与第二阶段相比，最后一步仅仅是作了色彩上的变化，将背景色换成了纯白色或亮灰色，形成非常淡雅、清爽的视觉效果，主题更加突出，见图 4.27～图 4.29。

图 4.27　西北师范大学美术学院网站文字页面定稿

三、实施方案的色彩构成分析

1. 总体色彩效果分析

"远看色彩近看花，先看颜色后看花，七分颜色三分花"的说法在实用美术中非常流行，其实在网页设计中也是如此。打开一个网站，最先看到的不是图片或文字，而是网页的整体色彩，它会给浏览者留下非常重要的第一印象。

图4.28的方案是按照"整体协调、局部对比"的原则进行设计的，画面单纯、简洁，整体感觉非常清爽、明快，使人看上去感到舒适、协调，而局部地方又有色相、明度、冷暖的对比变化。小面积的橙色和黄绿色，与整体的灰、白色调形成了鲜明的对比，令整个色彩气氛显得生动、丰富、有活力。

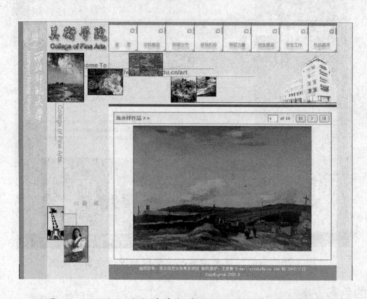

图4.28 西北师范大学美术学院网站作品展示页面定稿

整个界面设计以灰、白色为主调，明度对比很弱，前面讲过明度对比弱时，会给人以不明朗、模糊的感觉。但是，当在画面上添加了几个低明度的色块，即左下角和上边的几张图片后，强烈明度的对比关系立即体现出来了，使画面层次分明、主题突出，产生很强的节奏感。然而，灰色是没有纯度的中性色，完全是一种被动的颜色，它的视认性、注目性都很低，所以单纯使用灰色会使画面单调、无生命力，但它又很顺从，与其他色彩配合可取得非常漂亮、高雅的艺术效果。选择华丽、兴奋，既有红色的热情又有黄色的光明的橙色与之搭配，虽然在画面上所占的面积很小，仅仅是几根线条而已，但看起来已经很醒目、很有装饰意味了。同时，在导航条和画面左侧分别使用了纯度不同的蓝绿色进行点缀，与橙色形成强烈的色相、冷暖对比，使之更加醒目、跳跃。

大量的"留白"是这个网站设计的另一特点，留白并不特指网页中的白色区域。事实上，网页中凡是没有其他元素干扰的区域都可以被称为留白。留白可以让网页的视觉效果更加自由、流畅，既可以丰富页面布局的内涵，也可以缓解浏览者在阅读时可能产生的视觉疲劳。在初稿中所犯的错误就是将整个页面都塞满了图片和文字，画面拥挤不堪，没有主次之分，缺少中心点，从而严重影响了视觉效果。

2．首页的色彩设计分析

最终的首页设计简洁、通透，主要运用灰、白色来表现内容，给人非常朴素、高雅的感觉，如图 4.29 所示。由于主体部分是图片，这在很大程度上拉大了明度的对比，使画面更强烈、更厚重，同时也丰富了画面的色彩。另外对网站名称进行立体化的处理，在画面中显得非常醒目。导航条下面的一条水平线，是由红、橙、黄、绿、蓝、青、紫等色组成的，既能起到丰富画面的作用，又体现出了美术的专业特点。

图 4.29　西北师范大学美术学院网站首页设计定稿

3．导航栏的色彩设计分析

导航栏是网页上最重要的部分之一，浏览者要在网页间跳转，要了解网站的结构和内容，都必须通过导航栏或者页面中的一些小标题。所以我们需要使用一些具有跳跃性的色彩，这能让导航栏在整个页面中显得非常引人注目，从而很好地"指引"浏览者去访问网站的各个栏目。

前面提到，导航栏的设计要在统一的基础上求变化，我们在保持导航栏形状、布局、位置一致的基础上，通过改变不同栏目的色彩来寻求变化。图 4.30 所示的蓝绿色按钮与其他橙色按钮之间是强烈的补色对比关系，在整个页面上非常醒目，它表示的是当前显示的栏目，这样浏览者就能非常直观地了解当前所在的位置，使导航更加清晰明了。

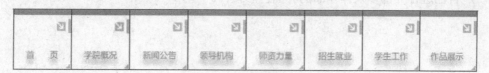

图 4.30　导航栏设计

4．文字与链接的色彩设计

这个网站的背景色是白色，所以文字要用低明度的色彩来表现，这样才能拉开对比，使文字内容更加醒目。但是我们选择的是深灰色而不是纯黑色，因为纯黑色与白色对比过于强烈，而且十分常见，所以有意地避免使用，一方面能使浏览者感到更加舒适，另

103

一方面这种搭配能体现出很强的艺术气氛，如图 4.27 所示。

　　一个网站不可能只是单一的一页，所以文字与图片的链接是网站中不可缺少的一部分。因为链接区别于文字，所以链接的颜色不能跟文字的颜色一样。如图 4.31 和图 4.32 所示，未点击状态下的链接颜色呈蓝绿色，与页面本身的蓝绿色形成呼应，鼠标经过时呈黄色，体现出强烈的色相变化，而已访问过的链接则显示为橙色，同样与画面本身的橙色相呼应。

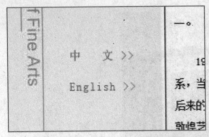 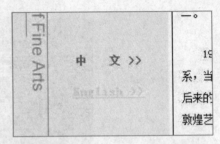

图 4.31　未点击状态下的链接　　　　图 4.32　鼠标经过和已访问的链接

　　上面这个实例虽然不能代表很高的水平，但是通过对它的分析，可以提高我们对多媒体作品中色彩语言的分析和把握能力，指导我们在具体的设计实践中科学地分析、理性地运用，使色彩这一艺术语言在我们的多媒体作品中大放异彩！

　　色彩在艺术领域中完美运用的规则是没有极限的，同时也是非常复杂的，加上每个人都有自己不同的审美爱好，崇尚不同的设计风格，所以仅仅靠一两个实例的分析很难体现出色彩设计的精髓。因此我们要经常欣赏、分析优秀的设计作品，不断吸取其中的精华，并将其融入自己的设计中去。

　　艺术源于生活，丰富绚丽的大千世界，为我们学习色彩提供了取之不尽的源泉，只要我们热爱生活，用心观察生活、感受生活，就一定能迅速提高对色彩的认识能力、欣赏能力和表现能力。

教学活动建议

1. 课堂讨论：讨论现实生活中色彩对人的情感的影响。
2. 分析某一知名网站的色彩构成，体会作者的创意思路与艺术手法。
3. 自己进行一部多媒体作品的界面色彩设计。

第5章　多媒体设计的重要语汇之影视画面

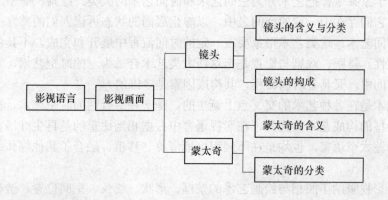

5.1　影视画面概述

5.1.1　影视语言

一、影视语言的含义

1. 影视是一种语言

电影诞生已有 110 余年，电视诞生也有 70 多年了，然而，由于影视作品看起来非常生动、逼真，以至于人们普遍认为：影视的制作是一种简单的事情——用摄影机录下来就可以了嘛，不需要掌握什么复杂的语言；影视的欣赏也是一种简单的事情，"不会说话的婴儿都能理解影视的画面，甚至猫也会看电视"。因此，在许多人看来，欣赏影视作品并不需要什么特别的智力。诚然，影视技术的开端并不是为了艺术：电影的诞生是为了纪录影像，电视最初的目的也是为了传输影像，但是到了今天，影视早已成为艺术——影视作品的诞生不仅仅是一种简单的"技术制作过程"，更是一种由导演、摄像、演员、剪辑、录音等众多参与者集体完成的"艺术创造过程"。影视作品是有自己独特的艺术语言的，那就是——影视语言，只有掌握了影视语言，才能创作出更加优秀的影视作品，也只有掌握了影视语言，才能对影视作品进行深入的、高层次的鉴赏。

需要指出的是，虽然电影和电视使用的语言有一定差异，但是两者的共性却远远大于差异，所以我们这里探讨的影视语言，是一种电影和电视作品共同具有的语言。当然，说起影视语言研究的发端，还得从电影说起。早在 20 世纪 30 年代，就有人把电影作为一种语言来研究了。现在，这种研究电影的方法，也就是语言学的方法，已经变得愈来愈重要了。从狭义上说，语言是人类思维的工具，它可以传递思想，表达感情，是一种由词汇和语法体系构成的符号系统，同时，语言也是人们进行社会交往和互相了解的工具。现代信息技术的发展和革命性进步，使得"语言"这一概念的外延大大拓展，但凡用来表达、交流和传递信息的符号系统都可以称为语言，即一种广义上的语言。从广义语言的范畴来看，影视的传达就是一种语言的传达，影视作品创作所运用的就是一种独特的语言——影视语言，而且可以说是一种最形象化的语言，因为它直接用画面和声音来传递思想、表达感情。

2．影视语言的含义

德国美学家莱辛曾把艺术分为空间艺术和时间艺术两大类：绘画、雕塑、建筑属于空间艺术，它们存在于一定的空间之中，以静止凝固的状态诉诸人们的感官；文学、音乐等属于时间艺术，这类艺术形象要在一定的时间流程中展开和完成，不具备空间的具体性和伸展性。舞蹈、戏剧与影视是把这两大类艺术合二为一的时空艺术，它们既存在于具体的空间中，又具备时间流程，其构成因素是多维的。

影视艺术是在各种艺术的交叉点上诞生的，是一种综合性的时空艺术、视听艺术，也是一种新型的构成艺术。因此，在影视语言中占据相当比重的是再生性语言，甚至连同原创性的蒙太奇语言，也均是在不同程度地借鉴、移植、融合了其他媒体或艺术的语言后诞生的。

譬如：影视吸纳了照相与绘画艺术的景框、形状、线条、空间位置、透视规律、动静变化、色彩、影调、光效等造型语言元素和构图法则；借鉴了文学语言的对比、排比、反复、照应、比喻、象征手段和顺叙、倒叙、插叙、连叙、截叙、补叙、跨叙、并叙、正叙、旁叙等结构形式，从而形成了相应的蒙太奇与叙事结构形态，影视还借鉴了文学的诗歌、散文、小说等样式形成了诸如诗电影（如苏联导演丘赫莱依的《第四十一》）、散文电影（如伊朗导演阿巴斯的《橄榄树下》）、小说电影（如丹麦导演拉尔斯·冯·特里尔的《破浪》）等样式；此外，影视还借鉴和融合了戏剧艺术中的化装、场面调度、情节结构原则，以及音乐艺术的节奏、旋律、对位法则以及形象与抽象、再现与表现的功能等。正因如此，影视艺术才形成了自己广阔的生存空间与发展天地，也具有了自己独一无二的语言特征。那么，到底什么是影视语言呢？

我们将影视艺术在传达和交流信息中所使用的各种特殊的媒介、方式和手段，称之为"影视语言"，即影视作品用以认识和反映客观世界、传递思想感情的一种特殊的艺术语言。影视语言由画面语言和声音语言构成，它的基本语汇是镜头，基本语法是蒙太奇。影视语言比迄今为止的一切艺术语言（包括戏剧）都更为丰富和生动。

二、影视语言的发展

影视语言的发展经历了一个从简单到复杂的过程。最初，电影的发明者卢米埃尔兄弟只满足于对现实生活情景的忠实记录,他们拍摄的《火车进站》、《工厂大门》、《水浇园丁》等1分钟左右的短片,看起来都只是简单地再现现实。然而,不论这些短片的表现手法如何忠实于现实生活,它们都已经具备了艺术创作的潜质。事实上,一旦生活被搬上银幕,就已经有了更多高于生活本身的含义,那就是艺术的含义,即源于生活而高于生活。世界上没有纯粹、绝对客观真实的纪录片。可以说,卢米埃尔兄弟对电影语言的理解是"再现美学"式的。

突破卢米埃尔兄弟再现生活创作手法的是法国电影导演乔治·梅里爱。梅里爱原本是一位著名的魔术师和木偶艺术家。一次偶然的机会,在观看了卢米埃尔的影片后,他对电影产生了浓厚的兴趣。当时,电影创始之初给人们带来的震撼开始渐渐衰退,观众们厌烦了无休止的《水浇园丁》和《工厂大门》,厌倦了那些长度仅为几分钟的纪实性小品,厌倦了在银幕上千篇一律地重现真实,于是,梅里爱在距离巴黎不远的郊区蒙特洛伊建起了一个耗资8万法郎的摄影棚,开始了他的电影创作生涯,并用他天才般的智慧丰富了电影语言。和卢米埃尔不同的是,梅里爱把电影引向了戏剧的道路,他所建造的摄影棚是个"照相室和剧院舞台的结合体"。在这间屋子里,一头放着摄影机,另一头便是演出的舞台。摄影机的位置就固定在后台的最里面,梅里爱就站在"乐队指挥的视点"上,拍摄了四百多部影片,从而以"戏剧电影"的创作者闻名于世。他第一次系统地将绝大部分戏剧方法如剧本、演员、服装、化妆、布景、机器装置,以及景或幕的划分等,都运用到电影中去,使一向重现真实的电影披上了有史以来最灿烂的华服。梅里爱还是许多电影特技的发现者和最早使用者。有一次,当他正在放映从巴黎歌剧院广场拍摄来的影片时,发现画面上的一辆马车突然变成了灵车。经查,他才发现在拍摄这段场景时,因为机械故障,胶片曾经有过一段时间的停顿。而就因这短短的停顿,马车从镜头前驶开了,而后面的灵车则取而代之。"停机拍摄"手法就因为这么一桩小小的意外而诞生了。借用这一技术,梅里爱拍摄了有名的《贵妇失踪》。此外,梅里爱还发明了叠印法、多次曝光、渐隐画面等特技,可以说,是梅里爱把电影带到了一个广阔的艺术天地中。梅里爱最著名也是最重要的作品是1902年摄制的《月球旅行记》,这是一部充满非凡想象力的,也是他电影艺术创作生涯达到顶峰的代表作。影片中精巧别致的特技、悠悠漫长的空间旅行、海底的奇花异草、外星的火山洞穴、利己的科学家和迷人的姑娘都成为今天科幻片的必备元素。此外,梅里爱还很擅长人工布景的运用。可以说,梅里爱将杂耍变成了艺术,赋予了电影以幻想的色彩、史诗的意义和造梦的使命,他对电影语言的理解是"表现美学"式的。

再后来,英国人威廉逊弃"卢"、"梅"两者之短,扬他们之长,在实际拍摄中既打破了梅里爱之视点不变的戏剧舞台电影观念,又吸纳了卢米埃尔兄弟外景拍摄的经验,并且学会了在运动中拍摄镜头,即拍摄移动镜头,同时他们还创造了以不同景别镜头进行组接的新手法,这便是最原始的电影蒙太奇。已经具有了现代蒙太奇的基本因素:任何一个电影场景可以由若干个镜头组合而成,而卢米埃尔的影片基本都是由单一镜头摄成的;镜头可以运用不同景别摄取,而梅里爱只会在同一个视点拍摄相同景别的镜头;两个相互不同的场景是可以转换的,这一转换所具有的非凡意义在于,它创造了电影艺术的时间与空间的绝对自由变换,而正因为有了这一转换,蒙太奇才得以萌发。威廉逊运用这种原始的蒙太奇技术拍摄了不少改编自通俗小说、民间故事的通俗化电影,在题材上也比"卢"、"梅"略胜一筹。在影片中，他们将追逐式的平行蒙太奇加以充分发挥，追逐者和被追逐者的镜头相互穿插出现在银幕上，以加快节奏，制造紧张气氛，由此吸引观众。后来的美国电影《火车大劫案》等的手法基本就来源于此。

《火车大劫案》出自美国一个名叫埃德温·S·鲍特的青年，该片的剪辑处理十分得当，故事又非常精彩，因此首映后好几年一直常映不衰，以至于当时很多模仿之作都雨后春笋般冒了出来，却没有一部能超越鲍特的这部惊世之作。令人遗憾的是，甚至连鲍特自己，在以后近十年的时间里虽然拍摄了百余部影片，也没有一部能突破《火车大劫案》。

虽然如此，鲍特发现的电影剪辑原理，却在以后的电影创作中作为基本原理得到了充分的发挥和发展，从而为电影蒙太奇手法的成熟奠定了坚实的基础。尤其值得一提的是，这一基本原理使电影摄影的潜在能力得到解放——它促使导演构思、拍摄出一个个令人难以忘怀的镜头，然后通过这些镜头的组合，使整部影片看上去更具有意味深长的思想意义和别具一格的艺术效果。

之后，另一个大名鼎鼎的人物即美国的 D·W·格里菲斯凭借他的成名之作《一个国家的诞生》和另外一部影片《党同伐异》，为电影蒙太奇语言的进一步成熟作出了不可磨灭的贡献。可以说是格里菲斯完成了电影艺术的"原始综合"的历史使命，把卢米埃尔兄弟的逼真性照相美学和梅里爱的假定性戏剧美学，以及其他各种艺术形式的美学因素加以综合运用，取长补短，初步把电影真正引导到艺术发展的轨道上来。他首先根据需要把一个场景切分为中景、近景、特写等不同的镜头，再选择必须突出表现的镜头作为重点叙述，然后通过不同镜头的组接产生一种戏剧效果。他还根据人的思维习惯而不仅仅是视觉习惯，放弃了必须结束上一景再开始下一景的剪辑手法，依据人的视觉思维心理创造出由远到近、由大到小组接的叙事方法。他还常常在组接中故意省略一段时间或空间，把实际上不可能的动作变得非常逼真和生动。他大胆使用闪回、平行交替等手法，加强了镜头之间的戏剧性关系，使得电影具备了艺术地反映生活的能力，具有了无限的时空表现自由。

格里菲斯对电影叙事语言的贡献，不仅表现在他可以全面、系统、熟练地使用从特写到远景、从摇镜头到移动镜头等一系列镜头语言，更重要的是他"确立了以镜头作为电影时空结构的基本构成单位"的原则。这一原则事实上已成为现代电影分镜头和剪辑的基础。正像人们通常所说的那样：在格里菲斯之前，电影只是一些拼凑的字母，仅仅局限于对戏剧的模仿和对摄影的简单延续，电影的镜头、场景、段落之间还没有构成具有美学含义的有机联系。而从格里菲斯这里，电影开始有了一套至今仍然沿用的叙述语言，这种语言既不同于卢米埃尔兄弟对现实的复制，也不同于梅里爱对戏剧语言的完全移植。可以说，格里菲斯的成就使电影产生了新的含义，奠定了电影作为一门艺术的基础。但是，从严格意义上来说，格里菲斯创立的仅仅是一种具有新意的剪辑手法，一种艺术实践的经验，他从来没有把他的这些非自觉的实践经验条理化，更没有上升到蒙太奇理论的高度。

后来，苏联的库里肖夫、爱森斯坦、普多夫金等人，认识到了蒙太奇的重要性，并对蒙太奇展开了深入的理论探讨。如今，经过诸多国家几代电影人的共同努力与不懈探索，"蒙太奇"理论已成为影视艺术最基本的理论，蒙太奇手法已经成为镜头剪辑、时空组接的重要依据。影视语言已经成为一种以镜头为基本语汇、以蒙太奇为重要语法的独特语言。

三、影视语言的特征

影视语言借助现代科学技术提供的物质条件为基础，直接诉诸观众的视听感官，以直观的、具体的、鲜明的形象传达含义，从而产生强烈的艺术魅力，并且形成了属于自己的特征。

1．艺术和科技的融合

影视是依靠机器的记录、组合、放映来取得艺术效果的。有史以来，科学技术第一次成为了一种艺术形式的基础。影视不同于以往艺术的重要特点，就在于它是建立在科学与艺术的双驾马车之上的。过去的任何一种艺术形式都没能像影视那样对科学技术有如此大的依赖性：小说和诗歌有纸有笔就能写，绘画与雕塑也只需要很简单的物质材料就可完成。虽然纸张和印刷术的发明加快了文学艺术的传播，颜料的改进增加了绘画的表现手段，但这些变化并未触及艺术形式本身。影视则不同，只有19世纪末化学工业、光学工业、电器工业和机械工业的不断完善才能促成影视的问世。

在短短的一百多年中，每一次科技的新发明都会使电影艺术的本质经受一次巨大的冲击：早期的电影是无声的，卢米埃尔兄弟为了招揽观众安排了一个小乐队在幕后伴奏。为了交代情节，无声影片中还常常出现大量的字幕。随着科技的进一步发展，声音技术完善了，彩色胶片、安全胶片、快速感光胶片不断出现了，便携式手提摄影机出现了，长焦距镜头出现了……事实证明，每一次电影技术的新进展，都大大拓展了电影的表现空间，丰富了电影的表现手段，完善了电影语言。艺术与科技如此相互依存，共同构筑了电影这一辉煌的艺术殿堂。

电视的发展也是如此：从20世纪30年代电视诞生起，电视技术不断进步，从机械电视到电子电视，再由模拟形式发展到数字形式；录像技术弥补了备受时空限制的"现场直播"的单一形式，实现了电视工艺流程的真正转折；卫星传送使电视从"岛屿性媒介"变成了全国性乃至世界性媒介；彩色电视、立体电视、高清晰度电视相继诞生等，都从不同层次不断完善了电视艺术的表现力，拓展了电视艺术语言。如果没有科学家的努力奋斗，影视拍摄放映器材等一系列技术设备就不会问世，人类就不可能直接记录现实世界的人和事，就不可能逼真地反映事物的状态和运动。

科学技术同时又是创造影视语言的先决条件。如果摄影机、摄像机一直像刚开始诞生时那样笨重和庞大，就很难实现画面的连续运动以及镜头的推、拉、摇、移、跟、升、降，也很难实现影视艺术多变的景别和角度、多变的空间和层次；景深镜头使创作者可以在镜头内进行场面调度，把观众注意力引向景物深处，提高画面空间的表现力，增大画面的信息量，这是摄影机镜头性能改良的结果；变焦摄影、遮幅拍摄、叠影、高速摄影、背景合成等，都要依靠特技机、高速摄影机等器材提供的技术条件。

我们不仅应把技术手段看做是影视语言的物质基础，而且完全有理由把它看做是影视美学中最独特、最活跃的元素。尤其是电脑技术的出现及其飞速发展，使得影视的拍摄和制作越来越得心应手。而且，越来越强大的电脑特技对于影视制作的贡献，已经远远超出了单纯意义上的减少拍摄的危险性、复杂性，进入增强影片的娱乐性、观赏性和刺激性的范畴。如今，电脑特技已经成为烘托故事情节，深化影片主题的重要手段。

2. 独特而富有魅力的符号系统

影视的影像是一种活动影像，它是由四大符号元素组成的：光、声、时、空。

1) 光

没有光就没有彩色的、立体的影像。光线和色彩密不可分，它们共同赋予形体以灵魂。科学研究表明：物体本身是没有色彩的，当光线照到一个物体的表面时，这个物体按照其分子结构吸收某些波长，而反射出另一些波长，这些被反射出来的波长在人的眼睛里就被感知为某种色彩。所以色彩是包含在"光"这一元素之中的。借助光，我们在平面的银幕、屏幕上感受到物体的立体感，从而使观众在心理上实现了二维平面向三维平面的"还原"；光的造型性构成影视作为记录工具的最主要的因素；对光线的创造性运用使影视作品产生极大的感染力。

2) 声

1927年10月6日上映的美国音乐故事片《爵士歌手》，标志着有声电影的诞生。与光元素一样，声音元素在影视中的作用仍然首先表现为记录：记录人物的对白、音响效果、音乐，并直接刺激观众的听觉系统，从而引起另一种单向交流。而这些客观上冲击着我们耳鼓膜的声音并非是简单地增加影像的表现力，如黑泽明所言："是其两倍乃至三倍的乘积。"关于影视的声音语言，本书将在第6章专门讲述，这里不再重复。

3) 时

法国电影理论家马塞尔·马尔丹认为："电影首先是一种时间的艺术"，"只有时间才是电影故事的根本的、起决定作用的构件，空间始终只是一种次要的、附属的参考范畴。"在一部影视作品中，存在着三种不同含义的时间。第一是播映时间，如一部故事影片的常规标准为100分钟左右，任何作品的叙事容量都要受此限制。第二是情节时间，即剧情展示的时间跨度。除了极少数特例，绝大多数影视作品表现某个事件所耗用的时间都大大短于实际时间。由于蒙太奇的作用，影视作品的叙事可以很方便地做到"有戏则长，无戏则短"，在有限的播映时间内展示无限丰富的故事。第三是观众感受时间，即观众在观看时所产生的一种主观的幻觉时间。

在表现时间方面，影视有它得天独厚的优势：它可以任意地表现过去、现在和将来，这完全取决于作品的叙事需要和导演的表现手法。比如：有的影视作品采用从"过去到现在，以至未来"的顺序式叙事手法；有的影视作品则采用"过去和现在互相渗透"的叙事方法，以加强人物的心理感受；有的影视作品则会用几条线索平行展现"正在同时发生"的事件；有的影视作品只展现"现在、过去和将来"三种时态；有的影视作品则会出现"现在、过去、过去中的回忆、过去中的幻觉"等更多的时态或时间概念。此外，影视除了能自由地变换时态外，还能运用技巧使正常的时间变形：拉长或缩短时间。拉长时间有三种办法。①多机拍摄。从不同的方位同时拍摄同一个事物的运动，然后将这些镜头组接起来。②重复剪接。即用重复同一个画面来拉长时间。③升格拍摄。用快速摄影机拍摄，放映时就会出现"用慢动作拉长实际时间"的效果，这类镜头在影视作品中经常运用。缩短时间一般采用降格拍摄，使事物的运动比实际时间少，在画面上表现出的则是快动作。时间的变形是影视艺术特有的手法，是其他艺术难以胜任的。

110

4) 空

影视不仅能表现逼真的空间，还能创造虚拟的空间，这是其他艺术难以达到的。也就是说，影视的空间构成主要有以下两种基本方式：

一种是再现真实空间，即通过摄影机的记录功能，逼真地再现某一真实场景或搭建场景。在无声电影中，其表现空间仅仅局限于银幕的二维空间平面，只能利用摄影构图技巧造成某种空间纵深感。有声电影诞生以后，声音可以用来延伸画外空间，从而进一步丰富了影视空间的造型表现力。

另一种是创造虚拟空间，即通过蒙太奇手段，将零散拍摄的一系列个别场景组合成一个统一的"完整"场面，这种场面实际上是虚拟的，它是利用观众视觉的连续性而造成的一种心理空间。这种虚拟的心理空间在影视中往往能表达一种情绪，对于刻画人物的内心世界是很有意义的。这种手法常常可以造成小变大、大变小、弱变强、强变弱、简变繁、繁变简、多变少、少变多的效果。比如：《战舰波将金号》中对"敖德萨阶梯"那一段戏的处理，从来没有出现敖德萨阶梯的全景，镜头反复出现群众从上往下奔走，以及沙皇军队从上到下的步伐和举枪射击屠杀群众的场面，创造了一个意识上的敖德萨阶梯的心理空间。同时，还给人造成一种感觉——敖德萨阶梯是走不尽的，这个阶梯记录着沙俄军队的暴行，在这个阶梯上曾血流成河。然而，事实上敖德萨阶梯并不是很高，但通过镜头的运动和组接，使观众在主观上将其大大地扩大了，从而使其显得宽广无比、气势雄浑，达到了很好的艺术效果。

3. 独一无二的语汇与语法——镜头与镜头的组接（蒙太奇）

虽然影视语言综合了文学、绘画、雕塑、建筑、戏剧、音乐等各种艺术语言的手法，却有着其"独成一体"的语汇和语法——文学的语汇是语言文字，绘画的语汇是色彩和线条，雕塑的语汇是体积，戏剧的语汇是戏剧式动作，音乐的语汇是旋律和节奏，舞蹈的语汇是形体，影视的语汇则是将声画紧密结合起来的运动的镜头，影视的语法则是如何将镜头进行组接的方法——蒙太奇。

5.1.2　影视画面

一、影视画面的含义与特征

1. 影视画面的含义

影视画面是影视作品创作中使用的基本语言，它是指由摄影（像）机拍摄，经过剪辑制作，由电影银幕、电视屏幕显现的图像系统。

要理解这个概念，需要注意以下两点。第一，之所以说影视画面是影视作品创作中使用的基本语言，是因为如果没有画面而只有声音，影视作品就不称其为影视作品，它就会变成广播作品了。第二，之所以说影视画面是一种图像系统，指的是影视作品的画面不是只包含一幅静止的画面，而总是由若干个静态画面（运动镜头）按照一定顺序通过镜头运动或蒙太奇手法组接起来的一个图像的序列。这一点是影视作品区别于摄影作品的重要特征。即使是有些最低级的乐配图式的视频，也许它从头至尾只有一幅静止画面，但是通过音乐的从头至尾的连接，这幅画面也已经远远超越了它单独存在时的含义——它是与声音密切配合的一幅画面。而且从严格意义上说，这种从头至尾只有一幅静止画面的视频，不属于影视作品范畴。

2．影视画面的特征

1) 运动性

运动性是影视艺术最根本的特征之一。与摄影那种"动中取静"的瞬间性造型艺术相反，影视属于"化静为动"的运动型视像艺术。影视的每一个画面都是画面流中的一个静止的片断，虽然单独的一个影视画面往往也有它特定的意味，但只有放在整个画面流中才能得到正确的解读，也只有诸多静止的画面形成的画面流才能实现运动。

运动性是影视作品的生命之所在，记录与传播运动信息、动态地再现生活，是影视作品的使命。在影视作品中，运动具体表现为：被摄对象运动、摄影（像）机运动和综合运动。随着影视技术的改进，影视除了拍摄画面中运动着的事物之外，越来越多地依靠摄影（像）机自身的运动创造运动感。摄像机可以采取推、拉、摇、移、俯、仰、旋转等多种方式，多方向、多视点地摄取生活的各个方面，使静止的事物获得运动的感觉，使处于绝对运动状态的事物变得相对静止。摄影（像）机不仅可以还原被摄对象的运动速度，还能够以其特有的方式改变被摄对象的运动速度：慢摄可以让我们看到种子发芽，快摄则甚至能让我们观察到子弹飞过的弧线。

运动画面与固定画面相比，具有画面框架相对运动、观众视点不断变化等特点。它不仅通过连续的记录和动态表现在画面上呈现了被摄主体的运动，形成了多变的画面构图和审美效果，而且，镜头的运动可以使静止的物体和景物发生位置的变化，在画面上直接表现出人们生活中流动的视点和视向，画面被赋予丰富多变的造型形式。德国导演法斯宾德在《玛利亚·布劳恩的婚姻》一片中多次用到运动镜头：玛利亚在广场找丈夫的场面，通过摄影机的运动，表现了战争带给人们心理上的不安全感；在奥斯瓦尔德与美国商人谈生意的那场戏中，不用静止的拍法，而是用跟移的手法拍摄走来走去的奥斯瓦尔德，充分表达出人物急躁的情绪以及谈判不顺利的感受。

影视画面中的运动永远是现在时态的。作为客观现实的片段，它呈现给我们的总是一种"正在进行的或现在的感觉"。人们观看影片时对影片所表现的时间概念的判断只是通过"上下文"也就是上下镜头或整个作品的叙事过程而实现的。比如：如果我们不是从开始观看一部作品，而是在放映过程中看，也许这时看到的情节与主要情节相比正好是一段倒叙，那我们往往会看不出来，并会感到难以理解。

影视画面的运动性是不同于舞台艺术所具有的运动性的，它是一种"逼真"的运动，不是舞台上那种假定的、程式化的运动，所以影视画面的运动性又总是和其逼真性密不可分。

2) 逼真性

作为一种机械录制的结果，影视画面可以准确、全面地再现摄影机、摄像机面前的一切，从而使得"逼真性"成为影视的本体特性。影视画面具有现实的一切（或几乎一切）表象，总使观众有一种现实感，使他们相信其中出现的一切都是客观存在。

事实上，"逼真"与"绝对的真实"总是两回事，它们并不是一个概念。影视画面看起来即使再逼真，也只不过是影视创作者选择、加工、重新组接后呈现在二维平面上的影像而已。然而这正是影视作品的魅力之所在，它看起来永远是那么"真实"，但它实际上又不可能是绝对的客观现实，所以它才恒久地吸引着人们观看的愿望。这正如同数学中所讲的"极限"原理一样，无限地接近真实但又永远不可能达到绝对的真实，这就是影视画面的"逼真性"魅力。如今的许多大片，动用一切电脑高科技手段制造出许多超越现实的影像，它越是逼真，人们越是爱看，尽管明明知道它是假的。比如：美国迪斯尼公司1994年推出的动画片《狮子王》可谓其巅峰之作，其中狮子的表情是那么逼真传神，与人类的表情是那么地接近，那么地深入人心，征服了亿万观众的心。

影视画面的逼真性是不同于摄影作品画面的逼真性的，它是一种运动的逼真，而不是静止的逼真。所以影视作品的逼真性又总是和其运动性紧密相关。

3）多义性

影视画面虽然很逼真，很具体，但具有多义性。比如：用影视画面很难表现"房屋"、"人"或"树"的抽象概念，它所能显示的永远是特定的"这所房屋"、具体的"这个人"、确定的"这棵树"。但是一切画面多多少少都有象征性，银幕上的"这所房屋"、"这个人"、"这棵树"可以轻易地代表许多的房屋、整个人类或所有的树。这是因为影视画面往往包含一种超越它本身具体形象的含义，即一种只能在思索时出现的从属的意义。如德国导演鲁普·皮克的《圣苏尔维斯特之夜》中，海洋能象征全部的欲望。又如日本导演松山善三的《母亲》中，一把泥土象征在家乡土地上扎根，而一个闪耀着阳光的简单的金鱼缸就可以成为幸福的画面。因此根据观众的感觉、想象力和文化程度，大部分优秀影片都显然有好几种理解。在这种从属意义的产生中，象征起着极为重要的作用。影视里象征的运用，在于依靠一种比单纯领会明显的内容更能启发观众的面面，这是由导演赋予画面的，或者观众自己从中看出的象征手法。也就是说，观众在意识里会对影视画面进行一种概括——通过画面之间的冲突，通过丰富的联想进行概括。正如词的含义一样，影视画面的含义也可能存在争议。对于同一个影视画面而言，有多少观众便有多少种对它的解释。影视画面的意义不仅和影视作品构成的背景即创作者的意图有关，也和观众的精神背景有关。不同的人会按照他的兴趣，他所受的教育和文化程度，他的道德、政治和社会见解，甚至是他的偏见和无知而做出对同一部影片的不同解释和反应。有时候，观众很有可能会被一个生动的但没有意义的细节吸引，而错过了影片创作者想传达的主要东西，年幼的孩子更是常常如此。这一切都表明，观众对影视画面的解释是极为可变和暧昧的。在某种意义上，这也是影视画面的局限性之所在。因此，虽然画面是影视作品的重要语言，但是，在很多时候，为了让观众真正理解作品的意图，导演还是要采用额外配制主观性的音乐、音响或解说词、画外音的手法。

二、影视画面的构成

如同一篇文章由字、词、句、段构成，一部音乐作品由乐汇、乐节、乐句、乐段构成一样，影视画面也有自己的结构。

一部影视作品往往由若干个片段组成，每一个片段又由若干个镜头组成。也就是说，构成影视画面的最小单位不是单幅画面，而是由若干单幅画面组成的镜头。构成镜头的基本语汇又包括取景、景别、构图、角度、焦距、景深、照明、色调、运动等。比镜头大一级的单位是场景，比场景更大一级的单位是段落，比段落再大一级的单位是整部影视作品。

镜头是构成影视作品的基本单位，它的出现是影视画面发展过程中的一大进步，它代表了创作者对生活的艺术性的选择而不是全面的机械复制。所有的艺术，都是由选择开始，影视艺术当然也不例外。影视艺术家和剧作家、小说家一样，选择有意义的素材并把它们安排在一部作品中，这种选择的工作，便是镜头的划分即"分镜头"。分镜头决定了摄像机应该拍摄哪些现实的片段，其核心思想是取消情节中一切没有说服力的或无益的画面。对分镜头来说，省略是它的基本功能。比如：如果要表现一个离开办公室回家的人，可以直接连接这个人关办公室门的画面和打开家门的画面。

有分就有合，有分镜头，自然就有镜头的组合，也就是要按照一定的叙事逻辑，通过蒙太奇手法将分镜头有序地组接起来，完成作品意义的完整表达。分镜头是蒙太奇组接的前提，蒙太奇组接则是实现分镜头含义正确表达的重要手段。或者说，分镜头是影视创作过程中的一种分析性操作，而蒙太奇是一种综合性操作，二者是同一种操作的两个方面。因此，影视画面的基本语汇是镜头，而其基本语法就是蒙太奇。下面，我们将从这两个方面来分析影视的画面语言。

5.2 镜头

5.2.1 镜头的含义与分类

一、镜头的含义

镜头在影视中有两种含义：第一种是指摄影机、放映机用以生成影像的光学部件，由多片透镜组成，不同的镜头有不同的造型特点，它们在摄影造型上的应用是影视创作发挥光学表现手段的前提和保障，这种镜头也叫物理镜头，可以将其简称为"物镜"。第二种是指摄像机、摄影机从开机到关机所拍摄下来的一段连续的画面，或两个剪接点之间的片段，本教材中，将画面镜头简称为镜头。

个镜头是有时间长度的，在这段时间里包含了连续不断的不同数量的图像。那么，单一的画面或画格是否构成电影含义的基本单位呢？答案为否，因为一个单一的画格往往包含着无数潜在的视觉信息，难以表达一种明确的含义，就如同摄影作品。摄影艺术是一种静止图像艺术，而影视艺术是一种动态图像艺术，或者说，人们对摄影艺术的欣赏重在对一幅静止画面的静观、联想、鉴赏，而对影视艺术的欣赏则更加注重对事物、事件的发生、发展的运动过程的体验。

通常我们可以通过画面看出拍摄者的意图，从拍摄的主题及画面的变化去感受拍摄者透过镜头所要表达的内容，这就是所谓"我的镜头会说话"，也就是一般所讲的"镜头语言"。也就是说，所谓镜头语言就是影视作品以镜头为单位，以镜头的组接为手段的一种用来叙事、传情、表意的手法。

二、镜头的分类

根据不同的标准，可以对镜头进行不同的分类。

1. 根据表现手法的不同来分类

根据表现手法的不同，可以将镜头分为客观镜头和主观镜头。

1) 客观镜头

客观镜头是指代表导演的眼睛，从导演角度来叙述和描写内容的镜头。在影视作品中，导演以画面的局外人身份，向观众叙述和描写各种人物活动和周围的事物。观众好像和导演在一起，作为旁观者目击正在发生的事件，所以以镜头内容往往给人一种客观印象。客观镜头在影视作品尤其是纪实性影视作品中往往占据大多数。

2）主观镜头

主观镜头是指代表影视作品中某一人物（或动物）视线的镜头。影视作品的镜头，并不只会代表导演的眼睛，永远客观地叙述一切。相反，导演会经常有意地以片中人物（或动物）的眼睛观看的角度来进行镜头的拍摄，从而拍摄出主观镜头。在主观镜头中，观众在屏幕上所看到的内容，就如同通过片中人物（或动物）的眼睛所看到的内容一样。

此外，主观镜头可以用来表现人物的精神状态。有时为了强调片中人物某种反常的主观感觉，便以他的视角和心情去处理和表现片中其他人物和事物，使周围一切改变了原来的色彩或形状。这时人物的主观视像和想象被作为一种变形的客观现实再现了出来，使观众通过这种变化，体会到人物精神的异常。主观镜头在影视作品尤其是演剧类影视作品中经常会用到。

3）借位镜头

借位镜头是假借片中某一运动物休的位置，以运动物体作为片中的"人物"，展现出在"它"眼中看到的周围事物。这种从运动物体位置上观看事物的角度，在现实生活中是人们难以实现的。例如，将摄影机固定在飞机机翼上进行遥控拍摄，观众就可以看到周围翻滚的云雾和晃动的大地，加上机翼本身的上下摇摆，其观察位置本身就产生了一种悬空的危险感觉。这时再看到航空特技表演人员在高空中钻出飞机舱门，爬上机翼，通过"自己"身旁，攀上了飞机顶部等一系列惊险表演，大大增添了镜头的惊险效果。这种在机翼上现场观看的特殊滋味，是观众在其他的镜头表现方式中难以感受到的。

这种将摄影机固定在运动物体上拍摄的借位镜头，目的是使观众凭借生活感受，产生相应的联想，似乎身临其境，随着运动物体在运动，达到一种视觉上或感情上的奇异效果。

4）空镜头

空镜头是指画面内不包含任何与主题有关的人或物的景物镜头。它一般穿插在其他镜头之中使用，本身不具有任何含意，但和前后镜头联系在一起时，可以起到渲染气氛、调节情绪、增加美感、过渡转场等作用。如云彩、天空、波涛、大海等风景镜头就称为空镜头。

2．根据拍摄手法的不同来分类

根据拍摄手法的不同，可以将镜头分为固定镜头和运动镜头。

1）固定镜头

固定镜头是指摄像机在机位不动、镜头光轴不变、镜头焦距固定的情况下所拍摄的一个片断。固定镜头是一种静态造型方式，它的核心特征就是有固定的画面框架，但是它又不完全等同于美术作品和摄影照片——画面中人物可以任意移动、入画出画，同一画面的光影也可以发生变化。

（1）固定镜头的功能。

第一，固定镜头有利于表现静态环境，善于表现静止的人物，较客观、冷静。往往用于主、客观镜头的对峙和反应镜头的组接。固定镜头中常常用远景、全景等大景别来交代事件发生的地点和环境。

第二，固定镜头能够比较客观地记录和反映被摄主体的运动速度和节奏变化，甚至可以强化动感。运动镜头由于摄像机追随运动主体进行拍摄，背景一闪而过，观众难以与一定的参照物对比，因而也就对主体的运动速度及节奏变化缺乏较为准确的判断。在庆祝新中国成立60周年国庆大阅兵的电视直播中，在介绍"气势磅礴的空军梯队"这一部分时，将固定镜头与运动跟拍镜头不断交替使用，其中固定镜头常常以仰拍的士兵、红旗、栏杆、人民英雄纪念碑、建筑物的一角等作为前景，以蓝天白云作为远景，此时，成群的飞机穿过画面，显得很有气势并富于动感，从而弥补了运动跟拍镜头中飞机在画面中以近景呈现时虽然其外形清晰却相对静止不动的缺憾。

第三，固定镜头由于其稳定的视点和静止的框架，便于通过静态造型引发观众产生"静"的心理反应，给观众以深沉、庄重、宁静、肃穆等感受。比如拍摄关于学校图书馆的画面时，为了表现其特有的宁静，就可以用多个固定画面加以记录和反映，如众多学生伏案读书的全景、学生凝神静思的脸部特写等，这种形式上的处理是与内容和现场气氛相协调的。

(2) 固定镜头的局限性。

第一，视点单一，视域受到画面框架的限制。

第二，固定画面框架内的造型元素相对集中、比较稳定，所以一个固定镜头很难实现构图的变化。

第三，对活动轨迹和运动范围较大的被摄主体难以很好表现，比如花样滑冰、赛跑等。

第四，固定镜头太多，容易造成零碎感，不如运动画面可以比较完整、真实地记录和再现生活原貌。

2) 运动镜头

所谓运动镜头，是指在拍摄时通过机位的移动、镜头光轴的转动或镜头焦距的变化所拍摄的一个片断。与固定镜头相比，运动镜头具有画面框架相对运动、观众视点不断变化等特点。运动镜头可以形成多变的画面构图和审美效果，可以使静止的物体和景物发生位置的变化，在画面上直接表现出人们生活中流动的视点和视向，画面被赋予丰富多变的造型形式。按镜头的运动方式，可以将运动镜头分为推、拉、摇、移、跟等几种类型。

(1) 推镜头。

推镜头是画面构图由大景别向小景别连续过渡所拍摄的画面，一般是将摄影机放在移动车上，对着被摄主体向前推近所摄取的画面，即水平推移。推镜头中摄影机向前推进时，被摄主体在画幅中逐渐变大，将观众的注意力引导到所要表现的部位。

推镜头的作用是可以把观众带入故事环境，往往用在一组戏的开始，也可以模拟人的视觉接近，还可以突出主体、描写细节，使所强调的人或物从整个环境中突现出来，以加强其表现力，从而介绍整体与局部、客观环境与主体人物的关系。推镜头有一种"揭示未知"的感觉，比如可连续展现人物动作的变化过程，逐渐从形体动作推向脸部表情或动作细节，有助于揭示人物的内心活动。此外，推镜头中推进速度的快慢可以影响和调整画面节奏。镜头的垂直推移相当罕见，此时，摄影机就像自由落体一样下降，可以表现一个从空中摔下的人物的主观视点。

(2) 拉镜头。

拉镜头是画面构图由小景别向大景别连续过渡所拍摄的画面，一般是将摄影机放在移动车上，对着人物或景物向后拉远所摄取的画面。拉镜头中摄影机逐渐远离被摄主体，画面就从一个局部逐渐扩展，使观众视点后移，看到局部和整体之间的联系。拉镜头从特写或近景拉起，逐渐变化到全景或远景，可以使更多的视觉信息被包容进来，同时有一种远离主体的视觉感受。

拉镜头的作用有：可以模拟人的远离；从微观到宏观，表现被摄主体与它所处环境的关系；结束一个段落或者作为全片结尾；通过纵向空间和纵向方位上的各种视觉因素相互关联，可以产生悬念、对比、联想的艺术效果；拉镜头内部节奏由紧到松，与推镜头相比，擅长表现意味深长的情感；可以作为转场镜头。

从下往上的拉镜头可以与表现人物精神颓丧的俯摄效果相比，比如这样一个情节：一个年轻人赶去迎接他的未婚妻，但是未婚妻的兄弟呆在楼梯顶上告诉他，他的未婚妻死了，于是一个极快的拉镜头似乎把他压垮在地上；然而在另一种情况下，类似的移动可以有一种颂扬的效果，我们在许多影视作品中可以看到这样的镜头：镜头从躺在田野里的主人公向上拉升，碧绿的田野不断进入画面将这个人包围，给人一种天人合一的完美幸福的深刻印象。

(3) 摇镜头。

摇镜头是把摄像机固定在一个支点上，镜头沿水平轴或垂直轴做扇形（或圆形）运动时所拍摄的画面。摇镜头可以反映人们转动头部环顾四周或将视线从一点移向另一点的日常视觉经验。一个完整的摇镜头，包括起幅、摇动和落幅三个相互连贯的部分。

摇镜头叙事性倾向较强，手法写实，它的作用有：扩大镜头的表现视野，保持大范围空间的完整统一，维持空间变化的连续性；通过小景别画面包容更多的视觉信息；介绍、交代同一场景中两个主体的内在联系；可以使画面自然转场；可以体现时空的真实连续；可以代表剧中人物的主观视线和内心感受；可以抒发情感。

摇镜头是最常见的镜头运动形式，在各类运动摄像中应用最广泛，出现次数最频繁，与其他运动形式交融也最为密切。按照不同的标准，可以对摇镜头进行不同的分类：按照摇摄的方向不同，可将摇镜头分为水平摇（亦称横摇）、垂直摇（亦称竖摇）、斜摇（即摇动时水平和垂直方向同时发生变化）；按照摇摄的角度不同，可将摇镜头分为扇形摇（即小于 180°的摇）、半圆形摇（相当于 180°）、圆形摇（相当于 360°的摇，即环摇）；按照摇摄的速度不同，可将摇镜头分为慢摇、中速摇、快摇、极快的摇（甩摇）、间歇摇（打点摇）。下面重点介绍最后一个分类。

慢摇（常速摇）——摇的速度比人眼观察事物的速度慢些。设计慢摇镜头的目的在于：一是兴趣点遍布，逐一展示多个事物及它们之间的联系；二是巡视环境，展示规模，使观众获得更广阔的视野；三是制造悬念，加强期待效果，慢摇镜头随着画框的移动，可以呈现出新的事物形象，而观众在观看镜头时常伴随着自己的心理联想和对可能出现的未知事物的猜测，若镜头摇出意外之物，就可以制造悬念，在镜头内形成注意力的起伏；四是揭示人物精神面貌与内心世界，烘托情绪与气氛。

甩摇——"甩"是前一个画面结束时摄像机的一种快速摇摄。在一个稳定的起幅画面后，镜头以极快的速度进行摇转，由于摇动的速度很快而使画面里的被摄景物成像显得模糊不清。在实际拍摄时，可以把一个模糊的甩摇画面接在两个固定镜头之间，或从起幅急速甩出，再接一个固定画面作落幅，都能产生同样的造型效果。运用"甩"镜头，动感强，力度大，可以形成画面的特殊表现力，以及表示视点的快速转换，如内容突然过渡、同一时间在不同场景发生的并列情景、有效地描述人的主观视线的变化等。

间歇摇——摄像机在间歇性的运动过程中，从一个被摄主体摇至另一个或数个被摄主体，拍摄时，在几个重点的地方稍有停顿，其余一带而过，这种拍摄方式也称为打点摇。由于有多个注意中心，应根据情节的需要，恰当地安排停顿，使观众理解。拍摄时要注意利用主体恰当的动作，使摄像机运动有充分的动因。以间歇摇表现三个或三个以上主体及它们之间的联系时，在一个镜头中形成了若干段落和间歇，常可以表现或揭示一组画面主体由于某一因素或原因所构成的内在联系。通过间歇摇镜头将画面要表现的主体形象用一条无形的线串连起来并形成若干间隔，以表达一个整体的意思。

另外，还有一种"逆向摇"需要注意，即摄像机摇摄的方向与主体运动方向相反。当主体运动速度较慢，想要加快主体的运动速度时，可以适当采用逆向摇的方法，但在拍摄时要注意运动物体周围没有明显的参照物。

拍摄摇镜头时要注意：目的性明确，以满足观众的期待心理，如果摇出的结果并没有什么新的东西，或是与前面的画面没有任何联系，观众的期待和注意就会转化为失望和不满情绪因此，一定要注意落幅的内容与构图设计，其主体一定要鲜明突出，才能使摇镜头的意义更加完整。此外，要注意不可反复同向或相向摇。

(4) 移镜头。

移镜头是将摄像机架在一个运动着的工具上，边移动边拍摄的镜头。按照移动的方向不同，可将移镜头分为：横移、纵移、曲线移三种。实际上推拉镜头也可以看做是在拍摄轴线方向的移镜头。移镜头与摇镜头相比，最大的不同之处在于机位的变化。摇镜头机位固定在一个点上，而移镜头的机位却处于连续不断的运动之中。基于这一点两者就存在如下区别：

视觉效果。摇镜头犹如一个人在一个定点上环顾四周，移镜头则犹如一个人在边走边看；摇镜头像旁观者，而移镜头则像当事者。

空间范围。摇镜头所表现的空间范围局限于机身周围的浅层空间；移镜头所表现的空间是不受限制的，空间中的每一点都可以得到充分表现。

运动感。在移镜头拍摄时，离机位较近的物体以比较快的速度向后退去，离机位较远的物体以比较慢的速度向后退去。尤其在横向移动中，纵向上远近不同层面上的物体呈现出不同的后退速度，表现出了很强的运动透视感，这是摇镜头和其他任何镜头都无法表现的，因而使得移镜头独具魅力。

横向运动是常用的移镜头，也是拍摄物体的有效方法，可以表现物体的侧面和轮廓，能展示横向的空间变化。移镜头开拓了画面的造型空间，创造出独特的视觉艺术效果，在表现大场面、大纵深、多景物、多层次的复杂场景时具有气势恢宏的造型效果，可以通过有强烈主观色彩的移镜头表现出更为自然生动的真实感和现场感，造成身临其境的参与感，可用做行进中人物的主观镜头。

需要注意的是，当摄像机借助升降装置或人身体姿态的改变做上下运动时进行拍摄，可以得到升降镜头。升降拍摄有这样一些造型特点：可以产生表现视野的伸展与收缩，机位升高会形成高俯拍摄，能逐渐展示纵深视野，并能越过某些景物的屏障，展现由近及远的大范围场景空间，反之，机位降低则画面展示范围也随之变窄；可以带来连续变化的多角度、多方位的多元化构图效果，给观众带来丰富的视觉美感，从而带来镜头感情状态的变化。升降镜头的功能是：展示事件的规模、气势，表现纵深空间中点与面的关系；用于大场面的拍摄，它能够改变镜头视角和画面的空间，并有助于加强戏剧效果，渲染气氛，有时也用于介绍环境；垂直展现高大物体的各个局部，与运用摇镜头拍摄高大景物相比，会产生画面中竖直线条的汇聚或透视变形，能准确再现物体的大小比例；表示处于上升或下降运动中人物的主观视象；表现感情状态的变化。

移动拍摄在开拓画面空间方面有独特的艺术表现效果，可以使电视画面对内容的表现突破屏幕边框的限制，无论是横向移动还是纵向移动，都极为显著地开拓了画面表现的空间，给观众造成一种强烈的时空变化感。此外，在表现大场面、大纵深、多景物、多层次等复杂场景方面移动拍摄具有气势恢宏的造型效果。如在中央电视台的著名栏目《动物世界》中，人们可以经常领略到移动摄像独特的风采和魅力。

(5) 跟镜头。

摄像机跟随运动着的被摄主体所拍摄的镜头称为跟镜头，又称"跟拍"，是移镜头的一种特殊形式。其特点是镜头始终跟随一个运动主体，镜头移动速度和动体保持基本一致，背景始终处于变化之中。跟镜头大致分三种：前跟，镜头在主体前方，跟拍主体的正面；后跟，镜头在主体的后方，跟拍主体背面；侧跟，镜头光轴与主体运动方向垂直，跟拍主体的侧面。

跟镜头的特点是：第一，画面始终跟随一个被摄主体拍摄。由于摄像机的运动速度与被摄主体的运动速度相一致，使运动的被摄主体在画框中始终被保留在画面之内并处于一个相对稳定的位置上，而背景处于变化中；第二，主体在画面中的景别相对稳定。通过这种稳定的景别形式的表达，使观众与被摄主体的视距相对稳定，可以连贯地表现被摄主体的运动，从而更好地展现被摄主体在运动中的动态与动势。

跟镜头的作用有：能够连续而详尽地表现运动中的被摄主体，在突出主体的同时，又可以交代主体运动方向、速度、体态及其与环境的关系；可以形成一种运动的主体不变、静止的背景变化的造型效果，有利于通过人物引出环境；跟随主体运动的表现方式，有利于展示人物在动态中的精神面貌，可以加强影视作品的纪实性。

拍摄跟镜头应注意：要跟上、追准被摄的运动对象，并力求使被摄主体稳定在画面的某个位置上，无论被摄主体运动状态如何，镜头运动应尽量保持直线运动，要注意避免大幅度的、次数过频的跳动，因为这样会使观众视觉疲劳甚至产生观看上的厌烦情绪；跟拍主要是通过机位运动完成对动态的被摄主体的表现，在拍摄中，视距、拍摄角度和光影的变化等都会对画面效果产生显著的影响，要注意给予综合考虑。

运动镜头的拍摄除了以上五种基本形式之外，还有其他一些特殊形式，如晃动拍摄，即拍摄时摄影机机身做上下、左右、前后摇摆的拍摄。晃动镜头常作为主观镜头，创造特定的艺术气氛（醉酒、精神恍惚、乘船、乘车、紧张、恐惧等）。然而需要注意的是，摄像机与人眼在表现和观察景物上是有显著区别的——摄像机镜头会夸大晃动的程度，尤其是使用长焦镜头进行拍摄时，轻微抖动可造成电视画面的剧烈晃动。所以，晃动拍摄时要严格控制频率与幅度，要视具体情况而定。

(6) 综合性运动镜头。

综合性运动镜头是指摄像机在一个镜头中综合运用推、拉、摇、移、跟、升、降等拍摄方式进行拍摄，将几种运动手段不同程度地有机结合以表现被摄景物。

综合性运动镜头的基本类型有：几种运动形式先后衔接；以一种运动为主同时结合其他运动形态。

综合性运动镜头的价值在于：随着运动因素的增加，画面的动感随之增强，故极适合于活跃气氛，加快运动速度；几种运动形态结合，可以同时或先后拍摄不同方向、不同层次的景物，因而镜头的空间表现范围和内容含量也扩大了，往往可以形成完整的段落镜头，形成多构图、多景别、多层次的"镜头内部蒙太奇"；有利于在一个镜头中记录和表现一个场景中相对比较完整的情节；有利于形成画面表现上的整体造型形式美感；有利于再现现实生活空间的连续的真实生活流程；与音乐、音响互相配合形成整体的节奏美感。

以上讲述的是镜头外部的运动，此外还有镜头内部的运动：

一种是变焦距运动。通过扩大或缩小镜头焦距，从而在画面上产生推拉的效果。但是这种貌似推拉的运动只是一种光学运动，只有景别的变化，没有透视变化，也就是说没有视角和距离的变化，是一种不真实的空间变化。这种视觉变化是主观性的，可以模拟主观的视点，代表剧中人物的主观视线，表现人物的内心感受，但不可滥用这种变焦推拉。

另一种是镜头画面内部焦点虚实的变化。在同一个画面中，有两个需要表现的主体，分别处于画面上不同的景深范围，在不改变摄像机的轴线以及视点的情况下，改变镜头的焦点，使这两个主体一虚一实，先后在画面上得到表现和交代，通过不同主体的虚实引导观众的视点。这种镜头我们在许多电视剧中都能见到。其拍摄方法作为一种独立的运动方式，表现出一种独特的内涵，拍摄时要求所使用的摄像机必须具有手动聚焦功能，摄像机的镜头必须有较大的光圈，这样才可以造成景深的明显变化。

拍摄运动镜头时，一个普遍的要求是平、准、稳、匀，大多采用三脚架拍摄。但有些时候，由于客观条件限制，不能使用三脚架，或者为了追求某种特殊效果（如晃动效果）而故意不用三脚架，便用手持方式拍摄。如电影《拯救大兵瑞恩》中，为了凸显战争的激烈与真实，在诺曼底登陆一场戏中，安排了手持摄影。手持摄影的优点是运动自如、不受限制，可以展示较复杂的空间，但是会出现画面晃动，往往与移动摄影结合使用，只能用广角镜头，不能用长焦镜头。

5.2.2　镜头的构成

一、画幅

镜头的画幅一般为"横式"长方形，宽与长的比例，对普通电视屏幕而言，一般是3∶4，现在的数字电视屏幕标准一般为9∶16；对电影而言，普通银幕影片为1∶1.375，宽银幕影片为1∶2.35，"70毫米影片"为1∶2.2；个别镜头采用遮挡等特殊方法拍摄，可以获得圆、三角、竖式以及多画面等特殊画幅。画幅是镜头画面构图的前提，影视的一切内容都要在画幅中展现出来。

二、取景

导演在确定了拍摄题材后,取景便成为摄影摄像的第一个环节,它涉及画面内容的组合,是影视作品表现现实的最直接和最必要的手段。

一般来说,通过不同的组合,影视可以改变现实:把情节的某些因素留在画幅之外,只显示一个有意义或象征性的细节;抽象组合画面的内容,由此产生象征;改变观众的视点,由此产生寓意;通过对景深的运用取得戏剧性的效果等。对一个画面来说,我们可以把画面内的内容按照不同的层次分为前景、中景和后景。

前景是镜头中靠近前沿或位于主体前面的人或物。前景在镜头画面中用以陪衬主体,或组成环境的一部分,并增强画面的空间深度、平衡构图和美化画面。后景是镜头中靠近后边或位于主体后面的人或物。在镜头画面中,主体可以出现在后景中,但大多数情况下后景中一般是陪体,是环境的组成部分,可以直接构成背景。中景是处于画面中间的部分。一般主体会出现在中景之前、中景之间的部位。前景、中景、后景是摄影构图的基本层次,它们可以使画面富于层次感、纵深感。有时可将画面层次作更为细致的划分,如电影《拯救大兵瑞恩》中,许多画面构图可分出七八个层次。

三、构图

在影视作品中,构图指静态画格的构图,它是为主题服务的。影视作品的构图不同于静态摄影作品的构图,它是不断变化的。构图的要领是平、美、透气(即适当的留白)、安排视觉中心、注意心理和视觉均衡等。构图的基本美学原则是:主体不宜居中;水平线不要上下居中、一分为二地分割画面;色调、布光等不要一分为二地平分画面;主体不要过分孤单;主体、陪体应该主、陪分明,陪体不应喧宾夺主;人或物不应一字排开,应高低起伏、错落有致;水平线及景物垂直线不应歪斜不稳;人不要完全正面出现,应与镜头形成一定的角度等。

构图的基本形式有:

1."#"字形构图

"#"字形构图是指拍摄时在心中把所拍摄的画面横竖大约分成三等分,形成井字,主体(趣味点)安排在井字的交叉点附近。这样的构图比较匀称,符合人们的审美习惯,视觉效果较好。

2.三角形构图

三角形构图是指画面中排列的三个点或被摄主体的外形轮廓形成三角形,这是最常见的构图。三角形构图给人以稳定感。也有倒三角形构图,若能巧妙运用,是很独特的。

3.S形构图

S形构图以曲线为主要形式,是一种十分优美的构图,具有柔和舒展的流动感。唐诗中有"曲径通幽处"的句子,幽雅的S形曲线很是舒心怡人,常常可以引发人们意味深长的联想。

4.框架式构图

框架式构图一般透过门窗等景物进行拍摄,从而形成一个特定的造型框架,既增添了景物空间深度,又装饰了画面。这种构图方法如果用得合理巧妙,还能形成大景套小景的效果,十分别致有趣。

四、景别

景别是指被摄主体和画面形象在电视屏幕框架结构中所呈现出的大小和范围。景别的取决因素有两个方面：一是摄像机和被摄主体之间的实际距离；二是所使用摄像机镜头的焦距长短。摄像机与被摄主体之间相对距离的变化，以及摄像机在一定位置改变镜头焦距，都可以引起画面上景物大小的变化。这种画面上景物大小的变化所引起的不同取景范围，即构成景别的变化。通常是以画格中截取成年人身体部位的多少作为划分景别的标准，按照从小到大的顺序，可将景别分为特写、中景、全景三个组。

1. 特写组：包括大特写、特写和近景

大特写：又称"细部特写"，突出头像的局部，或身体、物体的某一细部，如眉毛、眼睛、枪栓、扳机等。

特写：拍摄人像的面部或被摄主体的一个局部的镜头。通常以人体肩部以上的头像为取景参照，突出强调人体的某个局部、相应的物件细节、景物细节等。特写的表现力极为丰富，可以选择、放大细微的表情或细部特征，引起视觉注意；可以强化观众对细部的认识，以细部来寓意深层含义，抒发人物的内心情感；还可以把画内情绪推向画外，分割细部与整体，制造悬念。因此，贝拉·巴拉兹说特写镜头"作用于我们的心灵，而不是我们的眼睛"。正因为特写能够快速地吸引观众的视觉注意，具有惊叹号的作用，所以在剪辑中往往可以成为一组蒙太奇的表现重心。剪辑中也常常有这样的情况，为了弥补跳轴镜头带来的失误，可将特写镜头插入其中，从而减少跳轴带给观众的突兀感，因此，特写镜头也常常被摄影师们戏称为"万能镜头"。

近景：指摄取人物胸部以上部分的一种景别，有时也用于表现景物的某一局部。近景以表情、质地为表现对象，常用来细致地表现人物的精神面貌和物体的主要特征，可以产生近距离的交流感。如世界各国大多数电视节目主持人、播音员多是以近景出现在观众面前。

特写组镜头是影视艺术的重要表现手段之一，它也是影视艺术区别于戏剧艺术的主要标志。它能够有力地表现主体的细部和人物细微的情感变化，是影视通过细节刻画人物，表现复杂的人物关系，展示丰富的人物内心世界的重要手段。它能够帮助观众更直接、更迅速地抓住事物的本质，加深观众对事物、对生活的认识。特写镜头与其他景别的镜头结合运用，可以造成一种特殊的蒙太奇节奏。

2. 中景组：包括半身景和中景

半身景：俗称"半身像"，指从腰部到头的景致，也称为"中近景"。常用于对话场面。中景：俗称"七分像"，指摄取人物小腿以上部分的一种景别，是表演性场面和较小动作场面的常用景别。

在影视作品中，中景组镜头数量最多，是常规的叙事手法景别，它可以同时兼顾景与人，可以作为全景与特写的过渡。较全景而言，中景画面中人物整体形象和环境空间降至次要位置，往往以情节取胜，既能表现一定的环境气氛，又能表现人物之间的关系及其心理活动，还能够展现物体最有表现力的结构线条，能够同时展现人物脸部和手臂的细节活动，表现人物之间的交流，擅长叙事。由于特写、近景只能在短时间内引起观众的兴趣，而远景、全景容易使观众的兴趣飘忽不定，相对而言，中景给观众提供了指向性视点。它既提供了大量细节，又可以让观众的注意力持续一定时间。中景也适于交代情节和事物之间的关系，能够具体描绘人物的神态、姿势，从而传递人物的内心活动。但是中景组镜头相对来说也是一种"中庸"的镜头，虽然能同时兼顾景与人，然"其景往往不全，其人往往不细"，较难产生感染力。

3. 全景组：包括小全景、全景、大全景、远景小全景中的人物往往"顶天立地"，处于比全景小得多，又保持相对完整的规格。

全景是摄取人物全身或较小场景全貌的影视画面，相当于话剧、歌舞剧场"舞台框"。在全景中可以看清人物动作和所处的环境。

大全景是包含整个被摄主体及周围大环境的画面，通常用来进行影视作品的环境介绍，能完整体现一个场景或一群人的全貌。

小全景、全景、大全景主要用来表现被摄主体的全貌或被摄人体的全身，同时保留一定范围的环境和活动空间，着重揭示画内主体的结构特点和内在意义，还可以完整地展现人物的形体动作，并进一步通过形体动作表现刻画人物的内心状态，也可以表现事物或场景全貌，展示环境，并且可以通过环境烘托人物。在一组蒙太奇画面中，全景具有"定位"作用，可以指示主体在特定空间的具体位置。

远景是一种深远的镜头景观，人物在画面中只占很小的位置，以表现环境为主。广义的远景基于景距的不同，又可分为小远景、远景、大远景三个层次。远景是影视景别中视距最远、表现空间范围最大的一种景别。远景视野深广、宽阔，画面中的人物一般难分辨外貌特征，主要用于表现地理环境、自然风貌、战争场面、群众集会等。在很多情况下，影视作品常以远景镜头作为开头或结尾画面，或作为过渡镜头。

全景组镜头主要表现环境，表现人与景的关系，可以为故事的展开渲染气氛。由于全景组镜头信息量大，节奏缓慢，所以其长度不能太短。全景组镜头的缺陷是不善于表现运动，有舞台化的倾向。

五、角度

角度是指摄像机与被摄主体之间的几何角度，它反映创作者的态度。从不同角度拍摄的画面，画面中主体的形象轮廓、光影结构、位置关系和感情倾向是完全不同的。镜头的角度包括垂直角度和水平角度。垂直方向有平角、仰角、俯角；水平方向有正面、侧面、背面。实际操作当中一般从拍摄高度和拍摄方向两方面来考虑镜头的角度问题。

1. 拍摄高度

在方向、距离不变的情况下，改变摄像机与被摄主体之间的水平距离，就会出现三种不同的情况：摄像机与被摄主体高度持平时，称为平摄；摄像机高于被摄主体向下拍摄时，称为俯摄；摄像机低于被摄主体向上拍摄时，称为仰摄。这三种不同高度的拍摄方式其镜头画面有各自不同的造型效果和感情色彩。

平拍时由于镜头与被摄主体在同一水平线上，其视觉效果与日常生活中人们观察事物的正常情况相似，被摄主体不易变形，使人感到平等、客观、公正，一般纪录片常用。但是画面效果容易流于平淡，表现力较弱，构图易死板，缺乏张力。

仰拍时由于镜头低于被摄主体，会产生仰视效果。因此，仰拍画面中形象主体显得高大、挺拔，具有权威性、优势感，视觉重量感比正常平视时要大，易形成公式化的象征意义。

俯拍的方式有利于在画面中表现景物的层次，给人以深远、辽阔的感受，可以更好地交代环境位置、数量分布、远近距离等。在展示空间关系时，俯拍画面中全景、中景居多，如电视选秀节目《超级女声》、《梦想中国》中都使用过俯拍的全景镜头。对人物的俯拍比较特殊——往往使人物显得萎缩、低矮，容易使画面带有贬低、蔑视的意味，因此在拍摄公安人员审讯的镜头时，对犯罪嫌疑人大都选择一些俯拍的镜头。

2．拍摄方向

拍摄方向通常有正面、侧面和背面三种。不同的拍摄方向，主体与背景的关系都会在画面上发生显著变化。

正面方向拍摄的画面有利于表现被摄主体的正面特征，容易显示出庄重稳定、严肃静穆的气氛。其缺点是由于形象本身的横线条与画面边缘横线的平行，会使画面显得呆板，缺少立体感和空间感。

侧面方向拍摄又可以分为正侧与斜侧两个方向的拍摄。正侧方向拍摄时，摄像机与被摄主体成 90°角。此时，对于运动中的被摄主体来说，其运动方向或视线在画面的一侧或在画面之外，会表现出明显的方向性。此外，正侧方向拍摄时画面构图可以有力地突出被摄主体正侧面的轮廓特点，因此人像剪影大多采用正侧面角度展现。正侧方向的拍摄还可以清晰地表现人物间的交流状，使双方的表情、动作、感情交流同时表现，而不致顾此失彼。斜侧方向是指摄像机在被摄主体正面、背面和正侧面以外的任意一个水平方向。

斜侧面方向拍摄的画面可以使被摄主体本身的横线在画面上变为与边框相交的斜线，物体会产生明显的形体透视变化，画面会显得活泼生动，有利于表现物体的立体形态和空间深度。斜侧面方向拍摄的画面还可以起到把主体放在突出位置的作用。

侧面构图与正面构图有相同的弊端，即对规则物体的表现，仍然是横向线条多，画面显得呆板，不利于表现物体的立体感和空间深度感。侧面方向表现人物间的交流，易形成平分秋色的局面。因此在需要强调主次关系时，不宜用侧面方向拍摄。电影、电视剧中，在用侧面方向表现人物间的交流时，常常利用插入主观镜头的方法来活跃画面气氛。

背面方向拍摄是从被摄主体的背后即正后方进行拍摄。在一定情况下，这个特殊角度的画面，常常具有某种意想不到的效果。如果是拍人物，从这一角度拍摄的画面所表现的视向与被摄主体的视向一致，被摄人物所看到的空间和景物也是观众所看到的空间和景物，给人以强烈的主观参与感。如王家卫的《阿飞正传》中拍了许多张国荣的背面，我们虽然看不到角色（即张国荣饰演的阿飞）的表情，但当他背对我们向远方头也不回地走去时，我们却分明能感受到他好不容易找到生母却又被拒绝后的孤独、失落、忧郁，同时又很不甘心的倔强的情绪。此外，许多新闻的拍摄也常常采用这个角度，以表现追踪式采访，具有很强的现场纪实效果。

六、焦距

焦距是与摄像机的光学镜头即物镜密切相关的一个概念，它是指物镜的中心至焦点平面的距离。用不同焦距的物镜进行拍摄，可以得到不同的镜头画面。

根据焦距能否调节，可以将物镜分为定焦距物镜和变焦距物镜两大类。依据焦距的长短，定焦距物镜又可分为鱼眼物镜、短焦物镜、标准物镜和长焦物镜四大类。变焦距物镜又可分为手动变焦物镜和电动变焦物镜两大类。变焦距物镜的适当运用，可以减少运用笨重的移动工具带来的麻烦，还可以造成强烈的画面节奏感。

1. 短焦距镜头（广角镜头）

用小于标准焦距的物镜拍摄的画面是短焦距镜头，它常常被称为广角镜头。广角镜头具有"视角大"的特点，其画面包含的空间范围大，能形成远景、全景等大景别。此外，广角镜头具有很大的景深，其纵深空间景物的清晰范围远远大于标准镜头。由于广角镜头会夸张地表现真实的距离感，当物体接近摄影机时，物体的尺寸会迅速变大，同时，观众会感觉到前景中的运动物体其运动速度比实际速度要快。在广角镜头中，被摄主体、背景和大部分前景都是清晰可见的，其空间透视感很强，这使画面前面的物体显得更大，而后面的物体则显得更小，即空间的纵深感被加强。也就是说，在近距离用广角镜头拍摄时会产生透视的畸变，形成一种夸张的透视效果。在王家卫的影片《春光乍泄》的一个段落中，当张国荣处于前景位置梳头时，我们看到了一张变形的脸，那便是短焦距镜头特有的效果。这种镜头往往带给观众一种异样的心理感受，可以引发观众对角色（或被摄主体）的更多思考。

2. 长焦距镜头

用长焦距物镜进行拍摄便可得到长焦距镜头，简称长焦镜头。长焦镜头视野小，景深也小，纵深感被压缩，使纵向空间显得扁平，但可以放大远处的人或景物的尺寸，并可以把距离较远的被摄主体处理成近景或特写的效果（这样的处理并不符合肉眼的观看经验，倒有点类似于通过望远镜观看远处景物的感觉）。

长焦镜头的景深要远远小于标准镜头的景深。这使背景处于清晰范围之外，可以更加凸显主体，避免观众注意力的分散。此时，通过调整焦点，我们可以将景物的清晰范围从一个区段转移到另一个区段，从而转移观众的视觉注意中心。

由于透视感弱，长焦镜头中的纵深空间被压缩，处在不同距离上的景物似乎被挤在了一起，所以当用长焦镜头表现纵深方向运动的物体时，其动感便大大减弱。在迈克·尼科尔斯导演的《毕业生》的结尾处，达斯汀·霍夫曼努力地跑向画面前方，希望能在女友跟别人结婚前赶去教堂阻止，此时，由于使用了长焦镜头，他似乎是停在了半路上——不管多么努力，也无法前进多少，从而让观众的心和主人公一起感到无比焦虑和急迫。

此外，由于透视感不同，用长焦镜头拍摄的人物面部形状和用广角镜头拍摄的画面有完全不同的效果，即长焦镜头会削弱人物的面部特征，使之扁平化。所以，对长焦镜头的运用要慎重。

3. 变焦距镜头

变焦距镜头简称变焦镜头，是通过变焦距物镜连续变换焦距进行拍摄得到的，它兼有长焦镜头、广角镜头和标准焦距镜头的特点。同时，变焦镜头具有一种特殊的表现效果，即通过变化焦距改变画面的景别，形成变焦推或变焦拉。这种变焦推拉镜头不同于通过改变摄像机机位形成的推拉镜头，它只是通过光学原理改变了景别的大小，画面的空间透视关系并不会发生变化，也就是说，它所反映的是一种与我们日常的视觉经验并不一致的"有关远近变化感觉"，因此，其技术痕迹和强制性都较为明显，运用时要慎重对待。

七、景深

景深指摄影时物体在胶片上成像的清晰范围，即调焦后在焦点前后能使物像清晰显现的一段范围。景深越长，能清晰呈现的范围越大；景深越小，前景或背景会变得越模糊。景深与物镜的光圈、焦距以及拍摄的距离有关。假定其他的条件都不改变的情况下，光圈越大，景深越小；光圈越小，景深越大；而焦距越长，景深越小；焦距越短，景深越大；拍摄距离越远，景深越大；拍摄距离越近，景深越小。

景深的应用取决于摄像时的"取和舍"，它在表现调性、气氛、速度、运动趋势等方面都是非常关键的技巧。景深在画面造型中有着极为重要的意义，它常常体现着特定导演的特定的美学风格追求和艺术观念表达。在一个画面中，把人物（或物体）放在不同的地点，并尽可能使它们根据纵向空间的特点（摄影机的轴）来表演，我们称之为纵深导演——人物不再从院子一侧或花园一侧，而是从前面或后面上场，他们在轴线上变换位置，根据他们在每个时刻说话或举止的重要性靠近或离开物镜。

我们通常把大景深镜头叫做"景深镜头"。在景深镜头中，远近都可以看得很清楚，信息量大、立体感强。采用"最小光圈＋最短焦距镜头＋超焦距聚焦"的做法，可以获取最大的景深效果。

如果说分镜头是对被摄主体信息的一种省略和概括，那么景深镜头则试图将被摄主体的完整信息尽量全面地展示给观众。也就是说，景深镜头作为对传统的分镜头的补充，使作为整体的世界在影视艺术中得到了更好的表现。像《公民凯恩》中那段著名的场景那样——近景是父亲和母亲在签署契约，远景则是小凯恩在雪地里玩耍——此时景深镜头的运用让观众对这两个场面都看得很清楚，从而在画面内部形成了一种无言的对比和寓意，可以引发观众更多的思考。

实际上，景深镜头可以更加完整客观地表现现实，这也是相对而言的。实际上，无论景深镜头所表现的画面空间再大、再完整，其画面也不是现实本身，而仅仅是"现实的一个画面"，是导演个人的主观看法，因而也仅仅是一种美学现实而已。

八、照明

1. 影视照明的作用

光线是我们现实生活中最为常见、最为普遍的物质现象之一，也是现实生活中不可或缺的物质现象。光线为我们提供了看清景物的外部形态、表面结构、距离和色彩等方面的条件。正因为有了光线，我们才能看见、看清我们周围的现实世界。影视画面从物质上说，实际上并没有可以触摸的形象，它的载体只是呈现在银幕或屏幕上的光影和色彩，但是如果没有光线，就没有光影和色彩，影视画面也就不复存在。影视照明便是导演运用光线进行造型和完成艺术表达的过程，概括起来，影视照明主要有以下两个方面的作用：

第一，影视照明要在技术上形成曝光，使观众能够看见、看清楚屏（荧）幕上的影像。影视照明提供画面成像所需要的光，提供一定的景物亮度和反差范围，从而在胶片或摄像机的光电转换装置上能获得准确、足够的曝光，并形成近似于现实景物的影像。无论是电影还是电视，在前期拍摄中，技术层面上首先要达到的技术要求就是能有足够的曝光量，从而形成画面的层次和密度，形成一定的影调效果，完成画面的成像——揭示被摄对象的形态和形状，造成物体的体积、轮廓、大小和比例的立体幻觉；揭示被摄

126

对象的周围环境、空间范围和透视关系，创造空间；表现特定的时间，形成一定的时间感（如夜景、晨昏、月夜等光效）。

第二，影视照明要在艺术上完成画面造型，从而准确地传达编导的意图，揭示作品的主题，渲染作品的情感色彩。影视照明可以通过某种光线在一个场景中突出强调主要的事物，牵引观众的视线，更好地表现画面的主题，如通过光线的照射以及所形成的明暗光调对比突出被摄对象的某些特点，隐藏其某些特点，突出主要的和重要的视觉形象、隐蔽非主要形象，从而把观众的注意力引导到富有意义的形象上；影视照明还可以利用光线渲染和烘托环境，形成特定的艺术气氛、戏剧效果，以表现人物情绪、刻画人物的内心世界。在镜头语言的各语汇中，照明是非常重要的语汇，具有其他语汇无法替代的作用和艺术表现力。如今，由于电影胶片感光材料和电视摄像机的技术日臻完善，一般的光源都可以用作影视画面的拍摄。正确而有效地、创造性地选择光线，运用各种照明效果，实现"用光作画"，便成为影视画面造型的一项重要内容。

2. 影视照明的基本布光方法：三点布光法

三点布光法是保证人体基本造型的一种程式化的布光方法，它是由主光、辅助光、逆光配置而成的基本照明方法。三点布光法的基本规律是：主光要高；副光低；主光侧，副光则正；逆光总与主光成对角线。

主光是照明被摄主体的主要灯光。不论照射方向如何，主光的亮度总是最高，占统治地位，它的作用和特点是：组成造型结构，揭示场景的外貌及特点，描述被摄主体的立体形状和主要姿态、线条，交代画面内的空间关系，构成一定的反差和明暗配置。主光的位置和角度的选择，取决于我们所追求的被摄主体的外观和我们要突出的重点。主光在很大程度上决定画面的明暗对比利摄像机的曝光量。主光可以来自正面、侧面或是逆光位置。对于一景一物，主光可能只有一个，而多景多物及人物处于活动状态下，主光可能有好几个。

辅助光又称"补助光"、"副光"。它是用来帮助主光造型，弥补主光在表现上的不足，平衡亮度的光线。辅助光的光源性质属于散射光，如同自然光中的散射光一样，其特点是柔和、细腻、能表达出阴暗面的细部。辅助光的位置和角度应根据被摄主体的造型要求和艺术效果而选择。一般来说，辅助光位于摄像机的视点方向或主光的另一侧。位于摄像机视点方向时，虽可照亮从摄像机角度所见到的影子，但会使演员刺目，且人物的背景、眼镜上会有明显的反光；当主光位于辅助光另一侧时，辅助光可弥补反光缺陷，并能使主光造成的阴影浓度、层次得到很好的调整。在一般场景的布光中，辅助光的数量在保证完成自身任务的前提下不宜太多，要防止出现过多投影。

逆光又称"轮廓光"、"隔离光"、"勾边光"。逆光是从背面照射到被摄主体身上的一种光。逆光如果运用恰当，对提高画面效果能起到非常有价值的作用。比如，它可以勾画出被摄主体的全部或部分轮廓，特别是被摄主体的影调或色调同背景混为一体时，通过清晰地勾画被摄主体轮廓，可使被摄主体引人注目，与背景区分开来。逆光在强调物体轮廓的同时，还能交代物体透明的质地属性，尤其在反映毛状物体和毛感很强的衣服、发型时，这种光线具有最佳效果。此外，逆光可以强调空间深度，交代远近物体的层次关系，即可以加强画面的纵深感、层次感和清晰度，特别是全景拍摄时，逆光显得更有用。逆光还可以勾画出主光所造成的阴暗面，从而增强物体的立体感和质感。

一般来说，逆光位置选择恰当，将有助于突出物体的重点。通常，逆光位于主光的另一侧，其垂直角度不宜太大或太小。如果逆光的垂直角度太大，就会产生顶光效果，使物体缺乏立体感；反之，如果垂直角度太小，摄像机产生眩光，将影响画面清晰度。

可以用双逆光来勾画被摄主体两侧的边缘轮廓，但应注意不宜过亮，否则必然会分散观众的注意力。同时，两边逆光投射的光线方向必须一致，否则产生杂乱的阴影会影响画面的气氛。

三点布光法中三种光线的亮度比例只有把握恰当，才能起到良好的画面造型效果：主光太亮会使逆光的效果减少，画面效果生硬，最淡的色调易曝光过度；主光太暗又会使逆光占优势，较深色调曝光不足，同时显得画面平淡、物体造型差，还可能导致灰雾。辅助光太亮会使主光造型被削弱，让画面变得平淡；辅助光太暗又会使画面反差过强，被摄主体的造型生硬。逆光太亮会引起正面光不足，被摄主体边缘出现亮光；逆光太暗则主体与背景会贴在一起，会使画面缺乏立体感和动感。

九、色调

本书第 4 章讲述了色彩构成的基本原理，无论在多媒体作品还是在影视作品的创作中，都可以运用这些共同的基本原理进行作品的色彩设计。这里我们重点谈一谈影视作品色调的设计问题。

1．色调及色调处理的基本方法

色调指一部影视作品中画面的总的色彩倾向。一部影视作品，总会有一个与主题相对应的情绪基调，或明快，或悲情，或低沉，或浪漫等，我们把这种情绪基调称为总体情绪。表现总体情绪的色彩手段就是色彩基调即色调，具体体现为在一部影视作品中或影视作品的一个段落中，由一种或近似的几种色彩为主导构成的统一、和谐的色彩倾向。

色调在影视作品中可渲染环境、营造氛围、表现人物的心境，也可以表达作者的思想情感和作品的主题，还可表现作者的诗意和浪漫、抒情的色彩，或者用来形成影片某种特殊的风格和韵味等。

作为基调的色彩必须在一个画面的面积上、在一个段落或整部影片的镜头数上占有主导地位，形成色彩基调，从而以该色彩的优势来加深观众的印象，继而使作品形成一种总体情绪。因此，色调可以出现在整部影片中，如陈凯歌的《黄土地》；也可以出现在一个段落、一个场景、一个镜头当中，如斯皮尔伯格导演的影片《辛德勒的名单》。在《黄土地》中，黄色的土地占去画面大半的空间，地平线推得极高，把蓝色的天空逼得很窄，天地交际间出现的人物局促地活动在逼仄的空间里；而在《辛德勒的名单》中，整部作品大量运用了黑白色。

色调的核心理念是色彩的统一与协调，但是对色调的处理并不妨碍对色彩对比的运用——在统一的色调中，适当加入对比的元素，往往会使作品更具震撼人心的力量。比如，《辛德勒的名单》中运用黑白摄影和纪录片式的拍摄手法，使影片具有了一种极其朴素真挚的视觉感染力。影片自始至终都用黑白画面，但在表现犹太人的悲惨遭遇时，有一个镜头中出现了红色——冲锋队在屠杀犹太人，画面里，一个穿红衣的小女孩与整个黑白画面形成了强烈的对比，形成了极具冲击力的视觉效果，而当小女孩再次出现时，她已经是运尸车上的一具尸体。影片的结尾同样具有感人的艺术魅力，当影片接近尾声，犹太人走出集中营获得自由时，银幕上骤然间出现了灿烂的彩色，画面由压抑阴沉的黑白两色过渡到丰富的自然色彩，在情绪上具有极大的感染力，形象地体现了人们重获自由后的开朗心情。

色调的形成通常有两种方法：第一种是内部色块法，即通过环境色调的选择，服装、化装、道具色彩的配置，光线的处理等，进行画面内部色调配置的方法；第二种是外部色罩法，即通过运用不同的滤色镜、调节白平衡、后期配光、数字特技制作等方式来获得不同色彩基调效果的方法。

实际拍摄中，色彩基调的获得往往是通过上述两种方法的综合运用来完成。如在美术部门进行色彩构思和场景布置，在将人物的服装、化装、道具进行色彩配置的基础上，注意选择背景、环境的色彩，注意拍摄角度和光线的运用，充分运用摄影的技术和艺术手段来加强某种色彩在画面中的面积。在后期制作中再通过配光或者数字特技技术进行色彩的调整，让整个段落甚至整部影片贯穿着某一色彩的优势，从而创造出满意的色彩基调。

2．色调的衔接

色调的衔接指影视作品中在场面之间、镜头之间进行转换时，所要求的色彩的前后衔接。色调的衔接包含两方面的内容：一是保持同一场景、同一时空里拍摄的一系列画面在色调上的统一性；二是形成段落之间、不同场景的画面之间、时空转换的上下画面之间或者是具有不同色彩基调的画面在衔接上具有内在的有机过渡或联系。

同一场景、时空拍摄的画面要求色彩的统一是影视画面拍摄和组接的基本要求。而当上下镜头处于两个不同的段落或不同的时空，并且前后段落及不同的时空又有不同的色调追求时，为了减弱两种色彩的强烈对比和冲突，保证色彩的有机衔接，一般都运用中间色来过渡，比如由黄色转换到蓝色，可以通过青色、绿色等中间色来过渡。或者是有意识地在前一场面或镜头中，预先配置下一场面或镜头中的主要色调，运用色彩的组合关系形成自然过渡，比如在呈黄色的画面中，逐渐增加倾向于蓝色的色彩面积比例，以使观众在视觉上能顺畅衔接。一般而言，不能从一种色调一下子跳到另一种色调，而是应该逐渐过渡。

色彩的设计与运用，是影视摄影造型中最重要的环节之一，也是画面造型的最基本的要求。在影视画面中，对于色彩的运用，不仅仅是为了再现或模拟自然本身的色彩，更在于通过色彩来表达一定的情感，揭示事物的内在本质。只有当色彩在影视作品中的运用具有美学意义时，色彩才能成为镜头语言的重要语汇。画面上出现的每一种色彩，都应该具有传情达意的功能，其中虽有相关的规律法则可依循，但也绝不能墨守成规，否则便容易流于庸俗。实际上，不同的人对于色彩的感受是不同的，运用色彩传情达意的手段和方式也是多样的。单一色彩本身并不具备美感，色彩的美感来自于色彩之间的相互关系，即在于色调的形成和对色彩对比的运用。

十、运动

运动是镜头语言的重要表现手段之一，它包括画面内部被摄主体的运动、镜头的运动、剪辑所形成的运动三个方面。其主要内容和意义在前文的"影视画面的特征"和"运动镜头"部分已有重点分析，这里不再重复。

5.3 蒙太奇

5.3.1 蒙太奇的含义

蒙太奇原为法国建筑学中的一个术语：Montage，原意为"装配"和"构成"。因为只有把各种个别材料安装组合在一起，才能构成一个建筑物的整体。在这个意义上，它和电影的制作有类似之处，因此，苏联电影艺术家把它借用过来，使其成为电影艺术的一个专门用语：即影视作品创作过程中镜头之间的连接方法和组合关系。

蒙太奇理论兴起于 20 世纪 20 年代末，苏联电影大师爱森斯坦和普多夫金是蒙太奇理论的奠基者和主要代表人物。蒙太奇理论的发展经历了一个过程。甚至有人说，一部世界电影发展史，在某种意义上，也可以说是蒙太奇的形成发展史，这不是没有道理的——我们对蒙太奇理论，应当从发展的观点去把握。

首先，存在着从作为技术手段的蒙太奇到作为艺术手段和艺术方法的蒙太奇的一个发展过程。在电影发展的最初阶段，蒙太奇只是被看做一种技术手段，就是把在不同时间、地点、角度拍摄下来的各种胶片的片断，连接在一起的技术。以后，人们通过这种纯属技术性质的粘接，发现了它在电影艺术创作上的潜力和可能性，逐步认识到蒙太奇不仅仅是一种技术上的剪接，更可以是一种概括、反映生活的特殊的艺术手段。

其次，存在着从镜头之间的蒙太奇到镜头内部蒙太奇以及画面与声音之间的蒙太奇观念的发展过程。在无声电影初期，蒙太奇一般只体现在镜头之间的关系上。随着摄影技术的发展，通过摄影机的运动，蒙太奇进而又可体现在镜头内部。声音与彩色进入电影后，进一步丰富了电影的构成元素和表现手段，蒙太奇于是又体现在了画面、声音、色彩之间的复杂关系上。

第三，由于对电影蒙太奇的认识和把握有一个发展过程，因此，对蒙太奇内涵和实质的理论表述和阐释，也就有一个从浅到深、从片面到全面的过程。比如在苏联，就曾对蒙太奇持两种极端的看法：在一个时期内把蒙太奇看做是电影的"一切"，无限夸大蒙太奇的功能；而在另一个时期又觉得蒙太奇并"没有什么"，完全否定蒙太奇的作用。

那么，到底什么是蒙太奇理论的核心和实质呢？

蒙太奇理论的核心来源于著名的"库里肖夫效应"。库里肖夫是苏联著名的电影艺术家、电影教育家。他曾为探索电影艺术的规律做过许多有趣的实验。一次，他从旧的影片中选了著名电影演员莫兹尤辛的三个完全相同的没有任何表情的面部特写镜头，然后把它们与从其他影片中选出的几个小片断连接成三种组合。第一种组合是在莫兹尤辛的面部特写后面紧接一个一张桌上放一盆汤的镜头，第二种组合是在莫兹尤辛的面部特写后面接上一口棺材里面躺着一具女尸的镜头，第三种组合是在莫兹尤辛的面部特写后面接上一个小女孩在玩一个滑稽的狗熊玩具的镜头。当库里肖夫把这三种不同组合的片断放映给一些不知其中秘密的观众看时，效果是出人意料的：观众从第一种组合中感到莫兹尤辛在沉思，而从第二种组合中感到莫兹尤辛很悲伤，从第三种组合中却感到莫兹尤辛在微笑。其实，莫兹尤辛的那个面部特写镜头本身是没有任何表情的！这就是人们所说的"库里肖夫效应"。

又一次，库里肖夫把一组镜头按下列次序连接在一起：

(1) 一个青年男子从左向右走来。

(2) 一个青年女子从右向左走来。

(3) 两人相遇、握手，男子用手指点前方。

(4) 一幢有宽阔台阶的白色大建筑物。

(5) 两人走向台阶。

观众通过这组镜头，看到一个清晰而不间断的动作：一对青年男女在路上碰见了，男子请女子到附近一幢房子里去，于是两人便一同去了。其实，以上各个镜头是分别在不同地点、不同时间拍摄的。第一个镜头是在国营百货大楼附近拍的，第二个镜头是在果戈理纪念碑附近拍的，第三个镜头摄于大剧院附近，第四个镜头是从美国影片上剪下来的（即白宫），最后一个镜头是在一座教堂附近拍的。但观众得到的印象却是完整的一段戏。

又如，有三个片断：一个是一张微笑的脸，另一个是一张惊恐的脸，还有一个是"瞄准着的手枪"。如果用两种不同次序连接这三个片断，所得的印象是完全相反的：先出现笑脸，其次是手枪，最后是惊恐的脸，这是懦夫的形象；而如果先出现惊恐的脸，中间不变，最后是笑脸，那就是英雄的形象。

由上可知，在影视作品的后期制作中，将摄录的素材（包括画面和声音）根据文学剧本和导演的总体构思按照一定的顺序精心组接与排列，就能构成一部完整的影视作品，这便是蒙太奇理论的核心与实质之所在。

5.3.2 蒙太奇的分类

一、按照表现元素的不同，可将蒙太奇分为画面蒙太奇、声音蒙太奇和声画蒙太奇

1. 画面蒙太奇

画面蒙太奇是研究如何按照一定规律把不同的画面组接起来，以完成某种叙事和抒情，或表达某种思想的蒙太奇。画面蒙太奇是影视画面研究的主要内容，我们将在下文中有关"镜头间蒙太奇"的内容中作重点介绍。

2. 声音蒙太奇

声音蒙太奇是研究如何按照一定规律把不同的声音元素（有声语言、音乐、音响）组接起来，以完成某种叙事和抒情，或表达某种思想的蒙太奇。广义的声音蒙太奇包括广播艺术中的声音蒙太奇和影视艺术中的声音蒙太奇。本书特指影视艺术中的声音蒙太奇。

3. 声画蒙太奇

声画蒙太奇是研究如何按照一定规律把某种声音和画面组接起来，以完成某种叙事和抒情，或表达某种思想的蒙太奇。声画蒙太奇理论的核心是影视声画关系理论，其主要内容我们将在第6章第3节中进行介绍，这里不再重复。

其实，以上分类更多是为了理论分析的方便，在实际的影视创作过程中，声音与画面常常是紧密结合在一起的，一个镜头常常是包含了声音和画面两种元素的镜头。因此，镜头的组接有时候要根据画面，有时要根据声画关系的设计，有时又要根据声音的逻辑

关系，而更多的时候要根据作品的叙事、抒情、风格、节奏等的需要和导演的表达意图来决定。

二、按照表现功能的不同，可将蒙太奇分为叙述性蒙太奇和表现性蒙太奇

1. 叙述性蒙太奇

叙述性蒙太奇的主要功能在于叙事，如交代情节、展示事件，即按照一定的情节关系来组接镜头，表现剧情的发生和发展。它主要包括以下几种类型：

1) 连续式蒙太奇

连续式蒙太奇指按照事件的逻辑顺序来组接镜头，表现事件在一条情节线索上的连续过程。连续式蒙太奇是故事片中运用最多的蒙太奇手法，是电影叙事的基本手段。例如：2009 年 11 月在中国和北美同时首映的影片《2012》，是一部关于全球毁灭的灾难电影，它讲述在 2012 年世界末日到来时，主人公挣扎求生的经历。该片投资超过 2 亿美元，是灾难片大师罗兰·艾默里奇（Roland Emmerich）的又一力作。影片开头的一组镜头是：

（近景）白宫科技政策办公室地质学博士安德里·哈姆西博士在车内，印度司机在开车，同时伴随着印度风格的音乐；

（全景）安德里乘坐的车辆驶入印度娜迦邓铜矿的大门，时间是 2009 年；……

（近景）安德里下车和他的朋友麦迪拥抱、寒喧并一起走入铜矿；

（远景）安德里和麦迪边走边聊，麦迪说要告诉安德里一些事情；

（近景）安德里和麦迪在电梯内；

（全景）电梯在下降；

（近景）电梯内麦迪告诉安德里他们正在下到一个一万一千英尺深的地方——世界上最深的铜矿厂；

……

（中景—近景）麦迪告诉安德里铜矿里向来很热，最热时甚至达 49 度；

（近景—中景）麦迪向安德里介绍并引见了量子物理专家罗克西博士；

（近景）电脑屏幕前，麦迪向安德里介绍说两天前太阳发生了一次人类历史上最大的爆发，使中微子数量爆增，最可怕的是中微子正在导致物理反应；……

（全景—近景）麦迪带安德里走进一个黑暗的室内，来到一个更深（比之前的地方还要深六千英尺）的地方，并且说在这里中微子已经变成了一种新型的核粒子，它们正在加热地球的核心；

（全景—近景）2009 年华盛顿林肯广场酒店门口，安德里下车进入；

……

（中景、近景等）安德里设法见到了正在酒店筹集捐款的政府要员安豪塞先生，并给了他一份有关太阳异常爆发情况的文件，于是，安豪塞领他去见了美国总统。

……

2010 年在 British Columbia 举行的八大工业国高峰会议上，美国总统对在座各国总统发布了一条令人绝望的消息：美国最优秀的科学家已经证明，地球即将消失，世界末日即将到来。

这组镜头运用连续式蒙太奇手法按照时间顺序给我们交代了故事发生的背景，并引出了全片最大的悬念：地球即将毁灭，人类将如何应对？

2）平行式蒙太奇

平行式蒙太奇是表现同一时间在不同空间发生的事件，或同时发生的几条情节线索的组接，这是一种结构上的分叙方式，它可以使同时发生的事件能够平行展开，以丰富剧情，但又可以围绕着一个中心事件，或统一在一个完整的情节结构中。例如2008年上映的由柳云龙自导自演的电视连续剧《血色迷雾》中，常常用两条平行的线索来展开叙事，一条线索讲柳云龙饰演的侦探文康与爱着他的郑小聪联手不停地明察暗防，试图查出一系列扑朔迷离的案件的真相；另一条线索描写邢家各房的矛盾纠葛，使得故事情节发展更加曲折离奇、引人入胜。平行式蒙太奇的这种话分两头、平行发展的艺术手法，在我国古典小说中也是很常见的。

再比如，曾以《猜火车》等影片享誉世界影坛的英国导演丹尼·鲍耶的新作《贫民窟的百万富翁》，荣获2009年第81届奥斯卡8项大奖（最佳影片、最佳改编剧本、最佳电影剪辑、最佳原创歌曲、最佳原创音乐、最佳音效合成、最佳摄影、最佳导演）。该片蒙太奇手法的运用可谓生动而丰富，这里先列举其中一个非常好的平行蒙太奇的例子：当贫民小子杰玛·玛利克在《谁将成为百万富翁》的电视节目中过五关斩六将，终于闯入最后一个问题的回答时，他却并不知道这个问题的答案，此时他选择仅存的最后一个救助方式：电话救助。然而，电话打出后却无人接听。此时已逃出险境的拉提卡（杰玛的心上人）正在场外幸福地观看有杰玛参加的这个电视节目，她突然想起杰玛所打的求助电话被自己落在车上，于是她急忙狂奔而去接听电话，此时镜头在"电视直播现场杰玛等人的焦急等待"、"拉提卡的狂奔"、"车内独自响铃的手机"之间不断地来回穿插切换，用典型的平行蒙太奇手法营造了一种非常紧张的气氛——拉提卡快跑啊，一定要把电话接起来！

3）积累式蒙太奇

积累式蒙太奇是把一系列内容、性质相同或相近的镜头组接在一起，通过形象的积累来突出某一现象。如将车水马龙、高楼林立、行人穿梭的镜头组接就营造出了繁华闹市的环境气氛。再比如：战争影片中的飞机、大炮、机关枪等武器，反复交替地组接起来，就可以渲染出即将攻打敌人阵地的气氛。

电影《李米的猜想》女主角扮演者周迅因为在影片中的出色表演而获得了第27届中国电影金鸡奖最佳女主角。影片一开始，周迅的表演就深深地吸引了观众，而其所用的正是典型的积累式蒙太奇手法：出租车司机李米（周迅扮演），因为男友失踪四年（怎么也找不着却又不断给她寄信），像着了魔似的在载客过程中不停地对她的乘客讲述这件事，希望能够从乘客中得到有关男友的线索。镜头中乘客共变换了五六次，李米诉说的镜头却在以大同小异的内容（抽着烟，同样的服装、发型和几乎同样的话语）和不同的视角一次次不断重复。这个积累式蒙太奇手法的运用是非常成功的，因为它一开始就为影片设下了一个扣人心弦的悬念——女主角和她的男友到底是怎么回事啊？她的男友为什么要这样折磨她呢？

4）复现式蒙太奇

复现式蒙太奇是将同一内容的镜头在作品中重复出现，从而强调其表现意义。例如

2009 年发行的由尼古拉斯·凯奇主演的美国电影《先知》中，男主角的儿子、女主角的女儿以及童年时代的女主角的母亲总是能听到一种其他人听不到的奇怪的声音，而且每次他们听到这种声音，往往会有几个神秘的人在他们周围出现，从而不断营造出一种诡异的气氛，吸引着观众一直看下去，直到最后观众会发现，这是外星人与孩子之间的一种神秘的感应，外星人便是通过这种方式告知人类即将面临灾难并试图通过孩子来拯救人类。

叙述性蒙太奇是影视艺术中最基本的一种表达手段，其中，最常用的是连续式蒙太奇。

2. 表现性蒙太奇

表现性蒙太奇的目的不是叙事，而是表现。这里的"表现"与人们在生活中所常用的"表现"不同，不是一般意义上的"表现"，而是与"再现"相对的一个概念，它针对的是内在的现象。表现性蒙太奇着重的不是镜头内容之间直接的事件性的关系，而是通过其组接产生新的表现意义，用来传达某种情感、情绪、寓意、内涵等。它主要包括以下几种类型：

1) 对比式蒙太奇

将两个内容和性质对立的镜头组接在一起，形成冲突性的比较，从而表现一定的含义，就是对比式蒙太奇。它是一种很古老的蒙太奇形式，早在 19 世纪电影的先驱者就用这样的对比表现贫富的悬殊与对立。富与穷、强与弱、文明与粗暴、伟大与渺小、进步与落后等的对比，在影片中是很常见的。比如在电影《贫民窟的百万富翁》中当贫民小子杰玛·玛利克终于答对了所有的问题而赢得大奖时，节目现场的气氛是热烈、兴奋、火爆的，杰玛的的脸上更是洋溢着灿烂而幸福的笑容（不仅因为获得大奖，更因为女友拉提卡的脱离险境，和即将到来的与拉提卡的重逢），然而镜头一方面在表现杰玛和拉提卡的幸福的同时，另一方面却在穿插讲述着舍利姆（杰玛的哥哥）的不幸：由于他良心发现放走了拉提卡却激怒了他所卖命的黑帮老大，从而被枪杀的过程。这便是一种典型的对比式蒙太奇手法，它会让我们不由自主地陷入一种思索：兄弟俩的命运为什么如此不同？在印度，人们到底该以何种人生观、价值观生活才能成功，才能幸福？

2) 隐喻式蒙太奇

按照剧情的发展和情节的需要，利用景物镜头来直接说明影片主题和人物思想活动的构成方法，就是隐喻式蒙太奇。比如：由谢尔盖·爱森斯坦导演的苏联电影《战舰波将金号》中，在全剧的高潮点，导演闪电般迅速地把三个不同姿势的石狮的镜头组接在一起，构成"石狮怒吼"的形象，使影片的情绪感染力达到高潮。先是躺着的石狮，然后是抬起头来的石狮，最后是前脚跃起吼叫着的石狮，这个隐喻式蒙太奇中，蕴涵着人民对冷酷残暴的沙皇制度的愤怒已达到忍无可忍的地步的全部寓意。此外，还有许多几乎已成为公式的隐喻镜头，如红旗象征革命，青松象征不屈不挠，冰河解冻象征春天或新生，鲜花象征美好或幸福等。

3) 心理式蒙太奇

心理式蒙太奇是一种以镜头之间不同内容的组接来展示人物心理活动和精神状态的蒙太奇形式。由于画面形象是直观具体的，因此，这一形式是影视艺术表现人物梦境、幻觉、想象、思索乃至潜意识等心理状态的一个重要手段。比如 2009 年秋季上映的韩剧

《天使的诱惑》虽然在情节设置上难逃商业剧的窠臼，但其讲故事的手法还是很精彩的，而且其中多处运用心理式蒙太奇。该剧讲述的是这样一个故事：男主角申贤宇为了向"放火烧死自己，霸占自己财产的妻子"报复，进行了整容手术，变身为投资人，以投资为理由接近妻子朱雅兰，并通过种种手段让妻子再度爱上自己，最后在妻子最落魄的时候把她抛弃。剧中常常有这样的镜头出现：当被判定为植物人的男主角躺在病床上，看似昏迷不醒，在其潜意识当中却常常会出现和自己妻子（女主角）有关的许多意象——妻子穿着洁白的婚纱甜蜜地笑着不断向他跑来的镜头、婚礼那天他和妻子神圣拥吻的镜头、婚前作过酒廊女的妻子卖弄风情的镜头、妻子的情人也就是自己同母异父的弟弟坏笑的镜头、他和妻子在一起的甜蜜时光的镜头、妻子和她的情人拥抱的镜头、他发现妻子不忠的证据的镜头、雨夜他和妻子在行驶的车上激烈争吵而引发惨烈车祸的镜头……这一组镜头运用了典型的心理式蒙太奇手法，它充分表现出由于妻子的恶行而在男主角内心留下的巨大的刺激和精神的创伤，以及那种潜藏在男主角潜意识当中的强烈的愤怒和复仇的愿望是如何不断地刺激着他慢慢苏醒的。

叙述性蒙太奇和表现性蒙太奇是蒙太奇的两大类型，但在具体作品的运用中，它们并不是绝对分开的，而是交织在一起，在一个蒙太奇中体现着多种组合意蕴。例如发行于1975年的由法、德两国合拍的电影《老枪》，其现实和回忆的交叉组接既是一种叙述性蒙太奇，即对现实境遇和过去生活的叙述，又是一种对比式蒙太奇，即过去的生活充满着何等的美满甜蜜，如今却被毁坏得满目疮痍，由此揭露了战争的罪恶。同时，这里还有心理式蒙太奇，表现了一种由现实和回忆的对比所激起的交织着国仇家恨的极度愤怒和悲痛的复仇心理。因此，尽管蒙太奇有种种具体细致的分类，但在影视艺术欣赏和创作中，不能被这种分类所束缚，而应该进行综合的具体把握，这样才能真正感受到蒙太奇丰富复杂的内涵意义。

三、按照运用形式的不同，可将蒙太奇分为时间蒙太奇和空间蒙太奇，时间蒙太奇又可以分为镜头间蒙太奇和镜头内蒙太奇（即长镜头）

时间蒙太奇就是按照先后顺序组接镜头的蒙太奇手法；而空间蒙太奇则是在一个画框内将不同的镜头组接在一起以表达多种含义的手法，也叫多画面组接。这里我们重点讲述时间蒙太奇。

1. 镜头间蒙太奇

镜头间蒙太奇就是通常意义上的蒙太奇，常常简称蒙太奇，它主要研究镜头（尤其是画面）之间组接的基本规律与方法。

1）镜头组接的基本规律

（1）镜头的组接必须符合观众的思维方式和影视表现规律。镜头的组接要符合生活逻辑、思维逻辑，不符合逻辑观众就看不懂。影视作品要表达的主题与中心思想一定要明确，在这个基础上才能根据观众的心理要求和思维逻辑选用合适的镜头，并用合适的方式组合在一起。

（2）景别的变化要采用"循序渐进"的方法。一般来说，拍摄一个场面的时候，景别的变化不宜过分剧烈，否则就不容易连接起来。但是如果景别的变化不大，拍摄角度的变换也不大，拍出的镜头也会不容易组接。所以在拍摄影视作品的时候，景别的发展变化需要采取循序渐进的方法，循序渐进地变换不同视觉距离的镜头，可以造成顺畅的连接，形成各种句型：①前进式句型，指画面中景物由远景、全景向近景、特写过渡，用来表现由低沉到高昂向上情绪的发展以及剧情的发展。②后退式句型，指画面中景物由近景到远景过渡，以表现由高昂到低沉、压抑情绪的发展，以及由细节扩展到全部。③环行句型，是把前进式和后退式的句子结合在一起使用，由全景、中景、近景到特写，再由特写、近景、中景到远景，也可反过来运用。这种句式表现情绪由低沉到高昂，再由高昂转向低沉，在影视故事片中较为常用。在镜头组接的时候，如果遇到同一机位、同景别又是同一主体的画面是不能组接的。这样拍摄出来的镜头景物变化小，画面雷同，接在一起好像同一镜头不停地重复。另一方面这种机位、景物变化不大的两个镜头组接在一起，只要画面中的景物稍有变化，就会在人的视觉中产生跳动，破坏了画面的连续性。遇到这种情况时，除了把这些镜头重拍以外 '（对于镜头量少的节目可以解决问题，对于同机位、同景物的镜头段落较长的影视作品来说，采用重拍的方法就显得浪费时间和财力了），最好的办法是采用过渡镜头。如从不同角度拍摄再组接；让表演者的位置、动作变化后再组接。这样组接后的画面就不会产生跳动、断续和错位的感觉。

(3) 要注意拍摄方向和遵循轴线规律。拍摄运动物体时，需要注意拍摄的总方向，要从轴线一侧拍，否则两个画面接在一起就要"撞车"，就是"跳轴"。轴就是指一条轴线——假设摄影机面前有两个人物，左边是 A，右边是 B，用一条直线把 A、B 连接起来，这条线就是轴线了。一般摄影机拍摄 A、B 时，一般都要在这条轴线的一侧，如果越过这条轴线跑到另一边去拍就叫做跳轴。一般来说，"跳轴"是摄影技术上的一个低级错误，应尽量避免。因为"跳轴"之后拍摄会使得影片呈现出来的方向产生混乱：原来在左边的 A 跑到右边去了，原来在右边的 B 跑到左边去了，观众就分不清楚这两人的位置究竟是怎么回事。"跳轴的画面"除了特殊的需要以外是无法组接的。

(4) 遵循"动接动"、"静接静"的规律。"动接动"指在镜头的运动中和人物形体动作中切换镜头，如上镜头是摇摄，在未摇定时切换到另一个摇摄镜头上，而且摇的方向、速度接近，衔接起来的效果相当流畅，观众会随着镜头摇动非常自然地从一个环境或景物过渡到另一环境或景物。"动接动"更多是在人物的形体动作中切换镜头。如人发怒时拍桌子的动作，在电影里往往就是上下镜头的剪接点，即上镜头手举起，下镜头往下拍。"静接静"指在一个动作结束后（或在静场时）切换镜头，切入的另一个镜头又是从静到动。"静接静"多半是转场时运用，即上一场结束在静止的画面上，下一场又从静止的画面开始。"静接静"即是衔接和谐的需要。

(5) 要恰当把握镜头的时间长度。从理论上说，一个镜头，长可以长到整个节目的长度，短可以短到只有几幅画面的长度，一般不会采用一个镜头到底的做法（当然也不会走另一极端）。不同景别的镜头其内容有繁有简，其长度也相应地应该有长有短。如果是大景别，如远景、全景，镜头内反映的内容复杂些，如果剪得太短，观众还没来得及看清楚镜头就切换了，观众就有仓促、急迫、喘不过气的感觉；而小景别，如近景、特写，镜头内反映的内容就单纯些，如果剪得太长，观众已经看清楚、看明白了，再延续下去，就会形成拖沓印象。

专家曾对标准镜头所拍摄的固定画面进行了视觉实验，得出以下参数：观众观看一个固定镜头时，看清楚全景、中景、近景、特写等不同景别镜头内容的时间分别为（7~8）秒、（4~5）秒、（3~5.5）秒、（1~1.5）秒。因此，在剪接时，首先必须考虑依据景别来确定镜头的长度。当然这里讲的是一般情况，在具体编辑过程中，由于构成画面的元素很多，不同的镜头画面其复杂程度也不一样，这些都会影响到观众注意力转移的速度和看清楚画面内容的时间。具体来说，由于画面中人物关系的复杂程度、声源的多少、观众对内容的关注程度等因素的不同，以及画面构图的复杂程度、光线的明暗、动作的快慢等造型因素的不同，都会在很大程度上影响观众看清同一景别中画面内容的速度。因此在编辑时，必须综合考虑各种因素来决定镜头的长短。

一般说来，可以通常所谓的紧凑剪辑，即同一动作内容可通过镜头的转换来省略其间不必要的过程，而仍然保持动作的连贯流畅。如一个演员开始向阶梯跑去的镜头接上他已经跑上阶梯的镜头，中间省略掉他跑向阶梯的过程，观众是完全能够接受和理解的，这就压缩了动势的实际过程。

(6) 镜头组接的影调、色彩要统一。影调主要是对黑白画面而言的——黑白画面上的景物，不论原来是什么颜色，都是由许多深浅不同的黑白层次组成不同的影调来表现的。对于彩色画面来说，除了影调，还有色彩。无论是黑白还是彩色画面组接都应该保持影调与色彩的一致性。如果把明暗与色彩对比强烈的两个镜头组接在一起（除了特殊的需要外），就会使人感到生硬和不连贯，影响内容的通畅表达。

(7) 镜头组接要注意把握节奏。节奏本指音乐艺术中节拍的交替出现和乐音进行中有规律的强弱、长短变化。影视作品的节奏是指内容和形式的长短、起伏、轻重、缓急、张弛、动静等有规律的交替变化，它能给观众造成一种或激动、或平静、或紧张、或松弛的心理感觉。

影视的节奏有两种形式：一种是叙述性节奏，即以客观事物本身的发展进程为依据的节奏，也就是影视作品中事件、情节发展的强度和速度的变化使观众情绪随之紧张或松弛而形成的节奏；另一种是造型性节奏，即由摄像机和被摄主体的运动、镜头的切换以及音响、特技的运用等形成的节奏。

处理影视作品的任何一个情节或一组画面，都要从影片表达的内容出发来处理节奏问题。如果在一个宁静祥和的环境里用了快节奏的镜头转换，就会使观众觉得突兀跳跃，心理难以接受。然而在一些节奏强烈、激荡人心的场面中，就应该考虑到种种冲击因素，使镜头的变化速率与观众的心理要求相一致，以增强观众的激动情绪从而达到吸引观众的目的。

以上所讲的是镜头组接的一般规律，在实际创作中，要按照创作者的意图、情节内容发展的需要加以创造性地运用。

2）（镜头间）蒙太奇的功能

总体来说，蒙太奇的作用在于通过镜头的组接（或镜头内部调度）形成叙事、创造节奏、表达思想、构成作品。具体来说包括以下几点：

(1) 概括与集中。通过镜头、场面、段落的分切与组接，可以对素材进行选择和取舍，选取并保留主要的、本质的部分，省略繁琐、多余的部分，这样就可以突出重点，强调具有特征的、富有表现力的细节，使内容表现得主次分明、繁简得体、隐显适度，达到高度的概括和集中。

(2)吸引观众的注意力，激发观众的联想。每个镜头都表现一定的内容，按照一定顺序组接，就能引导和规范观众的注意力，影响观众的情绪和心理，激发起观众的联想和思考。这样不仅可以帮助观众理解画面的内容，而且可以引导观众思考，形成主客体间的共同创造。

(3) 创造独特的画面时间。运用蒙太奇的方法对现实生活的时间和空间进行选择、组织、加工、改造，可以形成独特的表述元素和画面时空，并且使画面时空在表现领域上极为广阔，在选择取舍上异常灵活，在转换过渡上分外自由，从而形成不同的叙述方式和结构方式，以反映丰富多彩的现实生活。

(4) 形成不同的节奏。这里讲的节奏主要是指主体运动、镜头长短和组接所形成的节目的轻重缓急。蒙太奇是形成影视节目节奏的重要手段，它可以将内部节奏和外部的视觉节奏、听觉节奏有机组合，以体现事物发展变化的脉络。

(5) 表达寓意，创造意境。镜头的分切和组接，可以利用镜头间的相互作用产生新的含义，即产生单个的画面、镜头或声音所不具有的思想内容；可以形象地表达抽象概念，表达特定的寓意，或创造出特定的意境。

2. 镜头内蒙太奇——长镜头

镜头内蒙太奇就是在一个镜头内部实现不同景别、不同主体的变换或调度以更加真实、连贯地表现运动、场景或情节的一种蒙太奇手法。长镜头的本来含义应该是指在一段持续时间内连续摄取的、占用胶片较长的镜头，是相对短镜头而言的，一般一个时间超过 10 秒的镜头称为长镜头。实际上，我们这里所说的长镜头是指连续地用一个镜头拍摄一个场景、一场戏或一段戏，以完成一个比较完整的叙事段落，而不破坏事件发展中时间和空间的连贯性、完整性的镜头。这种长镜头是相对镜头间蒙太奇即镜头的剪辑与组接来说的，它能包容较多的所需内容，也可以成为一个蒙太奇句子（相当于由若干短镜头切换组接而成的蒙太奇句子），其长度并无明确的、统一的规定。

长镜头在拍摄过程中，往往要通过演员的调度、镜头的运动以及景别、构图、光影等造型因素的变化来实现拍摄目的，并造成画面空间的真实感和一气呵成的整体感。从形式上讲，长镜头拍摄的时间较长，有的长镜头可达 20 分钟，而且必须在一个统一的空间拍摄，不允许有大的空间变化；从内容上讲，一个长镜头里所包含的是一个完整的段落，所叙述的是一个完整的动作或事件；从意义上讲，长镜头是相对于一般蒙太奇即镜头间蒙太奇而言的，也就是说，镜头间蒙太奇强调电影的表现力在于镜头之间的组接，而长镜头强调电影的表现力在于画面内容本身，这是两种不同的电影美学观。

1) 长镜头理论的发展和美学特征

1945 年，伴随着安德列·巴赞的"摄影影像的本体论"这一电影现实主义理论体系奠基性文章的发表，现实主义电影开始被系统而深入地加以探讨，与之相契合的拍摄方法或者说运作方式就是长镜头。

长镜头理论的系统化是在 20 世纪 50 年代。受意大利新现实主义电影运动的影响，同时也由于变焦距镜头和手提式摄影机的出现，多景别、多视角等手法被艺术家们广泛运用，长镜头理论也随之进一步发展。

长镜头理论是一种与传统的蒙太奇理论（即镜头间蒙太奇理论）相对立的电影美学流派，又是一种与唯美主义、技术主义相对立的写实主义理论。其特点是强调电影的照相本体属性和纪录功能，强调生活的真实性，贬低情节结构和镜头间蒙太奇组接等形式元素的作用。巴赞及其拥护者们宣称，以爱森斯坦为代表的传统的电影理论已过时，只有长镜头理论才是现代电影观念。巴赞认为长镜头可以避免严格限定观众的知觉过程，而是可以让观众更加注重事物的真实、常态和完整的动作，保证时间的进行受到尊重，让观众看到叙事空间的全貌和事物的实际联系。它不但可以大大减少蒙太奇组接的次数，而且对于开拓、研究镜头内部蒙太奇的艺术潜力具有重大作用。特别是对于需要连续表现的情绪、动作，一气呵成的画面以及连续介绍辽阔空间的画面，都有其特殊的艺术价值。巴赞认为长镜头表现的时空连续，是保证电影逼真的重要手段；（镜头间）蒙太奇把完整的时空、事件分解，很容易造成一种不真实——导演通过蒙太奇分解，加进自己的主观意识，不让观众加以选择——因此他主张取消（镜头间）蒙太奇。

巴赞把长镜头的美学意义绝对化，只强调真实，忽视了外部蒙太奇组接技巧的艺术本质。长镜头与（镜头间）蒙太奇本质上既不是"两种对立的理论、学说和流派"，也不是"两种影像语言"，它们皆属活动声像传播中影像内容的呈现方式。电影、电视创作的实践证明，蒙太奇和长镜头都是需要的，应互相补充、取长补短，共同发展：（镜头间）蒙太奇的叙事性决定了导演在电影艺术中的自我表现，而长镜头的纪录性决定了导演的自我消除；（镜头间）蒙太奇理论强调画面之外的人工技巧，而长镜头理论强调画面固有的原始力量；（镜头间）蒙太奇表现的是事物的单含义，具有鲜明性和强制性，而长镜头表现的是事物的多含义，它具有瞬间性与随意性；（镜头间）蒙太奇引导观众进行选择，而长镜头提示观众进行选择。（镜头间）蒙太奇始终使观众处于一种被动的地位，而长镜头理论则出于对观众心理真实感的关注，让观众可以"自由选择他们自己对事物和事件的解释"。

因此，虽然长镜头在表现事物的客观真实性方面很有优越性，但通过多次的（镜头间）蒙太奇的组接我们可以选取典型的、具有代表性的镜头，达到跨越时空、缩短无意义空间镜头和创造时空的作用，而不是简单地对客观的时间进程和空间事件加以复制。所以，如果过分强调长镜头的运用甚至完全取消（镜头间）蒙太奇，就过于偏激了。

2) "长镜头"的主要功能

从功能上来说，镜头间蒙太奇擅长省略、概括和虚构，而长镜头则擅长连贯、演示和纪实。

首先，长镜头不破坏事件发生、发展中空间与时间的连贯性，具有较强的时空真实感，观众面对长镜头可以自由地进行审美判断，发挥自己对影片中某一事物的思考和评价的主观能动性。长镜头作为一种艺术表现形态，在同一银幕画面内保持了空间、时间的连续性、统一性，能给人一种亲切感、真实感；在节奏上比较缓慢，故抒情气氛较浓。其最大的功能就在于逼真地记录现实——自然、生活和情绪。在影片中运用长镜头手法可以保持整体效果，保持剧情空间、时间的完整性和统一性；可以如实、完整地再现现实影像，增加影片的可信度。如发行于2004年的韩国导演朴赞旭的作品《老男孩》中，在公寓楼打架的那场戏一气呵成，摄影机就在楼道的一侧来回移动，像一双眼睛，观察着一切，因为没有分解打斗，虽然打斗动作不像多点剪辑那样刺激，但画面真实感增强，给人一种酣畅淋漓的感觉。又如在希腊导演希奥·安哲罗普洛斯的作品《尤利西斯的生命之旅》中，导演通过一个长镜头完成了近半个世纪的时光倒流，又通过一系列庆祝新年的长镜头完成了多年的时光荏苒，堪称经典。

其次，长镜头擅长渲染气氛、烘托人物情绪。比如，台湾导演侯孝贤是很擅长运用长镜头的导演之一，其作品《悲情城市》曾于 1989 年获第二十六届台湾电影金马奖最佳导演奖、最佳男主角奖（陈松勇），以及第四十六届威尼斯国际电影节金狮奖、联合国教科文组织人道精神奖。影片以台湾二·二八事件为历史背景，讲述了一家兄弟四人的遭遇和生活，其悲怆的情感流露于一些家庭生活琐事之中，人物之间的伤痛和豪情，于不经意间在时光流转中，无声地凋零成历史的隐痛。影片中长镜头随处可见，比如影片一开头就用了一个约 40 秒的长镜头，片头字幕结束后，观众看到的就是一个稍显肥胖的男人（大哥林文雄）在上香的中景，同期声则是从无线电中传来的日语广播以及林文雄的妻子分娩时痛苦的喊叫声。接下来镜头切近里屋，产婆引导林妻分娩。之后又是一个整整长达两分钟的长镜头：摄像机随着林文雄的走动从厅堂对准厨房，林催促阿雪烧水后，举着茶壶喝茶时突然来电灯亮。林文雄卷起灯罩后走出画面，镜头居然停留在空无一人的画面中达 35 秒！此时唯有微微摇曳的电灯泡以及背景声和字幕传达给观众一个信息：日本投降的这一天，林妻顺利产下一子。这个长镜头的含义可谓意味深长，它除了让我们非常真切、沉静地了解林家的基本情况、林文雄粗犷急躁的性格，还可以充分渲染出一种动荡不安而又压抑沉闷的气氛。

此外，不同方式拍摄的长镜头，其功能也各有特点：

(1) 全景长镜头以全景贯穿始终，排除景别变化，以保持一种客观的、不介入画面、游离于观众之外的态度。

(2) 景深长镜头在镜头内实现场面调度，可以保持影片在时间和空间上的完整统一。其作用在于：①能以一个单独的镜头表现完整的动作和事件，其含义不依赖于前后镜头；②强调镜头在时间上的连续性和大景深造成的完整的空间感，使观众在观赏时有相当的选择自由，并可以自由地对画面形象的某些或全部含义做出独立的判断和理解。景深长镜头最根本的特点在于镜头内纵深的场面调度产生的纪实性和现实主义风格。

(3) 运动长镜头可以通过摄影机的推拉摇移升降等运动，把镜头中的各种内部运动方式统一起来，在一个镜头里一样可以表现一个事件的局部，一样可以完成特写、近景和中景的景别变化，而且还显得自然流畅，又富有变化，既能表现环境、突出人物，同时也能给演员的表演带来充分的自由，有助于人物情绪的连贯，使重要的戏剧动作能完整而富有层次地表现出来。

3) 拍摄长镜头的基本要求

按照长镜头的原则构思拍摄影片，是一种旨在展现完整现实景象的电影风格和表现手法。拍摄长镜头的基本要求如下。

第一，避免严格限定观众的知觉过程，要注重揭示事物的常态和完整的动作，尽量使画面保持一种多义性。

第二，要保证事件的时间进程受到尊重，要能够让观众看到现实空间的全貌和事物的实际联系。

第三，要用连续的长时间拍摄再现现实事物的自然流程，使画面更具真实感。长镜头理论和表现技巧是构成影视艺术的一个部分，可以与镜头间蒙太奇的组接技巧互为补充。但是，也不能滥用长镜头，尤其是在故事片、音乐电视的创作中。在纪录片、教学片或者一些新闻片中可以适当运用长镜头，以表现一些真实客观的细节。

鉴于以上分析，现在为大家推荐几部长镜头运用比较成功的电影，可以作为大家日后学习的参考，如电影《俄罗斯方舟》、《大象》、《赎罪》、《400 击》、《沉睡》以及导演侯孝贤、贾樟柯、希区柯克、黑泽明等的作品。

5.4 案例分析

5.4.1 DV 作品《趟过五月的河》中的镜头语言运用分析

一、作品简介

DV 作品《趟过五月的河》（以下简称《五月》）是一部电视散文。电视散文是用画面来诠释文本散文的一种电视作品体裁，文本散文也就是我们通常所说的文学散文，一般简称散文，是大家非常熟悉的一种文学作品体裁。从广义上说，散文是与诗歌、小说、戏剧相并列的一种文体，从狭义上说，散文是一种自由、灵活，短小精悍，表现真人、真事、真实感情的文体。散文一般有叙事性散文、抒情性散文和议论性散文三种形式。电视散文创作的基本理念是，先要创作出一篇好的（文本）散文，然后再用画面去进一步诠释、渲染和拓展意境、思想。画面拍摄中色调、构图、取景、静止与运动等镜头语言基本表现手段的运用都要有助于散文意境的营造、情感的抒发、主题的表达和风格的表现。

在 DV 作品《五月》中，其文本散文的作者是导演自己，作者以青年女性特有的细腻、敏感、诗意的心灵，捕捉到了少女对五月这个嫩绿、崭新的季节所特有的款款情思——她们的迷茫与徘徊、留恋与奋进，是一部典型的抒情散文。

二、镜头语言运用分析

1. 营造宁静之美——画幅的处理、取景、构图手法以及固定镜头、长焦镜头的运用分析

如图 5.1—5.9 所示，《五月》的画幅被处理成遮幅效果，即画面高度被压缩。在影片放映的自始至终，画面左上方显示"电视散文"几个字，而画面右下角显示"趟过五月的河"几个字，这一手法时刻提醒观众对影片体裁与主题进行关注。同时，这种遮幅效果有利于保持画面取景的洁净，也很富视觉美感。《五月》的取景简洁、干净，通过长焦镜头的运用，在一个个美丽的背景上，多以近景或特写的景别来表现被摄主体。每一个画面几乎都没有多余的东西，充分展现出一种纯净、安静的美。如图 5.1~图 5.9 所示。

图 5.1

图 5.2

《五月》中，画面构图也是很协调很有美感的。主体在画面多处于黄金分割点上，画面没有被一分为二的那种呆板，同时，视觉中心的安排也很得体。如图5.2和图5.3所示，这两图中，导演运画面内部安排镜头组接，可以带给观众一种特殊的观赏美感——远看如诗，近看如梦。

此外，在《五月》中，镜头的拍摄多用固定镜头，较少用运动镜头，就是偶尔用几个运动镜头（如摇、跟）等，其运动的节奏也是柔和、舒缓的。在片中大量的固定镜头中，画框虽不动，但被摄主体一般都在动，比如开头和结尾两个小女孩荡秋千的画面（图5.4），以及结尾处那个晃动的秋千的空镜头（图5.5），再比如女主角的推窗遥望、漫步校园（图5.2、图5.3、图5.9），更有一些用被摄体的运动表现的细节，如图5.6和图5.7所示，一男生和一女生共乘一辆车，女孩随风飘动的发丝不断拂上男孩的面颊，恰如不断在男孩心中涌动的少年的情思……。固定的画框映衬着美丽的景和美丽的人，宁静而悠远，让人回味良久，充分刻画出了一种简单宁静而又多梦多情的心灵颤动。

图 5.3

图 5.4

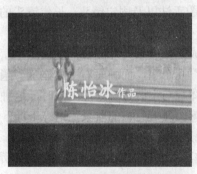

图 5.5

图 5.6

图 5.7

图 5.8

2. 渲染多梦的青春——色调的运用

如图 5.1~图 5.9 所示（详情请大家观看光盘中的作品），《五月》的色调以绿色为主，间或有一些回忆性的淡黄色调，这种象征生命的绿色充分表达出了青春少女在五月这个崭新的季节，对蓬勃生命和美丽爱情的感怀与体悟。

图 5.9

由上可知，一部影视作品其构图、取景、色调以及镜头的运用等到底该如何设计、如何把握，这主要取决于作品的体裁、内容和风格。创作是没有定法的，关键在于一切手法的运用都要有利于内容的表达、主题的揭示和风格的表现。

5.4.2 DV 作品《迷失》中蒙太奇手法的运用分析

一、作品简介

DV 作品《迷失》是一部对人性进行自我探索的作品：每个人在日常生活和人际交往中是不是都能真心相对？是否都摘下了面具？一个人怎样才能找回真实的自己而不至于迷失自我？作品的主人公是一名女大学生，名叫小敏，整部作品从小敏的一场恶梦开始——她梦到许多白色的面具，等她醒来，看到床头的台历和机票，似乎想起了什么，又似乎忘记了什么，于是她去室外散步，碰到了同学小旭，小旭以为她昨天就已经和男友乘飞机出国留学了，所以惊讶地问小敏为什么还没走？小敏好像忘记了一切，于是她顺着小旭提供的线索去找同学小贾，小贾的回答又和小旭所说不一致，小敏又顺着小贾提供的线索去找同学石头，石头的回答又和小贾所说不一致，而在小敏模糊的记忆中自己男友的表现似乎也有些异样，而她对自己究竟想不想出国也似乎搞不清楚了……后来，小敏好像看到许多带着面具的人，这些人中间居然也包括小敏自己……影片最后通过小敏的内心独白告诉观众——"在假面的世界里，我们迷失了自我，也许只有卸下面具，我们才能真正地享受阳光"！

二、蒙太奇手法运用分析

《迷失》在蒙太奇手法的运用上是比较成功的。由于是一部心理探索影片，所以导演选择了大量地运用镜头间蒙太奇，而没用长镜头即镜头内蒙太奇。下面我们就对其镜头间蒙太奇手法的运用加以分析。

1. 平行蒙太奇的运用

比如在作品 2 分 55 秒至 3 分 20 秒处的一组镜头，如图 5.10~图 5.17 所示。这组镜头中，图 5.10 的镜头所表现的是小敏恶梦醒来之后在楼下奔跑，接着是图 5.11 所示的另一个女孩（小旭）行走的镜头，之后，图 5.12~图 5.15 所示的 4 个镜头不断与图 5.11 所示的镜头穿插进行，便是用平行蒙太奇的手法表现小敏在楼下奔跑，同时，小旭在同一地点行走，最后，她俩擦肩而过后就都停了下来，开始互相打招呼（图 5.16 和图 5.17）。这便是一个简单而典型的用平行蒙太奇手法表现同一时间发生的两件事或两个动作的例子。

图 5.10   图 5.11

图 5.12   图 5.13

图 5.14   图 5.15

图 5.16   图 5.17

2. 连续蒙太奇的运用

连续蒙太奇是影视作品叙事的基本手法，虽然《迷失》是一部心理探索片，也少不了要以一定的叙事为基础。如影片 3 分 21 秒至 4 分零 8 秒处的一组镜头，如图 5.18~图 5.27 所示。这组镜头便是用连续蒙太奇的手法表现了这样一段事件发展的过程，即小旭告诉小敏她俩前天如何相遇的前前后后：小旭在花园里散步，看到迎面走来的小敏和刘涛（小敏的男友），便躲藏起来，直到小敏和刘涛走近后突然起身把他们吓唬一下，然后三个人开始攀谈（图 5.18~图 5.25），然后小贾到来（图 5.26）喊小敏，三个便说再见（图 5.27）。这便是连续性蒙太奇手法的卓越的叙事功能。

图 5.18

图 5.19

图 5.20

图 5.21

图 5.22

图 5.23

图 5.24

图 5.25

图 5.26

图 5.27

3. 复现和心理蒙太奇的运用

《迷失》中多处运用复现蒙太奇，比如小敏梦见的面具、不断出现的带着面具舞者跳舞的场面等。下面我们主要分析前者，如图 5.28~图 5.35 所示，这是作品 1 分 25 秒至 1 分 45 秒处的一组镜头的截图。

这组镜头将小敏躺在床上睡觉时不断翻动的、表情痛苦的镜头（图 5.28、图 5.30 和图 5.32）与不同角度拍摄下的白色面具的镜头（图 5.29、图 5.31、图 5.33 和图 5.34）反复交叉组接在一起，形成了镜头（白色面具）的复现，来表现小敏思想深处的挣扎，同时，更重要的，它也是一种典型的心理蒙太奇的运用，用这些不同角度拍摄的白色面具镜头的不断复现以及小敏在床上痛苦翻动的镜头来表现小敏潜意识中一直在思考的命题：人们都带着假面生活，这让她很痛苦。

图 5.28

图 5.29

146

图 5.30

图 5.31

图 5.32

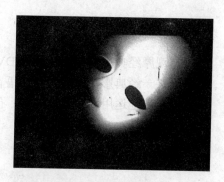

图 5.33

图 5.34

图 5.35

4. 隐喻式蒙太奇的运用

由于《迷失》的主题在于探索人的内心世界，所以，导演独具匠心地运用了两个隐喻式蒙太奇手法：一是白色面具，二是戴着面具的舞者在跳舞的场面（图 5.36）。正如前文所述，这两种蒙太奇属于复现和心理蒙太奇，同时我们这里认为这两种蒙太奇也都属于隐喻蒙太奇。因为无论是白色面具还是戴面具的舞者，都在隐隐地告诉观众：日常生活中人们是多么虚伪，都是戴着假面在交往的。可以说，正是这两个隐喻式蒙太奇的运用对作品整体氛围的渲染和主题的突现起到了重要作用。

可以说，《迷失》对蒙太奇手法的运用是比较娴熟的，从而为该作品整体表达效果的提升奠定了坚实的基础。所以；在具体的影视作品创作过程中，蒙太奇手法该如何设计，要根据多方面的因素，尤其要根据作品的体裁、主题、风格等因素来决定。

图 5.36

1. 课堂观摩经典影视作品和原创 DV 作品,讨论画面语言的构成、作用。
2. 分析某一经典影视作品的画面语言,体会作者蕴藏在画面语言后面的意图。
3. 能够很好地运用影视画面语言,创作一部 DV 作品。

第6章　多媒体设计的重要语汇之影视音乐音响

本章思维导图

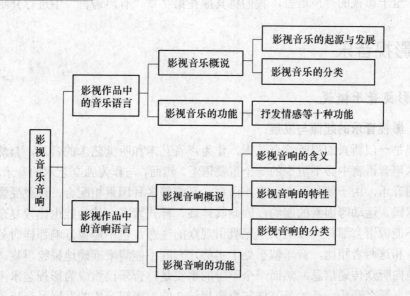

影视的声音诞生于 1927 年，那一年，美国的艾伦·克罗斯（Alan Crossland）拍摄了第一部有声电影《爵士歌王》，标志着电影由纯视觉艺术变为视听艺术。从此，"伟大的哑巴"开始说话了！然而《爵士歌王》中的声音只包含音乐和少量对白，所以也有人对此提出异议，认为第一部有声电影应该是 1929 年拍摄的《纽约之光》。刚刚开始的电影声音仍然需要同步录音，而且主要以对白和音乐为主，直到 1929 年，电影的声音才通过后期合成来制作。电影音频技术的发展非常快，20 世纪 50 年代的多声道声音制式、20 世纪 70 年代以后的环绕声系统及２０世纪８０年代末立体声的出现，以及现在的 5.1 声道输出，都使电影声音的表现力大大提高。所谓 5.1 声道就是使用 5 个喇叭和 1 个超低音扬声器来实现一种身临其境般听觉感受的音乐播放方式，它是由杜比公司开发的，

所以又叫做"杜比 5.1 声道"。5.1 声道系统采用左（L）、中（C）、右（R）、左后（LS）、右后（RS）五个方向输出声音，即前后左右都有喇叭，所以就会产生被音乐包围的真实感，从而使听众犹如身临音乐厅一般。

与电影不同，电视从诞生起便是视听艺术。但电视的声音一直受到屏幕大小的限制，从而长时间停滞于单声道模式，直到数字电视出现，才开始以 5.1 声道的模式输出。现在，"影视艺术是画面艺术"的言论已难以成立，电影声音语言的专业化制作、电视屏幕上不断涌现的音乐节目及电影故事片和电视连续剧有声语言的精心设计，无不彰显着声音语言在影视艺术中的独特魅力。声音的参与为影视艺术的发展提供了更大的空间，它使形态各异的影视节目的创作成为可能，并丰富了蒙太奇的组接方式，增加了影视艺术的表现力，为观众提供了更加真实的视听感受。可以说，声音已经成为影视艺术创作的重要组成部分。

影视的声音语言可以分为有声语言、音乐语言和音响语言三个部分。有声语言能快速准确地描述事物，具有"语义明确性"；音乐语言擅于表现抽象的事物和抒发情感，具有强烈的表情性和高度的概括性；音响语言则可以拓展空间，给人无限的真实感。三者相互结合，与画面语言一起共同完成影视作品的艺术表达。本章重点介绍影视的音乐音响语言，至于影视的有声语言，我们将其放在第 7 章"有声语言"中进行介绍。

6.1　影视音乐

6.1.1　影视音乐概说

一、影视音乐的起源与发展

影视是一门新兴的视听综合艺术，作为声音艺术和听觉艺术的音乐，自然也就成了影视艺术声音语言中必不可少的一个重要语汇。然而，与作为独立艺术的音乐不同的是，影视中的音乐，由于要与画面、有声语言、音响等多种因素相配合，还要受影视特有的蒙太奇剪辑、运动等因素的制约，因此其体裁、样式繁多，其功能也比较复杂。影视音乐常常不能像语言那样可以从头至尾吸引观众的注意，也不能像音响那样时刻与画面保持同步，和这两者相比，音乐似乎处于劣势，它既不能清晰准确地描绘事物，也不能快速直观地向听众传递信息，然而一个不争的事实是，音乐已然成为影视艺术不可或缺的重要元素。那么音乐一开始是怎样与影视相结合的？影视音乐的发展又经历了一个怎样的过程呢？据说电影在刚刚诞生的时候，为了弥补"无声"给观众造成的感官上的不适应（既没有对白也没有音效，这有悖于我们的日常生活经验，会让观众觉得很不舒服），便常常在电影放映时用一个隐藏在幕后的乐队进行现场演奏来为影片"配乐"。最初的电影音乐主要是观众爱听的流行音乐，音乐伴奏显得非常随意，经常会出现现场伴奏的音乐情绪与画面的气氛、内容等不相吻合的情况。为了改变这种画面与音乐脱节的现象，电影公司聘请了一些音乐家专门创作和汇编适合各种情绪、情节的音乐片段，并出版了各种电影伴奏乐谱集。如意大利作曲家朱塞佩·贝切编辑的《电影用曲汇编》、《电影音乐手册》等，对音乐进行了分门别类，如进行曲、抒情曲、小夜曲等，然后根据情绪又标明是写景的、抒情的、雄壮的或悲伤的，甚至更为详细地标明如强烈的激动、温柔的爱、哀悼、失望等，以此提供给乐师在为电影伴奏时根据影片不同的内容、情景和情绪选择相应的音乐。于是电影音乐伴奏发展到使用固定的乐谱，音乐和影片的内容也相互协调起来，这使无声电影音乐有了一大进步。

然而从《电影用曲汇编》等书籍中选出的曲子常常会出现同一乐曲为表现同一情绪、相同情景而在不同影片中反复出现的情况。如当时舒伯特的《未完成交响乐》常被用来表现明快、流畅和热烈的情绪，贝多芬的一些序曲常被用来表现大树倾倒、逃跑的场面。由于电影的影响越来越大，观众对音乐的运用越来越讲究，于是许多作曲家开始为无声电影专门谱曲，后来除了使用现成的乐曲配乐外，还出现了作曲家专门针对影片，根据其主题、人物、情节而专门创作谱曲。据史料记载最早为电影谱曲是在 1908 年，这一年，法国著名作曲家圣桑（Camille Saint Saens）为法国影片《吉斯公爵的被刺》创作了音乐，这应该是最早的电影原创音乐。

1913 年，意大利作曲家朱塞佩·贝切为影片《理查·瓦格纳》创作了音乐。1915 年，音乐家 J. C. 布里尔为美国格里菲斯导演的影片《一个国家的诞生》创作了音乐。特别是进入 20 世纪 20 年代后，大量的作曲家尝试为电影谱曲，如法国作曲家亨利·拉博为影片《狼的奇迹》谱曲，莆洛兰·舒米特为影片《萨兰波》谱曲，埃立克·萨蒂为影片《幕间休息》谱曲，瑞士作曲家阿瑟·奥米格为影片《车轮》、《拿破仑》谱曲，美国作曲家乔治·安泰尔为影片《机器舞蹈》谱曲，德国作曲家爱蒙德·门泽尔为爱森斯坦的《战舰波将金号》谱曲等，这些作曲家为电影音乐作出了开创性的贡献。

20 世纪 20 年代末期，音乐已被当做电影中的一个重要因素，而不仅仅被看做是画面的陪衬。这时比较成功的电影音乐是由作曲家弗里德里克·霍兰德尔为德国影片作曲的《蓝色天使》和卡罗尔·拉塔乌斯作曲的《卡拉马佐夫兄弟》。

20 世纪 30 年代，电影音乐进入成长期，特别是 20 世纪 30 年代中期以后，随着世界上一些著名音乐家加盟电影音乐创作行列，电影音乐的创作水平有了明显提高，因此也崛起了一批著名的配乐大师。如美国电影音乐先驱作曲家马克斯·斯坦那，1931 年为大卫·塞尔兹尼克导演的影片《六百万交响曲》作曲初试成功，这给了他极大的鼓舞和信心。

在此之后，他曾为三百多部电影创作音乐，包括《乱世佳人》、《心声泪影》这样的佳作，旋律美妙感人，被公认为是配乐大师。

进入 20 世纪 40 年代，越来越多的著名音乐家加入到电影音乐创作行列中。1940 年，好莱坞严肃作曲家勃纳德·赫尔曼为奥逊·威尔斯导演的影片《公民凯恩》作曲，其所作音乐大受好评。同年，美国米高梅影片公司出品《魂断蓝桥》的音乐，获得全国人民的喜欢。1943 年、1944 年苏联音乐大师普罗科菲耶夫为电影艺术大师艾森斯坦威导演的著名影片《伊凡雷帝》作曲，其中采用优美的摇篮曲旋律配沙皇伊凡痛心处死企图谋反的亲生儿子的画面，成为电影音乐"音画对立"的早期范例。1948 年，英国著名作曲家布莱恩·伊斯代尔为英国影片《红菱艳》成功地创作了音乐，并因此荣获第 21 届奥斯卡音乐奖。

20 世纪 50 年代以后，电影音乐有了更完善的发展，显得更加成熟。这一时期的音乐不仅对影片起说明、解释、加强气氛、烘托情绪的作用，而且还在刻画人物、剧作结构以及蒙太奇运用等方面发挥着作用。同时，许多歌曲和音乐作品通过银幕广泛流传。20 世纪 50 年代后，爵士乐开始进入电影音乐领域，这也标志着电影音乐有了一个新的发展。爵士音乐在电影音乐应用中比较好的例子有 1951 年阿列克斯·洛斯谱曲的好莱坞影片《欲望号街车》，以及 1954 年、1955 年由莱奥纳德·罗蒙曼谱曲的影片《伊甸园的东方》、《无辜的反叛》等。

进入 20 世纪 60 年代以后，电影音乐进入了一个新的历史阶段。电视业的崛起，打破了电影音乐一统天下的局面，电影受到日益增强的挑战。电影音乐也由专用大型管弦乐队的配乐逐渐转向由电子合成器和流行乐队演奏的配乐，电影音乐的体裁形式更为丰富。随着录音技术的发展，录音器材的灵敏度、精密度的提高以及立体声的运用，电影音乐越来越美妙听动，欣赏电影音乐已成为一种美好的艺术享受。

我国的电影音乐始于 1905 年的北京，以任庆泰拍摄的舞台戏曲片《定军山》为标志。20 世纪 30 年代，我国也产生了不少知名的导演和作曲家，如聂耳就为进步电影创作了许多优秀歌曲——1933 年为田汉的影片《母性之光》谱写了《开矿歌》，开创了我国 20 世纪 30 年代革命电影歌曲的先声；1934 年为袁牧之的影片《桃李劫》谱写了主题歌《毕业歌》；1935 年为影片《大路》创作主题歌《大路歌》、插曲《开路先锋》，为影片《飞花村》创作主题歌《飞花歌》、插曲《牧羊女》，为影片《新女性》创作主题歌《新女性》，为影片《逃亡》创作插曲《自卫歌》、《塞外村女》，为影片《风云儿女》创作主题曲《义勇军进行曲》、插曲《铁蹄下的歌女》。其中《义勇军进行曲》标志着聂耳在电影歌曲方面的最高成就。这一时期曾经参与过电影音乐创作的作曲家还有冼星海、任光、贺绿汀、吕骥、张曙、黄自、江定仙、沙梅等，他们对中国电影音乐的发展有着深远的影响。

进入 20 世纪 50 年代，我国电影歌曲创作空前活跃。许多电影歌曲都曾广为流传，如影片《上甘岭》主题歌《我的祖国》、《洪湖赤卫队》插曲《洪湖水，浪打浪》、《红日》插曲《谁不说俺家乡好》、《冰山上的来客》插曲《冰山上的雪莲》与《花儿为什么这样红》、《铁道游击队》插曲《弹起我心爱的土琵琶》等。

20 世纪 70 年代末至 90 年代初，新的写作技法给电影音乐创作注入了一股清新的空气。这一时期出现了不少优秀的作品，一大批电影在国际电影节获奖，电影音乐在国际上的获奖也因此打破了零的纪录。如 1979 年，著名作曲家王酩为张铮、黄健中导演的影片《小花》创作的音乐，以其清新的风格和亲切柔美的旋律，深受人们的喜爱，同时也荣获了《大众电影》百花奖的最佳音乐奖。著名电影作曲家赵季平从 1984 年第一次为陈凯歌导演的影片《黄土地》作曲开始，先后为影片《红高粱》、《菊豆》、《大红灯笼高高挂》、《秋菊打官司》、《霸王别姬》等影片作曲，其中《红高粱》中的《妹妹你大胆地往前走》、《酒神曲》曾风靡全国，广为传唱，荣获第八届中国电影金鸡奖最佳音乐奖。李树宝为纪录片《九寨沟梦幻曲》谱写的音乐，采用了十八音体系，也是效果非凡，该片荣获 1985 年在波兰举行的克拉科夫国际短片电影节铜龙作曲奖，这是我国电影音乐在国际性电影节上首次获得的音乐单项大奖。1990 年赵季平为中国台湾故事片《五个女子和一根绳子》谱写的音乐，荣获法国南特国际电影节最佳音乐奖。

电视和电影是姊妹艺术，电视音乐很多方面也是"师从"于电影的，尤其电视音乐中的电视剧音乐与电影音乐基本相同。20 世纪 70 年代末至 21 世纪初，中国的电视剧开始发展繁荣，电视剧音乐也不例外，几乎每部电视剧都有主题歌或主题曲、插曲。一些曾经的电影作曲家也加入到电视音乐的创作中。如黄准为最早的电视剧《蹉跎岁月》创作了主题歌《一支难忘的歌》，王立平为专题片《哈尔滨之夏》创作了《太阳岛上》，为电视剧《红楼梦》创作主题歌《枉凝眉》和系列插曲《好了歌》、《红豆词》、《题帕三绝》等，赵季平先生也为很多优秀的电视剧如《水浒传》、《笑傲江湖》等创作了音乐。

影视声音的发展离不开技术的支持，数字技术的发展和计算机的广泛应用为影视音乐的创作插上了梦想的翅膀，使用 MIDI 技术创作影视音乐已成为业界共识，MIDI 技术可以节约大量的人力和物力，同时，它还为作曲家们提供了极大的创作空间。如今的影视音乐更加丰富多彩了——电影音乐、电视剧音乐、专题片音乐、音乐电视、广告音乐、标志音乐、专题音乐节目等在荧屏上比比皆是，与精彩的画面一起给观众以莫大的视听享受。

二、影视音乐的分类

从音乐是否专为影视节目创作的角度可以将影视音乐分为原创音乐和非原创音乐；从音乐是否处于影视叙事时空内部可以将影视音乐分为有源音乐和无源音乐；从音乐在整部影视作品中地位的主与次，可以将影视音乐分为音乐节目和节目音乐。下面，我们重点介绍第三个分类方法。

1. 音乐节目

音乐节目是指以音乐艺术（作品）作为主要传播内容的节目形式。在这类节目中，音乐为主，音响、有声语言和画面等其他要素都是为音乐作品的传播服务的。

音乐节目最显著的特点在于，它将音乐作为节目的中心，音乐决定着画面及其他声音语言的运用，如决定着剧本创作、画面内容的选择拍摄、蒙太奇剪辑手法、节奏的营造等，也就是说，这类节目中的其他元素都要服务于音乐，从而使音乐作品可以得到完整、集中的表现与传播。在音乐节目中，音乐作品往往以完整的形态出现，而不像在影视剧或纪录片中那样常常以一种断断续续、时有时无、支离破碎的形式展开。

根据节目的存在样式，可以将音乐节目分为现场直播、音乐专题节目和 MV 三种类型：

1) 现场直播

现场直播的音乐节目是指电视实况直播音乐作品的演出过程，观众可以即时看到现场环境和音乐表演。这种音乐节目最大限度地保留了音乐本身的完整性，给观众身临其境的感受。如 CCTV 的《同一首歌》、《中华情》。这种节目类型要求导演具有一定的音乐修养和拍摄技术，不仅要考虑镜头的运动方式，还要注意切换的选择，主要是切换技巧和切换点的选择。音乐作品虽然具有明显的段落，然而生硬的画面剪辑依然会造成一部音乐作品连续性及完整感的破坏，从而引发观众感官上的不适应。

2) 音乐专题节目

音乐专题节目是指从不同的角度对音乐进行划分而形成的具有一定主题的音乐节目。按照西方音乐发展的历史时期，可以将音乐分为巴洛克时期、古典时期、浪漫时期、现代音乐时期等。按照不同的声乐题材，又可以将音乐分为颂歌、叙事歌曲、群众歌曲、组歌及合唱等。音乐与其他艺术结合产生的不同类型的音乐形式也可以作为分类的依据，如 CCTV 音乐频道播出的《音乐·故事》将音乐与文学相结合，讲述古今中外关于音乐的故事，包括音乐家的成长经历、经典名作的创作过程及台前幕后的花絮等；《影视留声机》是音乐与影视艺术的结合，专门播放影片中让人难忘的美妙音乐，并加入专业乐评，让观众更加深入地理解影视剧音乐，如：主题曲、插曲、片尾曲等。

音乐专题节目的选材广泛，灵活多样，是一个可以深度挖掘的音乐节目形式。同时，音乐专题节目可以对音乐的创作过程、作曲家的背景及音乐本身进行全面系统的介绍，更适合普通观众接受。

3) MV

MV即Music Video，原意指"音乐录像带"，中国大陆一直称其为"MTV"即"音乐电视"（Music Television），这是有其历史原因的——我国20世纪90年代引进的MV节目大部分源自美国的"音乐电视频道"，该频道成立于1981年，每天24小时不间断播放音乐和广告，由于节目大量采用通俗歌曲（主要是摇滚歌曲），结构新颖，很快就获得了数千万的观众，尤其是青年观众。后来，英国、法国、日本等国也相继效仿，并在播放音乐的同时插入精美的画面，将视觉与听觉结合起来形成新的艺术形式，这就是MV的原型。所以，MTV是一个品牌概念，而MV则是指具体的作品。MV的制作原本是为了推行歌手的专辑，但其绚丽的视觉效果，画面与音乐之间的巨大张力和富有节奏感的运动形式深得广大观众的喜爱。作为一种新的音乐艺术的传播形式，MV具有广阔的发展前景。

2. 节目音乐

节目音乐是存在于影视剧、专题片、电视广告、天气预报等节目中的音乐，以及电视栏目、频道等的标志音乐。音乐在以上影视作品中不再是主要的表现形式，而只是整个影视作品诸多构成元素中的一部分，与其他元素一起完成影视作品的创作。根据不同的节目形态，可以将节目音乐分为标志音乐、广告音乐、专题片音乐和影视剧音乐四种类型：

1) 标志音乐

标志音乐主要用于频道及栏目包装，一般与视觉形式的台标或栏目标志同时出现。标志音乐可以是器乐演奏的乐曲，也可以是一首完整的歌曲或歌曲的一个段落。标志音乐具有独特性、相对稳定性、精练性等特点。标志音乐的独特性是指音乐的选择、创作与运用要善于表现不同频道、栏目和节目的内容定位和风格特征。例如：CCTV—11为戏曲频道，该频道制作的片花大都选择中国传统戏曲的经典唱段作为背景音乐，不仅紧密贴合频道的主题定位，更达到了吸引戏迷注意的效果。另外，有些卫视频道也会选用具有地方特色的频道音乐，如浙江卫视曾使用水墨画与江南丝竹相配合的片花。

标志音乐的相对稳定性是指标志音乐一般是长时间存在的，不会轻易更换。顾名思义，标志音乐就是具有标识作用的音乐，它是一个频道、一个栏目或节目的名片，观众可以根据音乐判断这是什么节目，是节目的开始还是结束。假如频繁地更换标志音乐就会使观众对节目的印象减弱。例如：央视《新闻联播》的片头曲，虽然片头画面有过几次变动，但这首片头曲一直没有改变。

标志音乐的精练性是指标志音乐一般都短而精，大多是15秒至30秒，长的也只有2分钟左右。这就要求音乐在短时间内表现出节目的风格与定位等特色，还要通俗易懂、经久耐听。例如：CCTV新闻频道推出的片花大都短小精悍，其中的"点阵篇"仅为10秒，画面以黄色、黑色和白色为主，通过不同图形的组合引出台标，音乐的鼓点配合图形之间的切换，简单明了，节奏鲜明，符合新闻报道简明、快捷的风格。

2) 广告音乐

随着电视事业的快速发展，更多的企业选择在电视上投放广告。优秀的电视广告不仅要有独特的创意、经典的广告语和精致的画面，还应具有让人难忘的音乐，以加深观众的印象。电视广告音乐有三种常见的形式：

第一种形式是用音乐代替语言宣传的"喧叙调"或"叫卖调"，即以商品品牌的名称为歌词而配以简单的音调，用以强调品牌名称，引起观众的注意和加深记忆。例如：娃哈哈的广告便给"娃哈哈"三个字配上"1 3｜6 0｜"这样简单上扬的音调，让人听了清新明朗而富于朝气，并牢牢地记住了"娃哈哈"这个品牌；而汇源果汁的广告也同样是为"汇源果汁"四个字配上"2 1｜2 3｜"这样上扬的音调，也起到了引发观众对汇源果汁这一品牌的好感和加深观众记忆的作用。此类例子还有很多，同学们在看电视时不妨多多留心。

第二种形式是"名曲效应"，即利用在群众中广为流传的中外名曲或影视剧作品的主题音乐片段来为广告片配乐，把名曲和产品联系在一起，把喜爱并熟悉名曲的人群吸引过来，既缩短了观众和产品的距离，又使产品借名曲的光彩增色，提高了产品的知名度。例如：在"2002年首届CCTV《AD盛典》"中，荣获"观众最喜爱的广告"评选二等奖的三条广告作品分别是：名列第四的"康师傅冰红茶·骑车篇"、名列第三的"娃哈哈纯净水·引力篇"和名列第二的"中国移动通信·牵手篇"。这三条广告的音乐创意都不约而同采用了"名曲效应"的形式，前两条分别以任贤齐、王力宏演唱他们自己歌曲的形式来表现广告主题，明星、名人加上年轻人熟悉的流行歌曲，对相应的商品起到了非常好的宣传效果。而名列第二的"中国移动通信·牵手篇"中所用的音乐就是名副其实的"名曲效应"了——以童声演唱贝多芬第九交响曲中"欢乐颂"主题的形式展开，使中国移动的全球化发展定位更加明显、深得人心。

第三种形式是"声画统一，突出产品形象"，即根据广告的画面设计，配以和产品品牌形象、风格、情绪、气氛相一致的音乐，作为画面的补充，从视听两个方面加深观众印象，从而产生更强的冲击力。例如：在"2002年首届CCTV《AD盛典》"中，荣获"观众最喜爱的广告"评选一等奖的广告作品"金龙鱼食用油·万家灯火篇"，其具有亲和力的歌词"快回家，快回家！一颗心，一颗心，不要再流浪！黑夜里人们快回家，遇见什么都不怕！亲爱的爸爸妈妈在等我，等我快回家！"非常符合所宣传的产品"食用油"之"生活性、日用性、家庭性"等特点，其童声演唱的旋律亲切温馨，很有感召力。

$$3\underline{3}2\underline{3}\underline{3}2\ |\ 3\ 6\ 5\ -\ |\ 1\ 1\underline{7}1\underline{7}\ |\ 1\ 3\ 2\ -\ |\ 3\underline{3}2\underline{3}\underline{3}2\ |\ 3\ 6\ 7\ -\ |$$

$$\underline{\dot{1}\ 7\ 6\ 5}\ \underline{6\ 5\ 3\ 1}\ |\ 2\ -\ -\ \underline{0\ 1}\ |\ \dot{1}.\ \underline{\dot{1}\ 7\ 6\ 5\ 4}\ |\ 5.\ \underline{2\ 3\ 1}\ -\ |\ 6.\ \underline{6\ 5\ 7}\ |\ \dot{1}\ -\ -\ \|$$

3) 专题片音乐

专题片以客观的叙述和表意为主，戏剧冲突并不常见，所以其音乐的选择、创作与编配都应该以客观性音乐为主，音乐的量也不可太大。当然，那些以音乐人物或音乐题材为主要内容的专题片除外。专题片音乐常常采用选择和改编现有音乐资料的方法完成制作，其优点是省时省力、节约资金，缺点是不能完全切合主题、局限性大。所以，也有一些大型的电视专题片会聘请专门的作曲家来创作音乐。例如：《故宫》的音乐由神思者创作，他将日本空灵曲风与中国传统色彩音乐理念融合在一起，并加入电子合成音效，用音乐语言诠释了中华民族悠久灿烂的文化。再比如：《丝绸之路》的音乐由喜多郎制作，受到了国内外观众的广好评。

要注意的是，专题片的音乐应符合"清、淡、薄"的要求，要防止音乐与音响、解说词、同期声语言之间的相互干扰，也就是说，音乐旋律要清晰，配器要清淡，和声不可太厚重，篇幅不可太大，还要注意音乐入点、出点的精确选择和音量的变化设计。

4）影视剧音乐

影视剧中的音乐可以同画面、语言、音响一起作为一个戏剧元素出现，可以参与剧情，推动剧情发展，而不是可有可无的填充物。音乐与画面的关系是音画并重、声情并茂。

电影和电视剧都是以故事发展、人物刻画和场景渲染为主要内容的艺术，两者具有许多共通之处，但由于两者在结构上的不同，其音乐运用又有着细微的差别。电视剧音乐往往在多集的连播中存在连续性和发展性，会出现多个层次和主题，然而在创作上电视剧音乐一般又不如电影音乐精致，这是经济条件和视听设备的双重限制造成的。

（1）电影音乐。

音乐在电影中一般具有很强的感染力，作曲家会根据电影的风格、主题、内容等来创作音乐。他首先要考虑导演的风格、剧情的发展和人物的性格特征，还要考虑节奏的控制及各段音乐之间的关系。所以，音乐在电影中常常表现为"他律性"，即音乐自身的表情性、时代性、地域性都是为电影的主题表达、情绪渲染和情节提示等服务的。

概括起来，电影音乐具有受制约性、片段性和内涵性。

电影音乐的受制约性是指其创作和欣赏都要以电影中的其他元素为基础，而不能单一地以音乐为指向。

电影音乐的片段性是指它在影片中的出现常常是间歇的、不连续的，呈散状分布。一首完整的歌曲可能会伴随主人公的出场、镜头的中止戛然而止，一些配乐也只是以音乐段落的形式出现，有时候也许只呈现了几十秒的主旋律部分，但观众并不会觉得突兀，反而会觉得很自然，这是因为此时观众的注意力已完全被剧情和画面所占据。

电影音乐的内涵性是指电影音乐具有高度的概括性，能够引起观众最直接的情感体验。例如：获我国第一届电视电影"百合奖"的作品《王勃之死》，其音乐的运用就非常到位。剧中当王勃在滕王阁里创作千古名篇《滕王阁序》时，一开始的音乐是琵琶和鼓的配合，鼓声低沉且富有节奏感，而琵琶弹奏的不断重复的上滑音调，都充分地表现了在座的各位文人墨客对王勃的怀疑，以及当时现场气氛的尴尬。随着时间的推移，《滕王阁序》即将成型，主持当日"诗文之会"的"阎都督"赞叹不已，连那个向"阎都督"不断汇报消息的小书童也激动地跑掉了鞋子。此时，琵琶的节奏便不再杂乱无序，而是随着鼓声一起渐入佳境，伴有人声的主旋律意境悠远。随着象征"孤鹜"的鸟鸣声的出现，王勃灵感乍现，思如泉涌，写下了千古绝句"落霞与孤鹜齐飞，秋水共长天一色"，现场气氛达到高潮，整部电影也达到了高潮。

（2）电视剧音乐。

电视剧音乐包括主题音乐、插曲、场景音乐等，对整部电视剧起重要作用。一首歌

156

曲可以作为电视剧的主题歌，也可以作为插曲出现。电视剧中的主题音乐和场景音乐也可以是主题歌的旋律。电视剧音乐的各个组成部分相互交织，连接紧密，但又具有各自不同的特征和作用。

① 主题音乐。

主题音乐可以是主题歌，也可以是主题曲。主题歌是指对全片起提示、概括、总结作用的歌曲，它可以是人声演唱的带有歌词的音乐，可以是独唱或多人合唱，有时也可以是没有乐器伴奏的。而主题曲是指"以器乐形式出现，表达电视剧主题思想、刻画电视剧人物形象，并贯穿电视剧始终的音乐形式"，是不带歌词的纯音乐，这就是主题歌和主题曲的区别。一般来说，相比主题曲，主题歌因为有歌词，在表现主题方面更加鲜明，所以在电视剧中用得更多。

电视剧的主题歌常常是最为观众所熟悉的影视音乐形式。例如：1987 年摄制的电视剧《便衣警察》的主题歌《少年壮志不言愁》，抒发了人民警察舍身忘我、保家卫国、无私奉献的伟大精神，刘欢高亢豪迈的歌声和真挚朴实的歌词生动地刻画了主人公的崇高形象；电视剧《红楼梦》的主题歌《枉凝眉》是整部电视剧爱情主题的再现，这首歌曲以曹雪芹的原文为歌词，我国著名作曲家王立平作曲，通过陈力深情款款的歌唱，非常到位地演绎了宝玉和黛玉之间凄美的爱情。近年来优秀的电视剧主题歌也是层出不穷，如电视剧《康熙王朝》的主题歌《向天再借五百年》，气势恢宏，饱含沧桑；电视剧《闯关东》的主题歌《家园》由三部分组成，旋律舒展，委婉动听，歌曲的第二部分把刘欢的 RAP 和宋祖英演唱的《摇篮曲》叠加在一起，民族风情与现代流行交错呈现，新颖别致，从歌曲中渗透出剧中人物对故土深深的眷恋。主题歌可以设在片头或片尾，也可以出现在电视剧中间。

根据剧情的需要，可将电视剧主题音乐分为单一主题音乐和多主题音乐。单一主题音乐，顾名思义，就是指整部电视剧通过一首主题音乐串联，给人前后一致的感觉。单一主题音乐在剧中常常通过多种方式的变化演奏满足不同场景、气氛的需要。例如：在电视剧《花非花》中，小提琴演奏的主题音乐，其旋律以缓缓的"二度级进"以及主要音乐动机的不断反复与"模进"展开，用那叹息似的音调表达了一种深沉而忧郁的情感。其歌词是白居易的名句"花非花，雾非雾，夜半来，天明去，来如春梦几多时，去似朝云无觅处"。歌词与旋律的出色配合，绝好地表现了该电视剧对人类心理问题的探寻。这个主题音乐还在剧中多次变奏出现，用来抒发具体情境中人物的情感。

6 · 7 1̇ 2̇ | 6 · 7 1̇ 3̇ | 6 · 7 1̇ 2̇ | 5 3 2 - | 0 5 3 2 1 |
花　非　花，　雾非　雾，　夜半来　天明去，　来如春

6̣ · 6̣ 4 3 | 2 - - | 0 5 3 2 1 | 6̣ · 6̣ 5 | 6̣ - - ‖
梦　不多　时，　去似朝　云　无觅　处。

一般而言，由于电视剧的情节跌宕起伏，人物性格丰富多样，所以，多主题音乐更能满足电视剧的需要。例如：电视剧《红楼梦》中出现的主题音乐，有对全剧起概括统率作用的，如《枉凝眉》；有对人物的描述，如《晴雯歌》、《叹香菱》；也有对情节的交代，如《葬花吟》、《分骨肉》；还有对命运的感叹，如《好了歌》、《红豆曲》、《聪明累》、

《秋窗风雨夕》等。

② 插曲。

电视剧插曲是指穿插在电视剧中的与剧情发展紧密联系的所有歌曲或乐曲。插曲的使用要十分谨慎，因为它会产生隔离感，破坏剧集的完整性，出现次数不宜过多。插曲使用得当，会对剧情产生推动作用，增加局部的感情色彩。相比于主题歌，插曲更加自由，但要求短小精悍，优秀的插曲也会随着电视剧的播放不胫而走，在社会上广为传唱。例如：电视剧《西游记》中的《他多想是棵小草》、《五百年桑田沧海》、《何必西天万里遥》、《天竺少女》等，都是广受观众喜爱的经典歌曲。

③ 场景音乐。

场景音乐与主题音乐的区别在于不再承担表现主题的任务，它是在某一具体场景使用的，其主要功能是用来烘托环境气氛。场景音乐可以是主题歌或插曲的变奏，也可以是专门创作的音乐。例如：电视剧《大宅门》第一集，白景琦出生便只笑不哭，而且越是打他，他笑得越开心，在老太爷为孩子题字起名时响起了锣鼓经《四击头》，富有气势的鼓点，预示着重要人物即将登场。同样，在白景琦出生的段落，三弦奏出京味十足的场景音乐，该音乐不承担实质性的叙事内容，但在此却暗示了人物所处的环境。

6.1.2 影视音乐的功能

一、刻画人物形象

在影视艺术中，由于画面往往已经提供了人物的具体外形，因此，音乐刻画形象更着重于人物的精神和气质。例如在《王勃之死》中，描写被贬宫女落霞形象的主题音乐就运用得非常得体——在一阵清新、明快的古筝刮奏的引子后，引出了一段竹笛演奏的欣喜、优美的音乐，其旋律非常明朗抒情，恰似春风扑面、温暖明快，与画面中落霞那一袭白衣、正在"天女散花"般地抛撒"纸花"的样子结合起来，完整地刻画了落霞的美丽形象。此外，影片中刻画王勃形象的音乐也是非常到位，它出现在王勃欣然接受沛王所赠宝马而纵马恣意驰骋的场景中，其旋律是上扬的、高亢的、明亮的，充分刻画出少年得志的王勃那春风得意马蹄疾、恃才傲物、年少轻狂的形象。

6.   5 4 3.   5 2 3 | 1.   2 1 6 1 2 2.   3 5   3 5 |

6.   1 5 4 3 5 2. 3 | 5.   6 3 5 2   1 7 6 | 4 3 2 5 5 7 6 - | ······

二、抒发人物情感

音乐是最擅长抒情的艺术，音乐与情感在其抽象本质上是非常接近的，两者都是一种看不见摸不着的、随着时间变化的量。音乐对感情的表述是直接的，音乐既能表达感情的内容也能表达感情的强度，它比起诗歌、美术等艺术形式，更能细致入微地表达人们的情感——乐音随着时间做高低、长短、强弱等变化的过程就恰似人的情感的呈现过程。在影视艺术中，当人物内心的情感难以用语言和画面进行深刻表达时，便是使用音乐的最好时机。在许多影视作品当中，我们都能看到这样的场景，主人公的某一种情感发展到高潮时，常常是默默无语的，只有音乐在诉说，在蔓延。例如：我国电视剧《西游记》中孙悟空被压在五行山下那一集中，用插曲《他多想是棵小草》来抒发孙悟空当时无比悲凉的心境，其哀婉的旋律，再配上这样的歌词——他多想是棵小草，染绿那荒郊野外；他多想是只飞燕，闯翻那滔滔云海。哪怕是野火焚烧，哪怕是雷轰电闪，也落个逍遥自在，也落个欢喜爽快！——不禁让观众无比惋惜和感叹：那样一个叱咤风云的齐天大圣，毕竟还是逃不出如来佛的手掌心啊！

三、渲染气氛

气氛是在一定环境中，给人某种强烈感觉的精神表现或景象，它是人们在某种特定的环境中从事某项活动而产生的强烈感情之外露，是情绪的概括。气氛音乐往往具有鲜明的个性，主要以它的节奏发挥作用。如我国著名作曲家李焕之的《春节序曲》，其前一段音乐主题就是典型的气氛音乐，中段则是抒情的段落。

影视音乐渲染气氛的功能就是运用声画统一的原则，为画面配上与之气氛、情绪相同的音乐，使画面所展现的气氛得以强调，增加画面的感染力度。例如在为庆祝新中国成立 60 周年而拍摄的大片《建国大业》中，影片开始的场景是这样的：中共领导们乘坐的飞机正飞往重庆，机舱内毛泽东、周恩来等同志表情严肃、凝重，此时伴随的音乐是一段情感沉重的弦乐，其节奏悠长，其旋律深沉，充分渲染出重庆谈判即将到来前中国共产党人对祖国命运的担忧与深沉思索——这一去，谈判能否取得如我党所愿的结果？能否避免内战从而不要使中国人民于抗战后再次陷于战争的泥淖？此音乐一直持续到飞机降落并持续到共产党代表步入国民党欢迎酒会现场，然后才切换成酒会现场演奏的轻松优雅的弦乐，这种轻松优雅的音乐又继续渲染着酒会现场那看似轻松愉快实则国共两党在暗暗较劲的气氛。

四、激发联想与扩展时空

音乐激发联想，主要表现在以下几个方面：首先，特定的音乐使我们联想到特定的情感；其次，音乐的时代性使我们联想到特定时代的社会风貌、人们的共同情感；再次，音乐的鲜明的地方特色，使我们联想到特定的地理环境、风土人情、方言等，运用于影视作品，则可为事件或人物的活动提供一个具有真实性的背景。所以，在为历史题材的影视作品编配音乐时，除首先考虑音乐的情感内涵之外，还要注意音乐的时代性和地域性是否符合作品本身的时代性与地域性。此外，影视音乐在激发联想的同时也常常起到扩展时空的作用，这是因为，一方面，当音乐和画面不在同一时空时，音乐常常可以把观众的注意力引向画外，从而获得时空扩展的艺术效果；另一方面，由音乐作品独特的地域性和鲜明的时代性引发的观众特定的联想，可以把观众的思维由画内带到画外，把画面和音乐所表现的时空连在一起。这样，不但可以用音乐暗示和强调故事发生的时代背景和所处地域，也可以拓展影视的叙事空间，增强影片的时代氛围。

例如：央视百家讲坛栏目中有关"李清照"的系列节目中，每次朗读李清照的词时都会配上作曲家林海那首非常动听的"琵琶语"，以充分激发观众对李清照词作的想象与理解。乐曲旋律婉转、柔美，很容易把人带到李清照词作的婉约意境当中去，而且演奏该乐曲的乐器又是琵琶这一中国民族乐器，所以非常符合该系列节目的时代性和民族性。

再比如，发行于 2006 年的我国导演胡雪桦的作品《喜马拉雅王子》，其音乐全是藏族风格，由萨顶顶演唱的主题歌《神香》更可谓近年来西藏题材音乐中的极品。这些满是藏族风情的音乐充分地激发着观众对藏族文化的联想，以及对西藏这一特定地域中发生的故事情节的理解与感受。此外，像印度的歌舞片常常大量运用富于印度民族音乐特色的歌曲，如《拉兹之歌》、《丽达之歌》、《奴里》等脍炙人口的印度电影歌曲，不仅对影片本身的叙事、抒情起到重要作用，而且常常把观众的联想带到印度这一特殊的国度。

五、描绘景物

音乐不仅具有浓郁的抒情性，同时还具有一定的描绘功能。当然，描绘景物是绘画艺术的长处，音乐的描绘功能只能通过模仿、象征或暗示的手法来表现。

1. 模仿手法

根据被描写对象是否有固定音高的特点，音乐描写景物可分别采用直接模仿和近似模仿两种不同的方式。直接模仿法如《杜鹃圆舞曲》，以大三度模仿杜鹃的叫声，很是形象。近似模仿法如古筝名曲《高山流水》，前段以均匀、稳健的节奏描绘出巍巍高山的雄姿，后段以刮奏、添加滑音等手法来描写潺潺流水的美丽形象。

2. 象征和暗示的手法

有许多事物不包含声音或不能发出声音或声音特征不明显，对于这些事物的描绘，就要用象征和暗示的手法。例如:在法国作曲家圣桑创作的组曲《动物狂欢节》中，作曲家大量运用象征、暗示以及模仿手法来描绘各种不同神态的动物，简直微妙微肖。其中那首著名的《天鹅》，其旋律线的起伏与天鹅优美的身姿曲线惊人地暗暗相合。以下是其主旋律的主要片断:

$$\dot{1}\,7\,3\,6\,5\,1\ |\ 2\,-\,\underline{2\,3}\,4\,-\,\underline{4\,0}\ |\ \dot{6}\,-\,\underline{7\,1}\,\underline{2\,3}\,\underline{4\,5}\,\underline{6\,7}\ |$$

$$3\,-\,-\,0\,0\,0\ |\ \cdots\cdots$$

而天鹅的形象如图 6.1 所示，请大家与主旋律对照一下，是不是很相似呢？

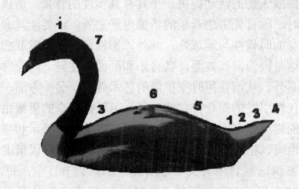

图 6.1

影视中的音乐同样也可以描绘景物。比如在苏联导演 Stanislav Rostotsky 的影片《白比姆黑耳朵》中"大森林"的空镜头中，音乐用弦乐细碎的颤音表现森林中的微风，以及树叶在微风中的抖动，用厚实的弦乐队背景上的圆号独奏来表现大森林的壮阔和辽远。再比如我国发行于 1982 年的影片《风雨下钟山》中，从国民党统治中心南京的喧闹的街头，转到中共中央所在地西柏坡时，音乐用管弦乐背景上的中国竹笛独奏，表现北方农村开阔的景色。

六、提示段落与转场

电视节目都有一定的结构，需要分段叙述。如同写文章一样，电视作品也只有段落分明才能有起伏，才能形成段落节奏，从而具有形式美。而音乐元素常常可以用来提示段落，使段落分明，从而加强这一形式美。此外，段落的转换常常是时空的转换，要求自然流畅，切忌生硬，利用音乐帮助段落转换即"转场"，便能达到这一目的。例如：冯小刚导演的电影《集结号》，其中音乐的运用虽不多，却往往恰到好处。比如当由胡军饰演的团长给谷子地传达完命令，并要求谷子地再次重复一遍命令时，随着两人的对话，一段宁静而迷茫的音乐响了起来，这段音乐一直持续到两人对话结束，并持续到谷子地带领47人打着火把夜间摸黑出发并全部离开，最后结束在谷子地回望中的营地的空镜头上。这段音乐除了抒发谷子地和他的士兵即将执行任务前的悲凉心绪之外，明显地具有转场过渡的作用。

七、剧作作用

音乐的剧作作用主要用在影视剧中，指音乐作为一种剧作的要素，推动剧情发展。这种功能主要体现在叙事类影视作品当中，如电影故事片和电视剧等，尤其在歌舞类作品中最为常见。例如：故事片《红磨坊》讲述了发生在１９世纪末巴黎蒙马特区红磨坊的一段爱情故事。男主角克里斯汀是一名才华横溢的作家，女主角莎婷则是红磨坊最美丽的歌舞明星，在一个偶然的机会，两人坠入爱河。但是，一位伯爵却一心想把莎婷占为己有，最终莎婷病发去世。后来，克里斯汀就把两人的故事写成了小说，以歌颂世间美好的爱情。由于这是一部歌舞片，其音乐和舞蹈紧密贴合剧情，在串联故事情节方面起到非常重要的作用，也就是说，音乐在其中许多地方起到了"剧作作用"。如开场曲《Nature Boy》简明地描述了男主人公克里斯汀的性格和经历，引出了他和莎婷的爱情故事；接着，《Lady Marmalade》又将观众带入欲望之地红磨坊；而歌曲《Sparkling Diamonds》则是莎婷的登场曲，通过歌曲表达了歌妓们拜金的本质；克里斯汀用一首《Your Song》向莎婷告白，成功获得美人芳心；红磨坊老板向公爵说谎的情节也是用歌曲《Like a Virgin》完成的。

八、概括和揭示主题

音乐概括和揭示主题是通过以下两个方面实现的：首先，通过有歌词的主题歌以及插曲来实现的，歌词本身就能表现出电视专题片或电视剧的主题；其次，没有歌词的主题音乐，也可以从情感的角度概括和揭示主题。许多影视剧作品都配有主题歌或主题曲，例如：根据我国古典四大名著改编的电视剧《红楼梦》、《西游记》、《三国演义》、《水浒传》等，其主题歌分别是《枉凝眉》、《敢问路在何方》、《滚滚长江东逝水》和《好汉歌》，这些歌曲都很好地表达了作品的主题。再比如王家卫《花样年华》里的爱情充满了华丽，却也隐藏着伤感的因素，导演用自己独特的手法，让我们看到在那样一个怀旧的生活里除了爱还有很多的感怀之处。都市生活的冷漠，现实的无奈，都是《花样年华》里不可或缺的元素。这部片子的一切都是那么精致，如同女主人公身上那一件件精美的旗袍。《花样年华》的主题音乐，源自日本铃木清顺的电影音乐《梦二》，由梅林茂作曲，伴随着男女主角的邂逅反复出现，诱人的华尔兹和弦乐之间的应和与抗争，恰如两性之间激情与守旧相冲突的矛盾。

九、其他作用

音乐在影视作品中还起到其他一些作用，如音乐可以用来调节情绪，消除视觉疲劳等，这在一些风光片中比较常见，如诗如幻的风景伴随美妙的音乐已成为惯常的模式。例如：CCTV 的《请您欣赏》就曾采用《You Are Love》（《你是爱》）作为其背景音乐。音乐还可以用来树立节目形象，在一些新闻、社教类节目中，常以一些标志性音乐作为自己的片头曲和片尾曲。例如：英国 SKY 乐队的《We Stay》是《动物世界》连用了十年的主题曲，奔放的运动旋律代表大自然中灵动的生命和强韧的生命力，音乐中运用了多种乐器，糅合了自然声息强烈的流行音乐元素，音律流畅、节奏鲜明、切合节目的主题，成为这个节目的鲜明标志。

6.2 影视音响

6.2.1 影视音响概说

一、影视音响的含义界定

音响的概念有广义和狭义之分。广义的音响泛指广播、电视、电影及舞台艺术作品中的一切声音形态；狭义的音响仅指广播、电视、电影及舞台艺术作品中的自然音响，即除了有声语言和音乐之外的自然界和人类社会活动产生的声音形式。本书使用狭义的音响概念，将影视音响界定为"影视作品中除有声语言音响及音乐音响之外的一切自然界及人类活动产生的声音"。

现实生活中，总是有各种各样的声响伴随着我们：清晨，清洁工打扫马路时"唰、唰、唰"的声响、"轰隆隆"的车声、清风吹动树叶的"沙沙"声、枝头鸟儿"叽叽喳喳"的叫声、开门的"咯吱"声、喝水的声音、走路的脚步声，等等。不管我们是否有意识地注意到生活中的这些声响，我们都是很习惯于身处这样一个丰富多彩的声响世界的。电影界有一句行话："看见一只狗，听见一只狗"，就是指人们总是希望在"看到"一个东西时也能"听到"这个东西的声音，这虽然会形成一种信息冗余，但这种冗余正是我们日常生活的正常组成部分。这就要求在影视作品中声音通常要跟视觉同步以形成虚拟世界的真实，这样的真实会让观众倍感亲切。此外，影视作品中的音响除了能够达到这种简单的声画同步、形成信息冗余之外，通过影视独特的创作手段对音响进行加工处理的表现性运用，还可以形成更为丰富的听觉体验。那么，到底应该怎样去理解影视音响语言的内涵与外延呢？

首先，影视中的音响来源于生活。不管是同期录制的音响还是来自于音响素材库的声音或是经过处理、合成的音响，都取材于广阔的生活。用盐撒在纸面上制作出雨声，用手压浸湿的报纸制作出泥泞的道路上行走的声音——拟音师们用自己的辛勤劳动，为我们带来了一次次逼真的听觉体验。但正如为影片《烈火雄心》做声音录制的加里·里德斯琼所说："在声音上没有智力或创造力障碍的理由，你完全可以走出去在现实世界当中收集声音——是现实世界创造了声音，而不是你创造了声音。"虽然如此，影视中的音响却不是对现实生活音响的机械复制，而是对现实生活中音响的影视化运用。

其次，音响语言与有声语言及音乐语言的内涵虽不同，其外延有时候却是相互交叉的。比如虽然通过前两节的学习我们知道，有声语言是指影视作品中能够表情达意的人声语言，而影视音乐则是指电影电视节目中的音乐元素和音乐成分，但是嘈杂的人物说话声在大部分影片中并不是有声语言，而只是背景性环境音响的一个要素，另外音响有时也可以通过音乐手段来制作，比如用钢琴的尖音制作鸟叫声等，有声语言和音响也都同样可以表现出音乐的节奏特性。所以，影视音响与有声语言和音乐三者的"内涵"虽不同，其"外延"层面却表现出了一定的交叉和渗透性，为了说明这一点，以下再举个具体的例子：

荣获我国第16届电视文艺"星光奖"二等奖的电视散文《天一生水》，在同类题材的电视作品中，对音响语言的运用是很成功的，我们将在后文紧密围绕这部作品展开举例分析。《天一生水》开篇在简短的引子之后，几声悠远的钟声引出了一段字正腔圆的"有声语言（女声）"（以下简称"女声"）：

"'天一阁'是我国现存中最早的藏书楼，也是世界上最古老的三大藏书楼之一，它始建于明代嘉靖年间，是当时兵部右侍郎范钦的私人藏书楼……"

伴随这段"女声"的画面，一开始只是两个空镜头，一个是一些民居的俯视移动镜头，一个是一座江南老宅内景的推镜头。也就是说，观众一开始从画面中是找不到这段"女声"的声源的，从而会感觉这段女声"同期声不像同期声"，"解说不像解说"。但由于该"女声"的腔调是一种典型的"新闻播音腔调"，观众不难想象它的声源可能是一个存在于画面叙事空间中的收音机或电视机，果然，随着镜头的推移，观众会发现这段"女声"正是来自一台放置在主人公身旁的收音机，当时主人公正在静静地读书，无意中从收音机里听到了这段"女声"，从而引出了对"天一阁"的介绍和探寻。

那么这段"女声"到底属于影视作品声音语言中的"有声语言"呢，还是属于"同期声音响"呢？显然，它两者都是。此外，本片中许多地方用一种鼓声来渲染一种神秘而紧张的气氛，这种鼓声，既可以把它看做是音乐（打击乐）语言，也可以被看作是一种人为附加上去的"主观音响"。

所以说，音响语言与有声语言及音乐语言的内涵虽不同，外延却是相互交叉的，这样的例子在实际的影视作品中，比比皆是。

音响是自从影视诞生后才真正走上艺术舞台的，在其他艺术中音响或是被间接地描写（如文学）或是被虚拟（如舞台艺术）。正是在影视诞生之后，音响才有了自己独特的造型意义，成为一种具有独立美学特性的元素，和其他造型元素共同实现着自身的价值。从早期的音响与视频画面同步，即符合日常视听习惯的"看见一只狗，听见一只狗"，到目前各种不同的片种如恐怖片、科幻片中的拟音，音响在影视中的运用在不断地脱离习惯的窠臼，成为更具表现性的元素。而这其中的每一次进步都离不开技术的革新。录音技术、声音剪辑处理的数字化以及还音系统逼真性的增强，都使音响在影视中的应用有了更为广阔的前景。

二、影视音响语言的特性

1. 物理属性

影视音响作为一种来自现实生活中的声音形态，它首先具有声音的基本属性，也就是我们所熟知的声音的物理属性，即音量、音高和音色等。

空气的振动产生了我们所听到的声音。振幅决定了音响的音量。在影片中要不断地控制音响的音量，以使作品的主要信息能够得到清晰传达。例如：影片中常常会有这样的情景，在嘈杂的闹市，如果两人相遇并开始交谈，背景音响的音量就会降低。音量可以产生距离感，因为离摄影机越近的声源发出的声音越大，所以，不同音源的不同的音量可以帮助观众判断其空间方位。

音高是一种受空气振动频率控制的量，它决定了我们对音响的听觉感受是高亢、尖锐、明亮还是低沉、深厚、暗淡。

音色可以描绘出音响的质地。在日常生活中，我们对熟悉的声音的辨认很大程度上是依据音色。

2．艺术属性

影视音响有其独特的制作和处理方式，这决定了它的艺术属性。影视音响的艺术属性包括可选择性、可重塑性、可组合性、保真性、空间性和时间性。

1）可选择性

影视音响的可选择性是指，影视创作者在录音及剪辑时会有意识地过滤掉某些不重要的或根本不需要的声音，只留下那些对表达作品主题有用的声音。

现实生活是流动的、连续的，也就是说声音和"画面"总是同步的。电影电视的大量镜头也是这样——摄影机对准发声源同步地记录下了声音和画面。只要录音质量符合放映标准，通过放映设备就可以传达出"声画同步"的景象。但是这只能算是影视有了声音，而算不上对音响的有意识地运用。影视作品是有时限的，因此，音响和画面一样，不能像连续的生活一样无止境，创作者总是要对音响进行有选择地剪辑，才能完成特定创作意图的表达。有声片刚出现的时候，现场录音会将所有的声音都录下来，这样反而让观众无法分清哪一个声音才是最主要的。后来，随着录音技术的不断进步，有了"后期配音"和多声道混响技术，创作者便可以根据需要有选择、有主次、有层次地录制并处理声音了。例如：在电视散文《天一生水》中，为了强化电视散文的"文学品格"，该片对同期声音响即"再现性音响"的运用是经过严格筛选与控制的，只留下少量能增添该片文学氛围的同期声。梅雨季节的宁波城中时时飘落的雨滴的声音，时不时从小巷外面传来的几声小贩悠长的叫卖声、吆喝声，或隐隐的、音量被处理得很小的人声。除此之外，该片中同期声就很少了。该片把更多的声音运用空间留给了音乐与"表现性音响"，以营造该片浓郁的文学氛围。

音响选择性运用的一个极端就是"去除所有的声音"，即通常所说的"静默"或"无声"。在人们日常的心理活动中，总是喜欢有声的世界，声音的存在会给人一种"生命永恒"的感觉，因此，"无声"就会传达出某种压抑、严肃或恐怖的意味。而静默或无声正是通过对环境音响甚至对有声语言、音乐的完全过滤制作完成的。在恐怖片中，导演常常会利用这种"声音的缺失"来强化一种非常恐怖的气氛，比如，只拍到人物脚移动的镜头，却去掉其脚步声并让所有的声音停止的做法，就是一个典型的例子。

2）可重塑性

影视音响的可重塑性是指，通过加强或改变音响的三要素可以塑造一个与原有音响不同的具有新的特质的音响，从而在影视作品中起到某种突出和强化的作用。这也就是通常所说的"音响的夸张"和"音响的变形"。

在影视作品中，使用同期声、现场声、自然声表现着真实的环境空间，可以充分调动观众的听觉，使他们拥有以非幻觉的方式来感知银幕或荧屏上的世界的权利。但真实并不意味着自然主义的复制。影视作品常常需要一些现实世界中没有的音响或与人们真实的听觉经验不太符合的音响，这些音响就需要借助于一些特殊的技术手段去制作完成。比如，可以运用先进的数字制作设备去改变一种音响的音色，或通过两种音响的合成去创造新的音响等。再比如可以通过乐音去制作音响从而使音响更具有美感等。此外，将某一音响的音量人为夸大以表现某种特定的幻觉，也是常用的手法，比如，当一个人内心充满恐惧时，会觉得自己的心都要跳出来了，利用这个日常经验，影视作品便常常以夸大的 "?" 的心跳声来表现主人公内心的恐惧。再比如在许多神话或魔幻题材的动画片中，常常会赋予某个角色一种变形的、自然界所没有的音色，以突出这个角色的个性，增强作品的神秘性、超自然性、灵异性等。

3) 可组合性

影视音响的可组合性是指，音响与画面以及其他两种声音元素（有声语言、音乐）之间的结合，会形成各种不同的结合顺序和结合方式，从而表达某种特定的含义。具体说来，这种结合包括两个方面的内容：其一是音响与其他两种声音元素即有声语言和音乐之间组合形成的 "声音蒙太奇"；其二是音响与画面组合形成的 "声画蒙太奇"。

(1) 声音蒙太奇。

声音蒙太奇包括两种情况：

第一种情况指三种声音元素在一条时间线上按不同的顺序组接。与画面蒙太奇一样，各声音元素之间不同的组接顺序也会表达出不同的含义。比如，要表现两个人吵架，可以用三种声音元素：A. 两人吵架时说的话（有声语言），B. 吵架时摔东西的声音（同期声音响），C. 渲染吵架气氛的音乐（音乐语言），那么导演是以 "A−B−C 的顺序" 组接，还是以 "C−B−A 的顺序" 组接，还是以 "B−A−C 的顺序" 组接，还是以其他顺序组接，大家可以想象一下，其表现效果肯定是不同的，这就取决于导演的表达意图了。

第二种情况是指当音乐、音响与有声语言三种声音元素中有两种以上的元素同时进入时，对各元素的音量、音色进行对比、平衡与协调的控制处理方式。当两种或三种声音元素同时进入时，三者的音量一定要处理得有层次、有主次，否则会让观众觉得一团乱麻，除非导演有意不想让观众听清楚声音传达的意义，而只想用三种声音同时进入的方式表达一种特殊的含义。一般情况下，首先要保证有声语言的音量最大，从而能被观众听清楚，其次要保证音乐的主旋律清晰而其音量又不足以影响观众对有声语言的感知，音响的音量则要控制得小一些。

(2) 声画蒙太奇。

声画蒙太奇也就是声画组合关系，简称声画关系。由于影视作品的声音元素包括有声语言、音乐和音响三大类，所以其声画关系也就包括有声语言与画面的关系、音乐与画面的关系和音响与画面的关系三种不同的具体情况，将这部分内容放在本节讲述，只是为了叙述的方便。因此下面的分析会涉及音乐、音响、语言与画面关系的各种例子。总体上我们可以将影视的声画关系分为 "声画同步、声画平行、声画对立" 三种情况。

声画同步也叫声画统一，是一种最常见的声画关系，大量地存在于影视作品当中。一般说来，音响、有声语言中的对白及节目语言（同期声语言、新闻播音、主持人语言）

与画面的统一是一种严格的统一。比如，当观众听到播音员说"我"字，同时看到播音员的口形是"收拢起来的圆形"，这样声音和画面就"配"上了，否则，观众会看得很别扭。同样，看到画面中一个人在敲门，敲了三下，那么听到的敲门声的节奏与数量就应该和画面上敲门动作的节奏与数量保持一致。由于音乐是抽象的、不具体的，因此音乐与画面的统一就没有那么严格，一般表现为一种情绪、气氛和内容上的一致以及两者在时间长度上的严密精确的配合。

声画并行也叫声画对位，主要指声音与画面不是彼此具体地追随和直接地诠释，而是按照各自的叙述线索平行展开，以共同表达一个主题。声画平行是一种介于声画统一和声画平行之间的声画组合方式。声画平行的主要功能是可以扩大影视作品的信息含量，为受众提供更大的联想空间。声画平行也多表现在音乐与画面的平行和有声语言与画面的平行中，音响与画面的平行较为少见。因此我们这里举一个"音乐与画面平行"的例子，比如周杰伦的ＭＶ《青花瓷》，其音乐与画面起初看起来没有什么直接联系——歌词是"素胚勾勒出青花笔锋浓转淡，瓶身描绘的牡丹一如你初妆，冉冉檀香透过窗心事我了然，宣纸上走笔至此搁一半；釉色渲染仕女图韵味被私藏，而你嫣然的一笑如含苞开放，你的美一缕飘散，去到我去不了的地方……"画面却并没有被歌词内容所束缚，即歌词唱什么就马上拍什么，而是为我们讲述了一个吸引人的甚至是比较完整的爱情故事。那么，是不是该ＭＶ的画面与音乐真的没有什么关系呢？实际上，两者还是有统一的地方的——歌词其实既有对青花瓷之美的赞叹与爱慕，更是一种典型的爱情体验，因而与画面所描述的那个凄美的爱情故事是很协调的，此外，画面的古色古香与歌曲的中国风意境也是非常协调。可以说，这首ＭＶ的音画关系就是一种典型的音画平行关系，虽然那个爱情故事多少有些老套，但这样的画面设计比单纯的只有歌手演唱的画面显然有更强的可看性，也能带给观众更多的信息、更多的审美体验与人生感悟。

声画对立指声音与画面的情节或情绪不一致，是完全相反的，这种对立可以是形式上的对立，也可以是内容上的对立。形式上的对立有声连画断、声动画静等，内容上的对立有声悲画喜或声喜画悲等。声画对立可以是所有善与恶、生与死、美与丑、喜与悲、爱与恨、强与弱、新与旧、内与外等相反因素的对立，即所谓的相反相成。声画对立多表现为音乐与画面及有声语言与画面之间的对立，而音响与画面的对立较少见。音画对立会引发观众更加深刻的思索，并造成强烈的艺术效果。在影视作品当中，我们经常能够看到用喜庆的音乐来反衬主人公悲伤心境的情况，那就是典型的声画对立了。

4) 保真性

影视音响的保真性是指"声音忠实于声源的性质"。如果影片画面中是一条狗，同时我们听到了犬吠的声音，那么声音与声源就是相符合的，这时可以说该音响保持了其真实性。但如果同样的画面伴随的却是猫叫的声音，那么音响与画面之间便出现了差异，也就缺乏真实感。听觉有这样的特点，观众会认为任何与画面同步的声音，都是该画面发出的声音。另外还有一个现象：一些真实的声音其戏剧效果并不见得好，而一些模拟的声音即"拟音"，效果却挺不错。比如在一些科幻片中，人为制作的声音会被观众认为是真实的。基于此，如果观众认为声音是来自于影视作品叙事空间中的声源，那么不管这个声音的实际录音或剪辑的来源如何，我们都可以说它是忠实于声源的，是真实的。由此可以看出，影视音响的保真度其实只是观众的一种心理期待。

音响中音量与音色的"保真度"处理是一个需要影视艺术创作者认真关注的问题。如果旨在传达一种真实的感觉，那么就一定要将音响的保真度处理得很高。比如前文中所述的电视散文《天一生水》中"收音机里传来的、介绍'天一阁'的女声播音"的例子，导演对那段"女声"的音量和音色的处理是很有保真度的：一开始给"女声"配的画面是民居的俯视镜头，所以其音量是小的、音色是虚的。而等到镜头切换到主人公读书的场景，以及随着主人公视线的转移，收音机也出现在画面里时，这段声音的音量就变大了，音色也变得清晰了。而后随着画面中主人公离开收音机走进屋内，其音量又慢慢变小了……这种对同期声音响的音量处理无疑会带给观众一种很真实的体验。

5) 空间性

一定的音响总是发生在一定的空间之内的，所以特定的环境中产生的特定音响便携带了特定空间的信息：同一个物体在不同的空间中发出的声音是不同的，不同的空间其混响效果也是不同的。所以，影视中音响透视效果的不同，会将空间的大小、形状清晰地表现出来。例如：在《天一生水》中，主人公的"晒书活动"接近尾声时，他抱着许多古老的线装书在住所走动，其脚步声表现为"空洞而带有回声"，充分表现出主人公的住所是一处宽大而幽静的古老民宅，也传达出主人公是一个喜欢安静和思索的青年。

此外，利用影视音响的空间性还可以拓展画面，形成画外空间。众所周知的"多普勒效应"便是指，一个快速运动的物体所发出的声音其音量会在靠近我们的时候逐渐增强，而在离开我们的时候突然减弱。那么反过来，在影视作品中通过音响音量的"逐渐增大而又突然减小"，就可以反映声源运动速度之快。同时也可以清晰地反映出声源运动的方向感，从而拓展了画面空间。

6) 时间性

音响总是与其产生的特定时间、特定场景密切相关的，这种相关性使音响具有了时间特性。在影视作品中，音响表现的时间可以与影像表示的时间相同（即"声画同步"），也可以与音像表示的时间不同步（即"音画错位"）。最典型的音画错位就是"音响的闪回"，即过去时空的音响出现在现在时空中，或同一种音响在不同的时空反复出现。音响的闪回常常用来表现影视人物的回忆、怀念等心理活动。例如：在陈凯歌的《霸王别姬》中，已经成名的程蝶衣走在街上，再次听到从小就很熟悉的冰糖葫芦的叫卖声，从而使他陷入了对儿时同伴"小癞子"的深深怀念之中。

三、影视音响的分类

要对影视中的音响进行分类，并非易事。在已有的针对影视声音的分类方法中，比较普遍的做法就是把影视声音语言分为剧情声和非剧情声，又将剧情声根据声源与画面的关系区分为画内剧情声和画外剧情声。有些学者则将音响分为环境声和动效声。本书根据音响的表意功能，将音响分为再现性音响和表现性音响。

"再现"和"表现"在艺术创作中是对应于"客观"与"主观"的一对概念范畴。在美术创作中，"再现"与"表现"是两种基本的手段和方法。"再现"一般指艺术家对他所认识的对象或社会生活的具体描绘，着重反映对象的客观特征，其中理性的因素比较显著，在创作手法上偏重于写实和逼真，在创作倾向上偏重于认识客体、再现现实。再现的手法具有平易近人、真实写照、形神兼备的特点。"表现"一般指艺术家运用艺术手段直接表达自己的情感体验和审美理想，着重反映作者的主观感受，其中感性的因素比较显著，在创作手法上偏重于理想地表现对象或抛弃具体的物象，常常采取象征、寓意、夸张、变形以至抽象等艺术语言，以突破感受的经验习惯，在创作倾向上则偏重于表现自我、改变客体。表现的手法具有高度概括、但求神似而不求形似的特点。

1. 再现性音响

影视中的再现性音响也可以称做写实性音响，是指在影视节目的故事空间之内，伴随剧情的进展而产生的声响。在影片观赏过程中，这部分音响经常会被观众认为是自然而然的。

再现性音响有两种：一种是剧中人物的动作产生的效果声即"动效声"；另一种是人物所处环境的环境声或环境音响。再现性音响的最大特征是"忠于现实"。在观众的审美体验中，常常会有生活经验参与，而我们的生活总是伴随着各种动效声和环境音响的，因此，影视中那些再现的音响，如影片中人物开门的声音、沏茶的声音、吃饭的声音等总是让观众觉得那么真实、自然。

根据音响与画面结合的表现形式，又可以把再现性音响分为画内再现音响和画外再现音响。画内再现音响指观众在画面上看到的声源所发出的声音，是影视作品中最常见的、声画同步的音响——我们看到屏幕中的人物在走路，就会听到相应的脚步声。画外再现音响则指那些从画面中看不到声源的声音，但其声源的确存在于影视作品的叙事场景中。例如，在希区柯克的《群鸟》中，观众会不停地听到海鸥的叫声，但并不是每个镜头都要对准正在鸣叫的海鸥。这种看不见声源的音响却依然会给观众带来真实感的认同，因为往往在影片的其他部分中，或者通过画面，或者通过对白，观众会了解到这种音响不是凭空产生的，它的声源就存在于叙事环境中。一般情况下，画内再现音响大部分是伴随人物动作产生的效果声，而画外再现音响则主要是表现周围环境的环境声。

可以说，再现性音响因为符合观众的生活经验，对于营造影片叙事时空的真实性起关键作用，所以占据了影视作品音响处理的大部分情况。

2. 表现性音响

表现性音响也可以称做写意性音响，指通过对自然界音响进行加工再创作或为影片人为添加某种音响以满足剧情表现的特殊需要。不同于构筑听觉上的真实世界的再现性音响，表现性音响更注重对观众心理感受的影响，其运用目的常常在于"营造某种氛围，表达某种情绪"。表现性音响可以直接作用于观众的心理、情感世界，以强化影片的内涵和导演的表达意图，使影视作品产生深刻的寓意，从而丰富影视作品的艺术表现力和感染力。可以说，表现性音响不仅是传达到观众耳朵里的声音，更是传达到观众心灵深处的声音。

表现性音响包括主观音响和转场音响。

1）主观音响

主观音响可以是一种人为地附加到影视作品当中去的、在作品叙事空间找不到声源的音响，常用来营造某种气氛，也可以是对影视作品中有源音响加工与再创作后产生的音响，这种情况下，"音响夸张"与"静默"便是两种最常见的运用形式。正如彩色片诞生之后，黑白片就有了特别的表现意义一样，"静默"的运用常常会产生一种"此时无声胜有声"的效果。此外，前文讲述音响的时间性时所谈到的音响闪回也属于主观音响的范畴。下面以陈凯歌的《霸王别姬》为例来进行分析。

例一：影片表现程蝶衣和段小楼小时候的一段故事，当小豆子（程蝶衣小名）因为忍受不了戏班的严酷生活而逃跑又被抓回来时，必须脱下裤子接受鞭打的惩罚。此时，皮鞭抽打的声音是那样的刺耳、残酷，且一声比一声猛烈，一声比一声响亮，好像不仅抽在小豆子身上，也抽在现场每个孩子的心上，更抽在小石头（段小楼的小名）和观众的心上。这种被夸张的鞭打声很好地渲染了现场紧张的气氛，以致终于引发了剧情的转变：小石头不顾一切冲上前去解救小豆子……

例二：片中还有这样一个情节：小豆子本来是个男孩却要饰演旦角，因此总是将一句台词念错——总是将"我本是女娇娥又不是男儿郎"念成"我本是男儿郎又不是女娇娥"，因而得罪了给戏班捧场的"那爷"，小石头恨小豆子不争气，用烟斗捣烂了小豆子的嘴。正当大家重新开始表演以挽留"那爷"时，在一片喧闹的锣鼓声中，却听到小豆子突然开腔念起了台词"我本是女娇娥又不是男儿郎"，全场刹时一片肃静，所有的人都期待小豆子念出正确的台词，在这种"无声的期待"中，小豆子终于念对了台词，众人都备感欣慰。这便是典型的"此时无声胜有声"。

例三：师傅为了更加深刻地教育小豆子，即"人要自个成全自个"，给跪在地上的小豆子讲起了《霸王别姬》的故事，伴随着师傅苍老的讲解声，不断传来一阵阵"人喊马嘶的声音"，很好地烘托了故事的氛围，这种"人喊马嘶的声音"本来是画面叙事空间不存在的，是导演人为附加上去的，所以是一种典型的主观音响的运用。

2) 转场音响

转场音响也是一种人为附加到影片中并配合画面转场而使用的音响，又叫"转场声"。转场声的运用可以带给观众一种听觉上的冲击力，也可以集中观众的注意力，让观众为下一场戏的内容变换做好充分的心理准备或积蓄一定的心理期待，同时，转场声还可以加强影片的律动节奏，起到重音的作用，因此是影片声音节奏转换的一种很好的方式。此外，转场声还能配合画面情节营造出某种氛围，如喜庆的、恐怖的、紧张的等。例如：2009 年上映的谍战片《风声》中，讲日军及伪政府的高级将领屡屡遭人暗杀的一组镜头，将一个个"印有'日伪高官屡遭暗杀'新闻"的报纸画面组接起来，同时配上"唰唰唰"的转场声以及刚刀杀戮声的主观音响，便很好地营造出了一种恐怖而紧张的气氛。

6.2.2 影视音响的功能

一、描写环境

影视故事都是发生在一定的时间和空间环境中的，像绘画作品有底色一样，影视节目中也会有特定的环境和背景。不同的音响会给大家带来不同的环境印象，而这种印象正是所有剧情展开的基础，也是音响描写功能的表现。这种功能具体体现在以下几个方面：

1) 描写时代环境

在漫长的人类历史长河中，每个时代都有独具时代印迹的音响。影视音响从浩瀚的宇宙中取材，或表现历史的凝重，或反映现代生活的嘈杂。原始社会有猛兽的叫声，人类的喊声。人类在大自然中生产、劳动、打猎，会伴随着脚步声、弓弦声、箭声、枪声、陷阱声，还有田园里的挖掘声、砍伐声、打夯声等。进入机械工业时代，有了大机器的轰隆声、金属的摩擦声等。而在电子时代，又有了电子产品的嗡嗡声。

2) 传达文化环境

影视音响传达文化环境，常常是通过以音乐为内容的背景音响来进行的。比如"文革"题材的影视作品中常常会出现"样板戏"的背景音响，"样板戏"这一音响从而成为表现"文革"这一中国特定历史时期文化环境的典型代表。

3) 突出整体地域环境

影视音响可以突出表现故事发生的整体地域环境，即可以用特定地域特有的音响来表现该地域的环境风貌。例如：影片《白色星球》中风的呼啸，雪兔、海豹、海狮的叫声，北极熊抖动身上的雪所发出的声音，把观众身临其境地带入到了那寒冷而又充满神秘色彩的北极。

4) 表明具体场所环境

影视音响可以表现故事发生的具体环境。生活给予我们丰富的听觉经验，交通工具发出的声音、叫卖声、人们的交谈声可以表现一个嘈杂的闹市；而频频响着的电话铃声又会把一个现代化的办公场所活灵活现地表现出来。如张艺谋执导的影片《一个都不能少》中，对农村和城市环境的交代，音响发挥了重要的作用。影片一开始，村长领着魏敏芝去见高老师的路上，鸟儿叽叽喳喳的叫声、狗吠声、羊叫声、远处人物的说话声、驴叫声，时而混杂，时而单独出现，把观众带入了一个偏僻而又别有生机的乡村环境中。到了晚上，还有农村特有的虫叫声，让这贫寒的农村环境充满了浓郁的生活气息。和这种宁静的乡村环境相对比的城市环境，在这部影片中也通过音响得到了很好的交代。观众和刚进城市的魏敏芝一同听到了象征城市车水马龙的各种声音，如自行车铃声、摩托车声、打扫马路的声音、来来往往的人的脚步声等。

二、营造"声景"

我们可把影视作品中用音响营造出来的特定的氛围称做"声景"，也就是说音响除了可以描绘环境外，同时还可以营造一种氛围，让观众产生特定的心理声学空间。

由于受社会生活经验的影响或受到某种来自于本能的感觉的支配，一些特定的声音往往会引发听众特定的心理反应。例如，镜子破裂的声音会让人产生惋惜的感觉；涓涓细流声会让人觉得清净、凉爽；雷声让人感到不安等。根据这些听觉心理现象，在影视中便可以运用不同的音响帮助刻画人物不同的心理情感。同时，符合人们生活习惯的音响会与画面结合形成真实的环境感觉，唤起观众的认同，这也正是影视中声画同步及现场同期声录制的价值。这些音响对于传达环境的真实性，发挥着异常重要的作用。

三、拓展画面

人的眼睛只能看到正面的物体，人眼的视角范围也是有限的，而耳朵却能获取三维空间的全部信息。与画面空间相比，影视声音在传播上受到的限制要小得多。影视画面的记录受到光线条件、取景框的限制，而声源的方位、距离、移动、所用的传播介质以及声音在封闭空间中的混响特性，都能够给观众造成强烈的空间感受。在画面表现受限的时候，声音能够把画面的空间由画框之内延伸到画框之外，打破画框的封闭空间。或者说，在声音介入之前，人们对画面空间的表达常常囿于画框内的视觉元素，如景物的层次、空间透视、线条透视等平面造型元素。而声音介入之后，声音的远近、方向都成为观众认识空间的手段，于是影视的空间便通过听觉立体化了，并得了大大的扩展。例如，在黑暗的场景中，声音会成为唯一的造型元素。

四、产生悬念

某种在特定环境下产生的音响，可以和产生它的环境、事件紧密相连，有很强的象征性，可以在剧中造成悬念。例如，画面中两个人物正在谈话，忽然传来一声巨响，这个声响会引导观众的注意力向着声源方向转移，从而在观众心中造成一个悬念：发生什么事了？音响悬念多用在恐怖片中。如在恐怖片《天黑请闭眼》中，每一个将死的人在死前都会接到一个神秘的电话：每一个到这里来的人，把所有的希望都捐弃吧！因此，每当片中某一角色的"手机铃声"响起，都会让观众胆战心惊：这个人是不是也要死了？

五、过渡转场

与文章一样，影视作品也是有结构、有层次、有段落的，段落的转换既要显得分明，又不能太生硬。在影视创作中，段落转换的手法是很多的，如画面方式、音乐方式、有声语言方式音响方式等。音响转场最常见的手法就是先出现下一个场景的声音，后出现画面。此外，就是运用转场声转场，这里不再重复。

六、音响的处理和运用在特殊类型影片中发挥关键性作用

在恐怖片、动画片、科幻片、动作片、枪战片等特殊类型影片的制作中，音响的录制和处理起着非常重要的作用。如果没有对音响的恰当运用，这些影片的表现力将会丧失殆尽。

在实际生活中，动作和伴随动作的音响总是同步的，拍摄和剪辑动作时只要注意让它们同步就可以了。但在动画片中，图画和木偶本身并不能发出声音，声音常常成为首要因素，通常都是首先确定声音，后严格按照声音的长度计算镜头的长短与每个镜头的画幅数量。如何让画面的动作与声音合拍，常常成为动画片能否成功的首要因素。在动画片的剪辑中，不能遵循通常剪辑中惯用的"让声音配合画面"原则，而要遵循"让画面配合声音"的原则。现实生活中是没有与动画片同步的声响的，因此，拟音师创造各种各样的原始声就成为必需。动画片的音响效果声一般是在录音棚里面录制的——边放映实时画面，一边通过声学装置，甚至是简单的厨房或工具间的各种器具制作音响。和动画片制作相类似的还有科幻片的制作。例如：《星球大战》中激光剑的声音就是用金属敲击拉紧的长电线来制作的。

在卡通片和科幻片的发展进程中，通过对现实中的声音进行处理，合成创造了千变万化的声音效果，这些音响与相关动作的天衣无缝的配合，给人们留下了深刻的印象。美国著名悬念大师希区柯克的恐怖片《群鸟》曾经大获成功，很大程度上是依赖于音响的作用。其中鸟所发出的声音几乎全部用电子音响来代替，造成了一种很有威慑力的恐怖气氛。导演在该片中许多地方用音响（鸟声）创造悬念，积极地探索了如何有效运用音响推动情节发展的手法，为以后此类影片的音响创作开了先河。

影视音响的作用在具体的影视节目中并不单一，它可以同时作为内容元素、结构元素或形式元素。作为内容元素参与到叙事中，某种音响的间隔性重复出现成为剧情发展的标志或推动因子。作为形式元素，又发挥着引起注意、制造悬念、过渡转场等作用。例如，《我爱我家》中笑声的叠加，不仅营造了喜剧的气氛，而且成为转场的一种标志。另外，影视音响还有一些技术功用，比如，在同期录制中，对白中出现瑕疵，因为预算和时间的原因，补录已经不可能，这时候我们可以将出现瑕疵的地方换成一

种合理的环境音响声，在符合生活经验的同时，实现了一种对该"对白瑕疵"的不露痕迹的修改。

6.3 案例分析

6.3.1 DV作品《生活的颜色》音乐音响语言运用分析

一、作品简介

DV短剧《生活的颜色》（以下简称《生活》）曾获"西北师大首届大学生DV大赛"最佳编剧奖。影片给我们讲述了这样一个故事：主人公是一位农民工，他因家中急用钱向包工头讨薪未果，却险些被打，同时他所面临的却是房东讨租、生活窘迫等种种困境。沮丧的他在大街上闲逛时看到一辆没上锁的自行车，顿生邪念，在经过激烈的思想斗争后他还是偷走了自行车。他慌里慌张地去找人销赃，但就在他联系销赃人时，他偷来的自行车又被人偷了，好在被他及时发现，于是在警察、小偷、主人公之间展开了一场激烈的追逐，最后，主人公怀着复杂而无奈的心情重回工地。

二、音乐语言运用分析

《生活》中音乐的运用主要体现在用音乐揭示主题、激发联想以及渲染环境气氛方面。

1. 用音乐揭示主题与激发联想

这部作品选择崔恕的同名歌曲《生活的颜色》为主题歌，是很恰当的。因为片子的主题就是对农民工等弱势群体的关注，而这正是这首歌的歌词所要表达的。该歌词见上述"有声语言运用分析"的表格中最后一行、最后一列。这首歌曲的旋律清新流畅、朗朗上口，其在影片中的进入点是这样的：主人公为生活所迫偷自行车险被警察所抓以后，又重新回到工地上。坐在一片砖石瓦砾中，他拣起一块绿色的、仿佛是啤酒瓶摔碎后的玻璃碎片，放在眼前开始久久端详，此时，歌曲《生活的颜色》进入，既揭示了本片的主题，又激发了观众联想：主人公内心此时究竟在想些什么？他将何去何从？

此外，本片开头所选配的雪村演唱的歌曲《市井出英雄》，京调的旋律表达出一种轻松的情绪，一下子就把观众带到了工地老板打麻将时那挥霍堕落的生活场景当中，而其很有些哲理意味的歌词则给听众展现了一个更大的联想空间：

经历了风霜，道理懂很多。

见惯了雷和闪，人生没蹉跎。

迷失在爱与恨，心怀更广阔。

遭遇过愁和苦，糊涂最难得。

人间的美与丑，眼明自分辨。

面对这天和地，从头说：

神州起波澜，雄鸡重抖擞，

市井出英雄，处处显身手；

颗颗螺丝钉，平凡最风流，

腹内乾坤转，傲立在潮头！

滚滚长江东逝水，
怎拒那涓涓细流？

这样的歌词，又仿佛与片中主人公的生活窘境形成了一种对比，表达了一种黑色幽默似的善意的调侃，似乎在启发和劝戒主人公等身处困境中的人们从另一个角度看待窘迫的生活，不要太消极，从而从另一个角度表达了影片的主题。

2．用音乐渲染气氛

DV 作品《生活的颜色》中用音乐渲染气氛的地方有两处：

一处是主人公为生活所迫，在街上看见一辆自行车时他突然萌发了偷车的念头。当他偷了车惶恐地骑车逃走时，响起了一段音乐，这段音乐选自电影《伤城》中的一段原声音乐《异地真相》，主要用弦乐来演奏，导演节选了其中情绪最紧张的几个乐句来表现主人公当时紧张无比的心情。另一处是当主人公偷来的自行车又被他人所偷，因而在警察、主人公、小偷间展开连环追击时，响起了几个乐句，将现场紧张的气氛渲染得淋漓尽致。

三、音响语言运用分析

《生活》虽是一部虚构的 DV 短剧，但其风格却是纪实的。因此，本片的音响处理整体偏向于再现现实生活，但是也有一些表现性音响的运用。

1．再现性音响的运用

再现性音响的大量运用营造了本片纪实的风格。

在录音工艺上，有两种方法，一种是同期录音，一种是后期录音。为了保持场景叙事的真实性，本片采用了同期录音的方法，只有少部分音响采用后期补录，从而保证了再现性音响的运用。

本片的同期录音处理给观众带来了许多非常真切的感受，比如包工头们打麻将时自动麻将桌洗牌的声音、搓麻将的声音、民工开门的声音、房东的敲门声等动作效果声，都是用松下 MD10000 内置话筒同期录制的。另外，主人公在街道上行走时，明显加大了的城市噪声和轰隆隆的车声一下就把观众带到一个嘈杂的城市街道环境中。在主人公骑车疾驶、准备销赃的路上，观众可以清晰地听到车的轰鸣声，以及他蹬脚踏板的声音和大街上人们的喧闹声，这些音响对于再现一个身处生活窘境的民工的生存状态起到了非常重要的作用。

2．表现性音响的运用

除了再现性音响的大量运用，表现性音响也在本片中发挥了重要作用。比如，片中生活窘迫的主人公在街上晃荡，无意中看到一辆未上锁的自行车后内心突然起了偷车的念头，在这个重要情节的表现中，音响就发挥了重要的作用，既做转场特技音响之用，又强化了民工当时恐慌、矛盾的心理，"咚咚咚"的音响以夸大的音量不断响起，好像无比紧张的主人公的"砰砰"心跳声，充分表现了主人公内心的挣扎，也让观众的心悬了起来。

四、问题与思考

人们常说影视是"遗憾的艺术"，再优秀的影视作品也不免瑕疵。学生 DV 作品由于受设备、人力资源的种种限制，更免不了这样那样的问题。

《生活的颜色》这部 DV 作品的某些部分，其连接还不是很顺畅，可能因为有些"语言声"为后期录制的原因，从而导致环境声的突然缺失，有跳接的感觉。建议将环境声做复制粘贴，首尾相接处理。另外，在人物演出方面，这部作品的主角都是学生，学生在表演方面没有专业的训练，不到位处不可避免。当然，这是从精益求精的角度而提出的一些批评。总体来说，该作品导演选择这样一个现实社会题材，在短短的只有十几分钟的篇幅中就完成了其基本意图的良好表达，是比较成功的。

6.3.2　DV 作品《鹰眼》中音响语言运用分析

一、作品简介

DV 作品《鹰眼》在西北师范大学首届大学生"DV 节"中荣获最佳音效奖。作品为我们讲述了这样一个故事：一个受雇于国际杀手组织的克隆人 GD421，因为一个女人，退隐多年，后来还是因为这个女人，他又重开杀戒。但这时，早已时过境迁，老大不信任他了，派了和他长得一模一样的杀手 GD409 来杀他。但在这之前他却一直不知道有这样一批克隆人，于是，因为不信任，他大开杀戒……

《鹰眼》给我们表现了这样一个主题：人性是复杂的，即使是冷酷的杀手，也有对爱情的执着追求，然而，到底是什么让一个人变成了冷酷的杀手？克隆人将给人类社会带来灾难还是幸福？这些，都是值得每一个人认真思考的问题。

二、音响语言运用分析

《鹰眼》在音响处理时，几乎舍弃了所有现场环境声，所有音响都是后期制作添加的。正如我们前面所说，音响的处理和运用在特殊类型影片中发挥着关键性作用，本片即是如此。

在片头字幕"犄角旮旯荣誉出品"几个字出现之前，导演就运用"嗵嗵嗵"的音效，营造了一种恢宏的气势和恐怖的氛围。本片所有镜头和拍摄都是在校园和学生宿舍完成的，在这样的环境中，要表现一个黑帮犯罪题材，只能更多地依赖于音响语言。片头字幕结束后，情节正式展开，此时一直伴随着雨声、雷声，从而进一步为本片营造了阴沉的氛围。超主观的心理音效在本片从头至尾发挥着至关重要的作用，给观众带来的是不安、惶恐和悬念。

主人公即"杀手"要去执行任务时，"哆……"、"轰……"的声音，都在继续渲染这种恐怖和神秘气氛。而主人公每次打开笔记本电脑与上层人物联络前，也总是有特殊的音效作为提示。正是"表现音响"的有效运用，让本片从普通的学生 DV 作品中脱颖而出。

音响的节奏特性在本片中得到了特别的强调。本片导演说："本片现场音不多，主要是抓音响的表现节奏。没人会为我的片子作曲，只能先听音乐，然后想镜头，从而设计了子弹落地时的钢琴单音，紧接闪白，背后跟拍，一系列镜头都为节奏服务。""唰、唰"的音响和画面配合起来，多处发挥转场功能，使得转场更加干练、有气势。动作画面与音响的配合，在杀手执行任务的准备阶段和现场都得到了很好的运用。

当然，本片除了大量运用表现性音响外，也没有绝对舍弃再现性音响，毕竟要营造一些场景的真实性和现实性时，还是要靠再现性音响。比如片中杀手切橘子的声音、开电视的声音、水龙头放水的声音等，都是不可或缺的。

据导演讲,片中这些扣人心弦的音响素材,都来自于电脑游戏。由此可以看出,音响素材的来源是很广泛的,关键在于如何运用。

三、问题与思考

由于学生DV作品创作中各方面条件的局限性,要表现一种"黑帮犯罪题材"是很有难度的,拍摄场景的选择是首当其冲的问题。《鹰眼》拍摄中由于将主人公(杀手)的住所选择在学生宿舍,整个画面"噪点"较多,同时也影响到画面的构图:背景杂乱,不能很好地突出主体。由于这种拍摄场景选择的局限性,使得作品有些画面不漂亮、不雅观,导致影片的表现力在整体上打了折扣。

片中的声音元素在某些地方处理不够细致,表现也很突兀。比如杀手拿出日记本的时候,弹了两下,声音就很突兀。在第一段那个重要的叙述段落中,噪音太大、放水的声音太实等都降低了作品的可欣赏性。

以下总结几点学生DV作品在音响运用中存在的问题:

(1) 不能对音响元素作总体规划、设计的意识,只是针对部分音效进行后期配音。

(2) 设备问题仍然是学生作品创作中的一个绊脚石。如果没有良好的声音录制设备,便谈不上对音响元素的创造性运用。设备欠缺甚至有时候会导致作品中出现一些不必要的噪音,比如一些不属于有意使用的电流声,会让观众变得不耐烦。

(3) 音响设计和制作往往可以作为学生作品进步的突破口。由于学生的阅历有限,其作品从整体来看,情节结构还是偏于简单,但凡能崭露头角的作品,往往在镜头语言和有声语言、音响的运用上比较考究。也许,对音响的设计和精致的运用,会是学生作品不断进步的突破口。

教学活动建议

1. 课堂讨论:观看一部DV作品,讨论该DV作品中的音乐、音响的选配策略。
2. 撰写一个DV剧本,预先设计其音乐和音响的运用方式。

第7章　多媒体设计的重要语汇之有声语言

本章思维导图

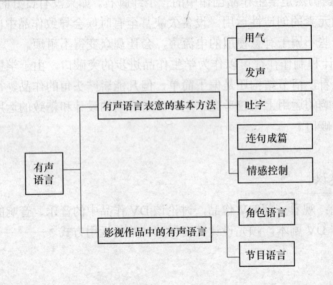

7.1　有声语言表意的基本方法

在远古时代，语言、文字和印刷术还没诞生之前，人与人之间的交流的主要渠道之一便是声音：各种咿咿呀呀的声音代表着无穷的丰富信息，后来，有了语言，确切地说是有了有声语言，人们的交流于是更加便捷、含义的传递更加准确。再后来，为了保存人类的智慧和大范围地传递人类的经验知识，人们发明了文字和印刷术，从此，语言的声音特征似乎退居二线了，很多时候，人们只要默默地阅读文字，默默地书写文字，就可以完成彼此之间的交流。然而毕竟无声的文字缺少了太多生动的表情和气息。很长时间以来，有声的语言传播都仅仅局限于人与人之间的面对面传播，直到电话、录音和广播技术的出现，人类的有声语言传播才得以有了大范围的突破。

1920年11月2日，第一次正规的无线电广播在美国匹斯堡播音。1921年～1922年间，随着电台的迅速增加，收音机和无线电元件的销量猛增。到 1922 年 11 月，全美国已有 564 座注册的无线电广播电台。中国在 1922 年也开办了一座（外资）无线广播电台。1922 年，美国的纽约与芝加哥的电台利用长途电话线路连接起来，报道了一场足球赛。1926 年，美国广播公司在纽约收购了一家电台，以它为中心，建立了无线电台的一个常设网，来分配每天的节目。1925 年，日本发明家八木秀次发明了超短波天线。20 世纪 30 年代前后，人们开始使用超短波段进行无线电广播。1933 年，出现了调频技术，到 60 年代，立体声广播开始出现。

而在当今的互联网上，有声读物越来越多，最常见的当数广播剧和有声小说。有人甚至宣称：听书时代已经到来！的确，与文字小说比起来，有声小说的欣赏更加便捷、声情并茂，因为它加入了演播者的二度创作。同样，对于影视作品而言，有声语言更是其重要的声音元素之一。那么，作为以互联网为代表的多媒体作品的设计与创作，自然更加离不开对有声语言运用艺术规律的掌握。

有声语言的表达，需要掌握一些基本方法，我们主要参照王泰兴老师的《有声传播语言应用》，从用气、发声、吐字、语气、抒情五个方面，来讲述有声语言表情达意的一些基础方法。

7.1.1 用气、发声与吐字

一、用气

录制有声语言时，如何才能使自己的声音悦耳动听？气息便是影视录音效果的一个首当其冲的重要因素。因为气息是声音的基础，是人体发声的动力，气和声如同电力和机器一样，没有电力，机器就不能开动。气息的变化关系到声音的响亮度、声音的清晰度、音色的优美圆润、嗓音的持久性及情绪的饱满充沛。只有在气息得到控制的基础上，才能谈到控制声音。所以，气息控制是学习发声的根本一环。

1. 自然说话的呼吸状态与有目的地说话的呼吸状态的区别

"有目的地说话"指的是人们在进行讲授、演讲、朗诵、播音、主持等活动时的说话，自然说话则主要指人们日常生活中的随意交谈。这两种说话当然都需要呼吸的支持，然而它们对呼吸的要求却并不完全相同。

有目的地说话在发声吐字和表情达意方面有着具体的要求，如果没有经过基本功的训练，即使不紧张，也可能因呼吸控制不好，变得气喘嘘嘘，声嘶力竭。自然说话却对声音的好坏没有什么特殊要求，怎么去说都比较自由，所以说话时大多是"有意识地说、无意识地呼吸"。

1) 自然状态下的各种呼吸方式

我们可以从三种不同的状态来分析人在自然状态下的呼吸方式。

人在安静时的呼吸一般是腹式呼吸。此时，人的胸廓没有明显活动，主要靠膈肌的收缩与放松来呼吸，同时，腹壁也随之一瘪一突。这是人在坐着或睡眠时的一般呼吸状态，进出气量不大。

人在自然说话时呼吸，进出气量比安静呼吸时大，呼气比运动呼吸平稳。吸气时，膈下降，下胸部略为扩大，呼气说话时，吸气肌放松，胸廓回弹。

人在运动时则需要大的呼吸量，吸气时胸廓扩大，膈肌明显下降，腹前壁突出，吸入较大气量。呼气时吸气肌群一齐放松，而呼气肌群则同时收缩，胸廓很快回缩，将气迅速排出。进出气量大而较急促，胸腹部有明显起落。

总而言之，人们在生活中的呼吸是一种不用主观控制的自动反射活动。

2) 有目的说话的呼吸状态

有目的说话的发声要求不同于生活中自然说话的呼吸方式，此时，必须学会有控制的胸腹联合呼吸。胸腹联合呼吸的突出特点是气下沉，两肋开，小腹微收。

"气下沉"指的是口鼻同时进气，把气深吸进肺的底部。"两肋开"指的是，吸气时在肩胸放松的情况下，从容地打开两肋，此时感觉腰部发胀，腰带渐紧。"小腹微收"指的是，腹部吸气肌肉向小腹中心位置收缩，腹壁保持不凸不凹的"站定"状态；在呼气时，吸气肌肉群不像自然说话的呼气状态放松下来，而是继续工作，小腹仍保持收缩状态以维持两肋的扩张。

由上可见，有目的说话时的胸腹联合呼吸法与生活中自然说话的呼吸方式最大的不同点在于：吸气肌群不仅在吸气时起作用，在呼气时仍继续工作，与呼气肌群形式对抗力量，以控制呼出气流的疾、徐、强、弱。

2．良好的气息运用状态的感觉与特点

1) 稳劲感

稳劲状态是通过呼、吸两大肌肉群的对抗来实现的，而这两种力的对抗是一种巧力，并没有什么统一明确的尺度。实际上胸廓在呼气过程中仍在回收，只不过由于吸气力量的抵抗而放慢了速度，"吝啬"一些罢了。我们可以将胸腔比做气球，喉口则是气球的进出气口，这个"气球"充好气后，如果突然放开，其中的空气会一下子放光。自然状态的呼气一般就是这样，吸气肌一放松，体内的气就一下排出了。这种自由式的呼气显然不符合稳劲状态的要求。为了找到稳劲的感觉，我们还可做一试验：先吸好气然后张嘴准备吐出来，但又力图把气保留在体内较深位置，这时就会感到两肋打开的力量与腹肌收缩的力量之间有一种互相牵扯的现象存在，如果在呼气的过程中运用这两种力将上行的气息"拉住"的话，就会产生稳劲控制的实际感觉。

2) 持久感

呼气持久有两种含义，一是一口气能用多长时间；二是理想的呼气状态能保持多长时间。应该说其二更具实际意义。锻炼快吸慢呼，延长一口气的使用时间可以使我们读长句时从容不迫。呼气是否能持久，主要在于对吸气肌群的控制。因为稳劲的呼气状态，只有依赖于有力的吸气肌群才能得到保持。前面已经讲过自然状态下说话呼气时吸气肌基本上是不工作的，而有目的说话呼气时吸气肌仍持续工作。因此，加强吸气肌群的训练对保持理想的呼吸状态具有特殊的意义。

3) 流动感

流动感是气息运用最重要的感觉。气息活动的力量源于流动，它好比声音的血液，只有气息流动才形成声音的活力。气息又好比山间潺潺的小溪，时而叮咚跳跃，时而缓缓向前；气息也是这样，随着情感的运动变化而变化流动，其流动的节奏感正是我们可从容而有节制的对其进行控制的原因。

4) 自如感

发声本生是一种全身心的运动，气息的表现方式是由其心理状态决定的。例如：气

178

徐声柔、气足声硬、气沉声缓、气短声促、气少声平、气粗声重……这一切都源于感情的运动。感情的运动是推动声音气息变化的内在动力，如果不动情，气息状态凝滞不变，声音便呆板苍白，缺乏活力。动情了，而气息却不能随之自如变化，声音就不可能自如变化，从而会大大削弱语音的表现力。

二、发声

声音的发出本来是一种物理现象。但人是情感动物，有目的说话时，更要有意识地抒发情感，因此，此时的发声会牵涉到很多细致的心理因素，很难用物理手段精确地说明与度量，其中不少问题还属于未知领域。其实，人的声带所发出的喉音是很微弱的，只是在经过共鸣在后才得到了扩大和美化，从而形成不同的声音色彩。经过训练的发声，不太费力而声音优美，变化自如，这与熟练掌握了发声器官的共鸣调节方法密切相关。其次，有目的说话的感情运动状态比日常生活中的情感变化更强烈、更集中、更鲜明，因此其运动幅席更大，不经过训练，很难很好地控制自己的发声从而抒发这种感情。下面我们从共鸣控制、声音弹性这两个基本方面来介绍如何训练发声。

1. 共鸣控制

有目的说话的发声有自己的共鸣特点，是一种以口腔共鸣为主、胸腔共鸣为基础，以微量鼻腔共鸣为辅的声道共鸣方式。

一个人的发音器官是天生的，无法改造。而在产生共鸣的过程中，共鸣器官却可以把发自声带的原声在音色上进行润色修饰，使它变得圆润、优美。调节共鸣器官可以丰富或改变声音的色彩，同时还可保护声带。因为良好的声音共鸣可以减轻气流对声带的冲击，从而延长声带的寿命。

1) 胸腔共鸣

胸腔共鸣有浑厚、结实、有力的特点。在日常生活中，人们有动于衷、感慨万千地谈论事情时，声音大多有胸声色彩。在自然音域中，有目的说话用得最多的是中间偏低的部分，需要胸腔共鸣这个扎实的基础作为"底座"。这对于男声尤为重要。如果声音缺乏胸声色彩，就会显得轻飘、无分量。当然，胸腔共鸣的运用要适当，过多会使声音沉闷、含混，影响吐字的清晰。

2) 口腔共鸣

口腔共鸣对于发声至关重要。没有口腔的活动不可能产生语言，不能适当发挥口腔共鸣，也就不可能使字音圆润动听。有目的说话时，大部分采用中声区，而中声区的形成又在口腔上下，因此我们说决定有声语言的共鸣重心在口腔。

那么如何改变口腔共鸣条件，从而使声音圆润、集中呢？发音时，应该注意双唇的集中用力，下巴则要放松，牙关打开，喉部放松，嘴角上提。我们可以在张口吸气时用"半打哈欠"状态体会喉部、舌根、下巴放松的感觉，此时口腔共鸣会加大。当然，这些都必须是在吐字过程中完成的，而不能脱离吐字而存在。我们将在"吐字"一节再进行分析。

3) 鼻腔共鸣

鼻腔共鸣是通过软腭来实现的。当软腭放松，鼻腔通路打开，口腔的某部关闭，声音在鼻腔便得到了共鸣，从而产生标准的鼻辅音 m、n 和 ng 等；如果鼻腔和口腔同时打开，产生的是鼻化元音。利用鼻腔共鸣，使少量元音鼻化可以增加音色的明亮度，从而使声音柔和而有光彩，不可使发音较省力。一般在高音区常使用鼻腔共鸣。

4) 控制共鸣需要注意的问题

第一，脊背直而舒展，颈不要前倾或后坐，颈前部肌肉要放松，以保持咽管的通畅，有利于发挥咽腔的共鸣作用。

第二，胸部放松，不要故意挺胸，吸气不要过满。如果过满，就要控制气息不要快速呼出，反而容易造成胸廓的僵硬，不利于灵活调节胸腔共鸣。

第三，适当打开后槽牙，使槽牙之间有一定距离，像"咬嚼口香糖"一样，下颌的活动要灵活，而不要"咬着牙"发音。这样才能取得较丰富的口腔共鸣。

第四，感觉声束沿上腭中线前行，向硬腭前部流动冲击，从而有声音"挂"在硬腭穹窿上的感觉。同时感觉发音省力。

共鸣的运用与气息控制直接相关，共鸣调节也只有通过气息的调节才能实现。比如，较强的共鸣需要足够的气量，小腹控制较紧；低音共鸣需要一定气量，小腹控制较松；中音共鸣比较省力，但同样也需要气流有一定的密度和流量，才能把声音送到口腔前部，充分发挥口腔共鸣作用。

总之，有目的说话需要的气量不大，但需要控制灵活，气流过强过弱都不利于共鸣的灵活调节。

2．声音弹性

声音弹性是指声音对于人们变化着的思想感情的适应能力。简单地说就是声音随感情变化的伸缩性、可变性。有目的说话负载量大，信息量大，情感变化幅度也大，我们就要在自然的基础上逐步培养一种富于色彩的有感染力的声音，使发声技巧与作品内容统一起来，让声音能适应情感的变化和内容的需要，这就是我们声音弹性训练的目的。

1) 声音弹性的表现特点：

(1) 可变性。

声音弹性表现为声音的可变性，离开了声音的变化，就谈不上声音弹性了。其中最主要的是气息状态使声音色彩的变化。

(2) 对比性。

声音的变化呈现对比性，而声音弹性是在对比中呈现的。这种可对比的因素很多，其中主要的有：气息的深浅、快慢，声音的高低、强弱、虚实、明暗、刚柔、厚薄、断连、松紧、纵收等等。

(3) 层次性。

对比是具有层次性的。在每一对比项目中都有众多的层次，层次之间又有着细微的差别。控制水平越高，层次间的差别越细致，情感表达就越细腻，也就越富感染力。

(4) 复合性。

声音弹性不是以单项对比的形式出现，而是以各种对比项目的复合形式出现的。由于复合的成分不同，各种成分的强度、浓度不同，因而产生了千变万化的声音色彩及声音个性。

2) 声音弹性的对比训练

我们先把声音分解为单一对比成分进行训练，以找到各种对比成分的色彩特征及发音感觉。而后再做一些综合训练。

（1）声音的高与低。

声音高低的练习，是为了增强声带伸缩的肌肉力量和对声带长度变化的控制能力。在扩展音域的同时，避免高音易尖亮，低音易沉闷的惯性。灵活地运用声音高低，可提高声音的柔和度和清晰度，增强语言的表现力。另外对用声不良(偏高或偏低)者，通过练习尽可能找到适合自己的常用音域。

（2）声音的强与弱。

由于每个人的声音条件及用声习惯不同，有的人声音强些。有的人则弱些，一般男声强些，女声弱些。但经过训练的声音强度略高些，这是很自然的。在话筒前发声时应保持语流的稳定性，一般多用渐强或渐弱，突强或突弱用得很少。如果需要用强音时，躯体应向后靠一靠，反之用弱声时，躯体略向前倾，以调整口唇与话筒的距离，保证不至出现过强或过弱的声音。

（3）声音的虚与实。

发声过程中音色的虚实、明暗是声门开合变化形成的。这种音色变化是丰富语言表现力、准确表达情感色彩的重要因素。从声音色彩的角度看，同一个人在不同的语境和不同的情绪下发音，声音的色彩也会不同。要学会运用不同音色，克服日常口语单一音色的消极发声习惯，使声音色彩适应千变万化的表情要求。

三、吐字

"吐字"，也就是有声语言的"吐字归音"，看起来简单，只要会说话，都可以把字念出来，把音发出来，其实吐字归音大有讲究。

吐字归音是我国古典唱法中对吐字法的概括，也被誉之为古典唱法的精髓。在传统说唱艺术中吐字指的是发音的清晰有力，韵尾完整，字音不仅要念准，还要有分量，所以有"咬字千斤重，听者自动容"、"清晰的口齿沉重的字，动人的声韵醉人的音"的说法。不管是有声语言工作者还是有声语言工作爱好者，必须先把字音念准，把话说清，能让人听得见、听得清，才能再研究如何准确、生动、鲜明地表情达意的问题，这是训练有目的说话的必备前提。

字音是在口腔内形成的，口腔是语音的制造场，吐字实际上就是讲究口腔控制。我们对吐字归音的要求是：准确规范、清晰流畅，圆润集中、颗粒饱满、光泽晶莹、轻快连贯、如珠如流、字字入耳、声声动心。这样才会说者不费力，听者有美感。

1．口部训练

有目的说话比日常说话口腔开度要大一些。日常说话时口腔多呈"前>后"型，前开后不开。有目的说话则要求口腔前后都打开，而这个要求是通过"提颧肌、开牙关、挺软腭、松下巴"来实现的。

（1）提颧肌。颧肌用力向上提起，面部略带微笑状，口腔前有展宽的感觉，鼻孔也略为张大，上唇紧贴牙齿。这样快速做几十次，颧肌部分会明显感觉发酸，反复练习，颧肌控制力量加大，咬字时也就会自然提起。

（2）开牙关。上下槽牙像嚼着弹性物而保持一定距离地打开，双侧上后槽牙要始终保持向上提起的感觉，张嘴像打哈欠，闭嘴如啃苹果。开牙关是抬上腭的部分动作，它可以丰富口腔共鸣，也可以使咬字位置适中有力。

(3) 挺软腭。软腭在上腭后部，是一种软体。平时不说话时软腭是向下垂着的，即使说话也没有人有意识将它提起。但有目的说话时，由于声音和咬字的需要，就必须把软腭挺起。因为这样做既可以加大口腔后部空间，也可以避免声音过多地灌入鼻腔而造成鼻音。可以用夸张吸气、"半打哈欠"来体会挺软腭的感觉。

(4) 松下巴。下巴在打开口腔时比上腭更起作用，只要放松下巴，口腔就可以明显打开许多。发音时，只有下巴自然内收，才能放松。其实咬字的力量主要在上腭，下巴则处于放松"从动"状态，我们可以用"牙痛时说话"来体会下巴放松的感觉。

(5) 双唇控制。唇是声音的主要出口，也是吐字的重要器官，造成字音散的主要原因就是唇的力量分散，唇的控制对吐字质量的影响很明显。

(6) 舌头练习。舌是活动最积极，影响最大的咬字器官。汉语普通话音素中，除辅音的唇音 b、p、m、f 外，无不依赖舌的活动；而音节，则全部都有舌积极的活动。可见，对舌的活动控制是吐字中最重要的一环。

2. 声母练习

普通话的音节由声母、韵母和声调三部分组成。声母是音节的开头部分，也叫"字头"。声母由辅音充当，而辅音的发音特点是短促、音势较弱，容易受干扰，也容易"吃字"，从而影响语音的清晰度。所以，必须认真练习声母的发音，才能做到"咬得准，发得清"，使整个音节发得完整、清晰。

普通话声母共有 12 个，按发音部位分成七个部位和五种发音方法。七个部位是双唇音、唇齿音、舌尖中音、舌根音、舌面音、舌尖后音和舌尖前音，五种发音方法是塞音、擦音、塞擦音、鼻音和边音。

我们可以通过朗读声母相同的两字词展开练习，即有意识地将发音部位相同的音放在一起练习，如"包办、芬芳、美妙、等待、天堂、改革、欢呼、加紧、亲切、细心、庄重、山水、藏族"等，也可以通过不同声母的对比辨音来进行练习，如送气音和不送气音的分辨（b 与 p、d 与 t、g 与 k、j 与 q、zh 与 ch、z 与 c）、平舌音与翘舌音的分辨（z 与 zh、c 与 ch、s 与 sh）、唇齿音 f 与舌根音 h 的分辨、鼻音 n 和边音 l 的分辨等。如"鼻子与皮子，肚子与兔子，精华与清华，长江与长枪等"。

3. 韵母练习

韵母是音节中后面的部分，由韵头、韵腹和韵尾三部分组成。韵头通常由 i、u、ü 来担任；韵腹是主要角色，分别由 10 个单元音担任；韵尾由 i、o、(u) 和两个鼻辅音 n、ng 担任。普通话一共有 39 个韵母。其中单韵母 10 个，复韵母 13 个，鼻韵母 16 个。如果按韵母发音口型特点来分，可以分为开口呼、齐齿呼、合口呼、撮口呼四类。韵母练习可通过韵母对比辨音训练来进行，如 i 和 ü 的分辨，鼻音韵尾 n 和 ng 的分辨。如"意见与遇见、容易与荣誉、经济与京剧、分期与分区"等，再如"开饭与开放、天坛与天堂、长针与长征、真理与争理、乡村与香葱、飞轮与飞龙、运煤与用煤"等。

4. 声调练习

声调又称字调，它是造成有声语言抑扬顿挫的韵律美的主要因素之一，也是音节所固有的能区别意义的声音高低升降。有关声调的处理我们将在下一节语气中加以介绍。

7.1.2　语气、节奏与抒情

一、语气

语气是在一定思想感情支配下的语句的声音形式。语气，拆开了就是"语"和"气"。"语"是我们朗读时用有声语言念出来的一个个具体的语句，"气"则是我们朗读、说话时的气息状态，这种不同的气息状态决定着说话时所采用的不同的声音形式，这就是语气的"形"的部分。合起来，语气就是语言内容和声音形式具体结合后产生的那一个具体的语句。语气不同，朗读的声音形式也是不同的。

我们常说，朗读一篇文学作品，一定要注意把握语气的抑扬顿挫和轻重缓急，这其实就包括了语气处理的各个不同的方面，即语气的各种声音形式——抑扬即声音的高低（也就是"语调"）、顿挫主要指声音的停顿与连接（也就是"停连"），轻重指声音的重读与轻读（也就是重音与非重音的处理），缓急当然指声音的快慢（也就是语速变化）。此外，声音的虚实与明暗即声音的色彩处理也是一个非常重要的问题。

由于汉语的四声是以高低变化为主要区别的，所以往往造成一种印象，语气的高低是主要的，语言的轻重、快慢是次要的，虚实和明暗更是无足轻重的，然而这无疑是片面的。要研究语气，千万不能只重视声音的高低即语调的变化。语调与语气既密切联系又不尽相同。语调是从语句的声音形式进行研究的，它着重于语句声音的高低升降的变化形式；而语气是从语句的交际功用着眼的，人们是通过语音外壳感受到说话人（或作品中的主人公）的内心情感状态的。这是两者的不同之处。语句之所以有不同的高低升降的语调变化，正是为了语气表达的需要。因此，语调只是语气研究的一个重要方面，但是正如前文所述，语气所要研究的语音形式，却不仅仅只是包括语调而已。

1.语调

语调指的是朗读时语句声音的高低升降的变化。这种高低升降的变化不仅是准确传递句子的思想感情的需要，也是实现句子的交际功用必不可少的语音手段。

普通话语音把音高分成"低、半低、中、半高、高"五度。阴平声高而平，阳平声是中升调，上声是降升调，去声是全降调。请看下面的声调图：

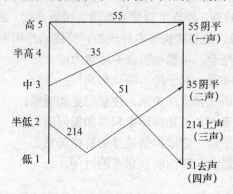

声调是语调的基础，只有掌握了正确的声调，才可以更好地在朗读时处理语调。

语调的具体声音形式大体可分为五类。

波峰类：语句的句头、句尾较低，而中间的地方最高。

如：张老师一惊，急奔而去。

波谷类：语句的句头、句尾较高，而句腰较低。与"波峰类"的运动态势正好相反。

如：你总是这样优柔寡断。

起潮类：语句的句头较低，而随后的部分逐渐上行，到句尾达到最高点。

如：小兰愣住了，她望着冷漠的如谣，再也不相信她就是那个朝夕相处的好朋友。

落潮类：语句的句头较高，而后顺势下行，到句尾达到最低点，与上山类语势相反。

如：

他从土耳其带回个老婆，一个裹着披肩的娇小女人。

半起类：一般地像疑问句，有分节号的句子。这样的句子实际上并没有完，而是起了一半，后面的答话才能完成它的全部意思。

如：

小姑娘，你要到哪儿去啊？

在语调的声音形式上，这五种声音基本上包括了语调的声音形式的各个方面，但也不是固定的，在朗读过程中千万不可硬套某种模式，因为各种各样的文章有着各种各样的句势，各种各样的语调需要各种各样的声音形式，应该说是"语无定势"，也就是要根据思想感情的运动状态去具体地把握声音形式，而不要去追求某种模式或固定的腔调。

2．停连

停连就是停顿和连接，即声音的中断和延续。具体说，停连主要解决怎样断连词句、组织好语音意思的表达问题。

1）停连的作用

说话时是向外呼气，人不可能只呼不吸或只吸不呼，这是生理需要。但从心理角度讲，说话都有一定意思，在哪停连不能随心所欲，气足句子说长一点，气短则说碎一点，生理需要的处置要服从心理需要，这是语音艺术的基本要求。另外也不能完全受文稿标点符号的局限而影响准确地表情达意。学习和运用停连这种技巧，一定要弄明白这句话的真实意思，否则何断何连就没有根据，语言意思也就无法表达清楚。

19世纪英国著名作家、思想家卡莱尔曾说过："沉默(即适当的停顿)与语音相配合，能创出双重的意境。"英国著名悲剧演员卡里克也认为："顿歇或沉默是演员表演的秘诀，顿歇的作用是绝妙的。"的确，停连可以使有声语言清意明、逻辑严密、节奏鲜明，创造出从容不迫、紧张急切、热烈欢快等多种语势。停连的作用可以概括如下：

(1) 利用停连，动静结合，可吸引听众的注意力；

(2) 利用停连，控制呼吸，利于恰当喘息和换气；

(3) 利用停连，区分语义和语法关系，使意思更加明晰；

(4) 利用停连，突出重点，可加深印象和增加提问的力量；

(5) 利用停连，调节节奏，造成抑扬顿挫的旋律美感；

(6) 利用停连，造成悬念，留给听众思考的时间。

2）停连的位置

很多时候，一个人的演讲或播音也许一字不差，顺畅自如，但就是由于停连位置不同，便会产生不同的语义，出现不同的效果。要想正确运用停连为内容和思想感情服务，首先必须找准停连的位置。

张颂教授的《朗读学》一书中阐述停连位置时有一举例，很能说明问题："漫画家张乐平在解放前为救济部分贫苦儿童举行了义卖画展，有这样一句'最贵的一张值八百美元'。说这句话时，有四种停顿：

① 最贵的一张值八百美元。

② 最贵的一张/值/八百/美元。

③ 最贵的一张/值八百美元。

④ 最贵的/一张值八百美元。"

张颂教授指出："我们可以看出：

①是没有停顿的，语意并不清晰。②停顿太多，支离破碎，仍然没有清晰的语意。③和④语意不相同，但各自的话意都清晰却是共同的。③是说有一张画最贵，卖到八百美元；④是说最贵的有好几张，每张都可卖八百美元。这就是因为停连的位置不同，产生了歧义。"

由此可见，准确选定停连位置，是掌握停连技巧的首要问题。那么怎样确定停连的位置呢?可以从五个方面去考虑：

(1) 语意停顿。

任何一句话都有它特定的意思。在语音交流或表达中由于停连位置选择不当而造成词不达意，往往首先是说话目的不明和对稿件语句的理解判断错误。例如，曾有人把"代表团长途跋涉"念成"代表团长——途跋涉"；"姬鹏飞到机场迎接……"念成"姬鹏——飞到机场迎接"；把"内塔尼亚胡说"念成"内塔尼亚——胡说"等等这样的错误。

造成这类停错误的原因，主要是没能理解语句的真正含义。至少是不清楚有"长途跋涉"这个成语；不知道有"姬鹏飞(曾任我国外交部长)、内塔尼亚胡(曾任以色列总理)这些名人"。因此，要想恰当地选定停连位置，准确达意，首先必须正确理解语句的意思，积累一些常识，这是表意正确与否的第一步。

(2) 语法停顿。

在理解语句意思的基础上，有时还可能因为没搞清词或词组之间的关系致使停连不当，表意不明。

其实，每个词或词组之后都可以停，也可以连，但不能成为一种惯性。在某处停或连，词语关系是趋于鲜明、正确?还是变得模糊、错误?这是确定停连的关键，而不是单纯从表面语法成分上去划分和把握。

A.主谓间停顿

如：

①天/慢慢地黑下来了。

②冬天/过去了，微风/悄悄地送来了春天。

B.呼应性停顿

如：

①他/当过歌星，在足球队里踢过球，还拍了几部电视剧。

此句中，"他"是"呼"，后面三个短语都是"应"。因此，"他"后面的停顿要明确，停顿的时间一般应该比后面两个标点的停顿时间长。否则，"他"只与"当过歌星"呼应，后边两个短语就容易脱落，有应而无呼。

②他能力很强，工程师、厂长、校长/都干得不错。

185

这里，"工程师"、"厂长"、"校长"是呼，都干得不错是应。"校长"后面不停顿，"工程师"、"厂长"就会有呼无应，容易游离。

C.并列性停顿

一个句子当中常常会有一些关系并列的词与词组，这些词或词组之间的停顿就应该是同位置、同长度的，而且由于各词或词组之间关系较紧密，停顿时间不宜长。

如：

①在我国发现的/，中国猿人、马坝人，及山顶洞人，分别属于/猿人、古人及新人阶段。

②这条广告曾分别刊载在《北京青年报》、《戏剧电影报》、《生活时报》、《青年参考报》、《电脑教育报》、《购物导报》、《科技生活报》、《城市晚报》上。

长句容易播散、播乱，5个以上并列的词或词组，可分2~3个词或词组为一组来处理停顿。分组可按内容、类别、数目等，这主要是为了自己表达方便，不能让人听出有间隔断裂感。因为这些词或词组虽然较多，却只是一个长句中的一部分，要注意它的完整性。

(3) 强调停顿。

在句子之间，词组或词之间，为了强调某个句子、词组或词，就在前面或后面，以至前后同时停顿，从而让所强调的词语突现出来，这就是强调性停顿。

如：

①森林爷爷的脚伸在很深很深的泥土里，任凭风魔王怎么摇，他也还是/稳稳地站着。

这一句强调"还是"，在它后面停顿一下，更显"森林爷爷"坚定不移，力不可摧的气慨。

②只见灵车去，不见总理/归。

这一句强调"归"，突出亿万人民对总理的无限思念和悼念之情。

③俱往矣，数风流人物，还看/今朝。

这一句强调"今朝"，是说那些显赫一时的人物随着历史的过去都已过去，而能担当起中国革命重担的真正英雄，要数伟大的共产党人，绝不是那些帝王将相。

(4) 情感停顿。

仅仅处理好语意、语法和强调停顿是不够的。为了使文稿的情感得到更好的表现，还要灵活处理停顿。因为在很多情况下，对有些语句，虽然我们可以准确理解其含义和语句结构，从而按一般的词语关系来确定停连位置，但是却不能使语句中所蕴含着的生动、丰富的情景神态得到充分表达。此时，就要根据特殊的语音环境和文中人物的思想感情来确定停连的位置了。

表现激动、紧张、恼怒、愤慨、忧伤、悲痛，以及欢快、轻松等感情，语速较快，停顿较少，较短。

如：

让他一个留在房里还不到/两分钟。等我们再进来的时候，便发现他在安乐椅上安静地睡着了——/但已经是永远地睡着了。

前一个停顿，表现出万分悲痛的心情；后一个停顿，有利于充分表达作者沉痛的心情。

表现沉吟、思索、回味、追忆、想像、犹豫、怀疑、猜测、凝重、深沉等情感，停顿较多，时间较长。

如：

①她吓昏了，转身向着他说："我……我……我丢了/佛来恩节夫人的/项链了。"

这儿的两个停顿表现出极度惶恐的心理状态。

②张大娘好像认不出他了，眯缝着眼睛边打量边试探着问："你是/王福吧?"

老人是边思考、判断，边问话的，因此，在"你是"后边稍加停顿，便能生动地把这时的心理活动过程和表情神态表现出来。

(5) 标点符号停顿。

标点符号是作者标示的语句停顿，是作者写作的呼吸感觉，是写给人看的。我们既要借助标点符号的提示，更要以自己对文稿的理解和感觉来处理停顿的位置和长短。播音、主持、朗诵和演讲等的停连不能完全受文稿标点将号的局限。

如：

① 自古称作天堑的长江，被我们/征服了!

为突出强调"征服"，表示胜利的喜悦，可以在"长江"后的逗号连紧点"征服"前顿一下。

② "糟啦!糟啦! 月亮掉在井里啦!"

两个"糟啦"可连起来，以表达吃惊的语态。

③福建省厦门市今天举行民族英雄郑成功纪念像奠基典礼。

这一句话中间没有标点，但至少要有两处小停顿：一处是"厦门市"后，一处是"举行"后。不这样处理，听众就听不清楚是在什么地点、什么时间、发生了什么事情。

处理标点符号的一般规律是：

顿号停顿时间最短，一蹴而过。

逗号、冒号、分号次之。

句号、问号稍长。

感叹号、省略号据情境而定。怀念感激的感叹号停顿较长；命令、惊叹的感叹号停顿较短。"激动得说不出，说不下去"的省略号停顿较长；突然被打断的省略号停顿较短。

括号、引号、破折号的停顿较为特殊。一般说来，括号里的内容声音相对弱些，以区别正文，让人听出是注解的。引号里的内容声音相对强些，能引人注意。破折号的内容，声音稍强，可停也可不停。

3) 停连的方式

不明确停连的位置，就无从谈处理的方式，而不讲究处理方式的停连，位置即使准确，表达结果也不一定确切。

(1) 声断意连的"渐弱渐止"的停顿。

这种停顿是前一个音节的延续，藕断丝连，显得委婉含蓄，耐人寻味，同时，气息的连续给人一种语意未尽的感觉。

例：

①我抬起头来/通过天边的风雨/通过天边的黑暗/我份佛看见了一条光明大路/一直通向遥远的陕北。

这句话中的几处停顿气息舒缓，渐弱渐止，给人一种向往、回味的余地。

②这是我/最后一次/给你们/上课了。

全句只有一个标点，如果一口气不停地说下来，有可能会表达出一种兴奋感——"终于可以摆脱上课的烦恼了"。然而这是都德《最后一课》中韩麦尔先生最后对学生说的话，一句三顿再加上其他语言技巧就可以准确深刻地表现出韩麦尔先生此时极度的亡国之痛和不愿离开孩子们的心情。

(2) 斩钉截铁的"戛然而止"的停顿。

这种停顿显得：干净利落，富有力度，声停气止，句尾声音顺势而落停住。

例：

①我们不怕死，我们有牺牲的精神！/我们随时像李先生一样，前脚跨出大门，后脚就不准备再跨进大门！

这两处感叹号的停顿气息要强，休止要急促，给人一种大无畏的豪壮感。

②我雷某不管她是天老爷的夫人，还是地老爷的太太，走后门，谁敢把后门走到我这流血牺牲的战场上，没二话，我雷某要让她的儿子/第一个扛上炸药包，去炸碉堡！/ ……

这里的几个停顿一个比一个气息强，最后戛然收住。表现出雷将军无私无畏，对党和人民赤胆忠心和对不正之风深恶痛绝的心情。

3. 重音

重音就是说话时运用声音形式着重强调和突出的音节(词语或词组)。重音存在于语句中，是体现语句目的的重要手段，其主要任务是解决作品中内容、词语关系的主次。

恰当地运用重音，能准确地表达具体语句所蕴含的思想感情，突出表达作品主题，对于提高语言的表现力和感染力有着十分重要的意义。

1) 重音的确定

重音是为体现主题服务的，它是语法、逻辑、感情、心理等各方面因素的综合。一般来说，句子理解正确了，重音也就容易找对。

(1) 并列性重音。

语句中常有一些并列关系的词，词组或段落，这些词组或段落在表意上起决定作用时，就构成并列性重音。并列性重音体现内容中的不同角度、不同方面、不同情况、不同途径等等，它能使语句内容显得更完整。

例：

①桂林的山真*奇*呀，桂林的山真*秀*哇，桂林的山真*险*哪。

②如果没有**太阳**，地球上将到处是**黑暗**，到处是**寒冷**，没有**风、雪、雨、露**，没有**草、木、鸟、兽**，自然也不会有**人**。

运用并列重音时有三点需要明确：只要有并列语句，就有并列重音；并列重音的位置一般是大体相似的；那些重复出现的相同词语一般不作重音。

(2) 对比性重音。

语句中内涵相反、结构大致相同的词语，在表情达意上起决定作用时，就是对比性重音；对比性重音，或突出形象，或明确观点，或渲染气氛，或显露曲直，或深化感情，它能加强对比感受。表达时，语气应突出这种相反的趋向。

例：

①人固有一死，或**重于泰山**，或**轻于鸿毛**。

②进一步**万丈深渊**，退一步**海阔天空**。

③虚心使人**进步**，骄傲使人**落后**。

(3) 递进性重音。

在有些句子里，词语表达的内容步步递进，层层发展，这些词语就是递进性重音。文学作品中常用一连串词语表现人物、事件行为，思想等的发展变化。在语言表达时，为了突出这种发展变化，给人以深刻的印象，对这一连串词语一般加以重读。

例：

①风**停**了，雨**住**了，太阳**出来**了。

②在茂密的森林里，有一只**老虎**正在寻找食物。一只**狐狸**从老虎身边窜过。老虎**扑**过去，把狐狸**逮**住了。

以上例①的递进性重音，体现了自然现象在时空顺序中的进程，先是"风停"然后是"雨住"最后是"太阳出来"。例②几个连续性重音简要地显示了它的发展过程，把一件事很清晰地勾画出来。

(4) 转折性重音。

转折性重音是对转折关系的强调，体现事物发展的多向性。一般情况下，递进性重音揭示事物间同一方向的进展，而转折性重音则揭示事物相反方向的变化。在转折重音的处理上，一些"虚问"也可以作为重音，以使转折关系更明显。

例：

①孔雀很美丽，**可是**很骄傲。

②这正如地上的路，其实地上本**没有路**，走的人**多**了，也**便成**了路。

(5) 强调性重音。

对某些关系到语句目的的重要词组，为区别程度，括清范围，要着力强调其色彩和分量，我们把这些要着重强调的词语就叫做强调性重音。

例：

乌鸦听了狐狸的话，得意**极**了，就唱起歌来。

(6) 反义性重音。

有些语句的真正目的恰恰与文字表面意思相反，褒义词用于贬义，贬义词用于褒义。这时为突出它们的相反含义，往往要在某些关键的词语中加强重音，才能使语句目的明确。

例：

你可真**高尚**呀，连小孩子也不放过。

(7) 拟声性重音。

拟声是指对声音的摹拟，在文学作品中，常用象声词来表现声音特征，虽然不必惟妙惟肖，但一定要近似，这对描写场景，烘托气氛有很大作用。在有声语言中，对拟声的象声词一般要安排重音，配以其他语言技巧，往往可以收到"神似"的效果。

例：

①几只野鸭**扑棱棱**飞起来。

②风，**呼呼**地刮着；雨，**哗哗**地下着。黑暗笼罩着大地。

2) 重音的表达

确定重音的位置只是为了把它表达出来。如果没有恰当的方法表达出来，形之于声的重音仍然模糊不清。重音可以表达丰富多样的思想感情，因而重音的处理方式也是变化多端的。某一重音该用怎样的表达方式才算恰当、贴切、要根据具体情况而定。下面就介绍几种常用的重音表达方法供同学们参考。

(1) 重音强化。

把重音读得重些、亮些，一般用于表达明朗的态度以及形象鲜明的事物：

例：

我不是不**会**，我是不**愿**。

播读时，将"会"、"愿"两个音节加强音量，可以说明情况，表明态度。

(2) 重音轻读。

重音轻读就是把要强调的词减小音量而加重气息。这种方式常用来烘托意境，表达深沉凝重、含蓄内向的细腻情感，听来轻柔深挚，真切感人，回味无穷。

例：

①如果世界上真有**不知疲倦**的人，我们敬爱的周总理呀，一生休息得**最少、最少**。

重音"不知疲倦"和"最少、最少"用轻读的手法加上前面稍加停顿，突出周总理鞠躬尽瘁为国为民的高尚情操和人民痛惜总理的心情。

②月光照进窗子来，茅屋里的**一切**好像披上了银纱，显得格外**清幽**。

此处重音轻读，可增添夜晚的柔美。

(3) 重音拖长。

把重音音节拖长，一般用于渲染情绪，抒发深挚的情感等，还可启发想像，加深印象，增加有声语言的感染力。

例：

①这时间，也许你不出声，但是你的心里会涌上这样的感想的：多么**庄严**，多么**妩媚**呀！此处重音拖长，表达出兴奋感和陶醉感。

②天安门广场上，花堆成了**山**，人汇成了**海**。……**爸爸**脱下了**帽子**，**妈妈**摘下了**头巾**。他们**低下头**，向周爷爷**默哀**。

这段话，整体语速较慢，重音就更慢，以表现一种无比悲痛的情感。

(4) 重音停顿。

重音停顿，就是把重音和停顿结合起来。在重音前或重音后，或重音前后安排或长或短的停顿，可以使重音显露出来，从而得到强调。

例：

①这许多歌曲里边，**这一首**我最喜欢。

在"这一首"这个重音的后边安排停顿，可强调没有其他歌曲能够替代。

②再见了，亲爱的人！**我的心**永远跟你在一起。

重音是相对非重音而存在的，重音表达同时也要注意非重音的处理。强中见弱，高中见低，快中显慢，停中带连等，才富于美感，更引人注意。在实际运用中，重音与非重音是紧密联系在一起的，是相辅相成，各有侧重的，万万不可将两者割裂开来，呆板地运用。而应该在具体思想感情的运动状态下，根据话语的目的认真处理，综合利用。

重音是构成语气的重要因素，要用语气来带。语气随感情变化而变化，重音也要随着变化。一般地说，表示坚定、果敢、豪迈、庄重、粗暴、愤怒、激动的语句，重音常常要重些；表示幸福、温暖、欣慰、体贴、谦逊、平和、沉静的语句，重音则要轻些。

二、节奏

关于节奏，至少有三个要点是必需明确的：一，节奏产生的原因在于文章的思想感情的运动，这是节奏变化的内在推动力；二，声音形式的变化应该是多种多样的，而抑扬顿挫的组合方式与是多种多样的。不仅要有声音高低的变化，还要有停连、转换的变化，不仅要在声音的力度上变化，更要有力度、速度的承续，主从、分合的对比；三，必须要有声音的回环往复，这是节奏的核心。

应该指出的是，语速与节奏是两个密切相关的概念，语速的变化是形成节奏的主要方面，但不是唯一的方面。节奏与语气也是两个密切相关的概念。节奏是广播电视播音创作和朗读、朗诵过程中所运用的一种重要的表达技巧。主要表现在相对独立的节目中的有声语言和那种抑扬顿挫、轻重缓疾的回环往复。具体落实到语气及语气的衔接中，语气是指"这一句"的思想感情的色彩的分量，节奏是指"这一段"、"这一篇"的思想感情运动状态的外部呈现。

节奏感可以表现于音节的匀称，句子的长短交替中，整散并用，还可表现在反复咏唱的意绪（意念和思绪）回旋中，更可表现在层层递进的意念拓展中。

汉字是一个字一个音节，所以，既有单音词，又有双音词，还有三个音节、四个音节的词或词组。如果行文的时候，能注意到它们之间的相互配合，就可以产生琅琅上口的节奏感。

句子有长短之分，短句词语较少，结构简单，其特点是急促有力，简捷轻快，长句词语较多，结构较复杂，其特点在于舒缓起伏，严密周详。短句和长句的交替使用，就可以使语气变得有急有缓，有张有弛，形成一定的节奏。排列整齐的句子主要有对偶句、排比句等，其特点是结构整齐、匀称；而散句则一般字数长短不一，可长则长，可短则短，句中各个部分互不对仗。整句和散句配合在一起使用，就可使语句显得活泼，不呆板，还可以使语句的气势贯通。

例：

燕子去了，有再来的时候；杨柳枯了，有再青的时候；桃花谢了，有再开的时候。但是，聪明的，你告诉我，我们的日子为什么一去不复返呢？——是有人偷了他们罢：那是谁？又藏在何处呢？是他们自己逃走了罢：现在又到了哪里呢？我不知道他们给了我多少日子；但我的手确乎是渐渐空虚了。在默默里算着，八千多日子经从我手中溜去；像针尖上一滴水滴在大海里，我的时间滴在时间的流里，没有声音，也没有影子。我不禁汗涔涔而泪潸潸了。于是——洗手的时候，日子从水盆里过去；吃饭的时候，日子从饭碗里过去；默默时，便从凝然的双眼前过去。我觉察他去的匆匆了，伸出手遮挽时，他又从遮挽着的手边过去，天黑时，我躺在床上，他便伶伶俐俐地从我身上跨过，从我脚边飞去了。

等我睁开眼和太阳再见，这算又溜走了一日。我掩着面叹息。但是新来的日子的影子又开始在叹息里闪过了。

——朱自清《匆匆》

节奏的类型不是单一的，也不是固定不变的，张颂教授根据节奏的声音形式及其精神内涵的特点，把朗读中的节奏划分为六种类型，并总结了它们各自的声音特点：

(1) 轻快型：多扬少抑，声轻不着力，语流中顿挫较少，且时间短暂，语速较快，轻巧明丽，有一定的跳跃感。如《春》。

(2) 凝重型：多抑少扬，多重少轻，音强而着力，色彩多浓重，语势较平稳，顿挫较多，且时间较长，语速偏慢。重点处的基本语气、基本转换都显得分量较重。如《藤野先生》、《最后一课》。

(3) 低沉型：声音偏暗偏沉，语势多为落潮类，句尾落点多显沉重，语速较缓。如《包身工》、《骆驼祥子》、《卖火柴的小女孩》。

(4) 高亢型：声多明亮高昂，语势多为起潮类，峰峰紧连，扬而更扬，势不可遏，语速偏快。重点处的基本语气、基本转换都带有昂扬积极的特点。如《白杨礼赞》。

(5) 舒缓型：声多轻松明朗，略高但不着力，语势有跌宕但多轻柔舒展，语速徐缓。重点处的基本语气、基本转换都显得舒展徐缓。如《济南的冬天》、《故都的秋》。

(6) 紧张型：声音多扬少抑，多重少轻，语速快，气较促，顿挫短暂，语言密度大。重点处的基本语气、基本转换都较急促、紧张。如《最后一次的讲演》、《麻雀》等。

三、抒情

情感作为人类所特有的生理与心理机制的操纵过程，是一种高级的心理活动状态，是人们对客观事物所持态度在主观上的体验，而喜怒哀乐等情绪又是人对客观事物体验后的一种反应。情感可以提高人的积极性和创造力。积极的情感是人们从事各种实践活动的巨大动力，不仅具有感染功能，使人受到震动产生共鸣，而且能给人以鼓舞、信心和力量，还可将人带入美学意义的至高境界。情感是有声艺术语言的根基和核心，是有声艺术语言再创造的生命，也是有声语言技巧运用的灵魂。

艺术语言的情感表现，目的性和交流性都非常明确。它是由作品内容引发并受作品本身所制约的情感。播读者在艺术语言有声化的二度艺术创作中，无论是描绘景物、渲染气氛、推动情节、塑造人物，还是直抒胸意的评论、叙述，都要寄托浓厚的思想感情和鲜明的爱憎态度，都要反映作者对人生、对社会的深刻认识和思考。也就是说，作为通过有声语言再现作品全貌的演播艺术，做到声中有情、寓情于声、以声传情、以情感人是最重要的，"感人心莫先乎情"。只有情意真才能感人深，也只有理解深才能感情真。

可以说，能够表达无限丰富、热烈、直观、生动的情感，是有声语言与书面文字语言的最大区别。因此，我们说情是有声语言之魂，"情动于衷而形于声"。真挚的情感与丰富多样的表达技巧糅在一起所产生的渗透力和感染力是惊人的。它有一种内在的、征服人心的力量。或者说，有声语言是受感情支配的，思想感情变化了，语言内容变了，语气的色彩和分量也会变，节奏的松紧快慢也跟着变，千篇一律是不行的。的确，节奏的感觉是明显的，而语气的色彩是看不见摸不着的，但我们的心还是可以辨别的。比如"天"这个字，直白地说是一种说法，如果这是万里无云的天，如果这是暴风骤雨的天，如果这是满含怨恨的一声控诉，如果这是无比惊奇的一声赞叹，那么这个"天"字的色彩就会截然不同。

前文已经讲过有声语言的语气问题，事实上，情感和语气是密不可分的，张颂教授在其《朗读学》一书中有明确论述：

爱的语气一般是"气徐声柔"；

憎的语气一般是"气足声硬"；

悲的语气一般是"气沉声续"；

喜的语气一般是"气满声高"；

惧的语气一般是"气提声凝"；

欲的语气一般是"气多声放"；

急的语气一般是"气短声促"；

冷的语气一般是"气少声平"；

怒的语气一般是"气粗声歪"；

疑的语气一般是"气细声粘"。

无论是朴实真挚的情感，还是激愤昂扬的情感，无论是沉重舒缓的情感，还是起伏跌宕的情感，只要运用恰当，以情运气，以情带声，以声传情，便可以使有声语言的表达声情并茂。而声情并茂正是有声语言表达的基本准则和至高境界。

我们可从以下几个方面去训练播读有声文稿时的情感控制：

(1) 朗读粗犷、豪放、有气魄的内容，要求声音偏刚，开阔、口腔开度大、咬字力度强，气息深足。

(2) 朗读坚定昂扬的内容，要求声音高昂响亮，吐字饱满，铿锵有力，气息深厚、扎实。

(3) 朗读活泼、欢乐的内容，要求使用偏高偏前的声音，口腔较松弛，字音弹发快而饱满，气息运用灵活。

(4) 朗读清新、舒展的内容，要求使用偏小音量，声音柔和，吐字清浙、干净、颗粒饱满，气息深而长，气流徐缓。

(5) 朗读紧张、急切的内容，要求声音有高、低、松、紧、大、小、厚、薄的变化，口腔控制灵活利索，多利用句中顿挫，气息随声顿挫运动，促而不浮，吐字音节短而不波，做到内容清楚，紧而不乱。

(6) 播送悲哀沉痛的内容，要求声音低、暗沉，咬字迟滞，气息沉缓，时而断续。

(7) 播送凄楚、忧伤的内容，要求使用较低暗音色，伴着叹息发出，伴有句中顿挫和句间停歇等。

(8) 播送义正词严的谴责与批评性内容，要求声音宽厚、高亢、明朗，字音饱满、有力、气息扎实、沉稳。

(9) 播送具有讽刺性内容，要求声音偏高、偏前、偏紧，有明显变化，口腔牙关开度小，咬字动作有所夸张，气息时而上提，但不浮不飘。

(10) 播送有人物之间对话的内容，要求根据人物的性别、年龄及不同性格加以区别用声。一般而言，小孩的声音偏高、明亮，字偏前，气浮浅；中、青年的声音较结实、响亮，吐字快而有力，气息扎实、沉稳；老人的声音偏低、暗，字音偏后，气散，时而颤抖或提或沉。

7.2 影视作品中的有声语言

7.2.1 角色语言

角色语言是演剧类影视作品中常用的一种有声语言形态，是演剧类影视作品塑造人物形象、叙事的重要手段。

人的声音，作为人物个性特征的一部分，是世界上独一无二的，正因如此，角色语言对于塑造人物形象有着十分重要的作用。它可以淋漓尽致地表现人物的个性、文化修养、内心情感等。角色语言主要由人物之间的"对白"和作为画外音的"独白"、"旁白"构成。

一、对白

自有声电影产生以来，对白就成为影视剧中不可或缺的构成要素。概括起来，影视剧中的对白主要有以下几个作用：

(1) 对白是人物角色特征的主要表现手段之一；

(2) 对白是人物性格的主要表现手段之一；

(3) 对白是人物思想、感情的主要表达手段；

(4) 对白是剧情发展的重要手段；

(5) 对白是人物矛盾纠葛的重要表现手段。

例如，国产电视连续剧《西游记》是大家非常熟悉的一部影视作品，其中第 24 集"天竺收玉兔"中有一段对白如下：

猪八戒：师傅马上就要被逼成亲了，这可怎么办呢！

沙和尚：啊？二师兄，你得赶快拿个主意啊！

猪八戒：我拿主意啊？噢，眼看到灵山了，师傅又想起成亲了⋯⋯我说干脆，散伙！

沙和尚：哎呀！

猪八戒：我回高老庄，你呢，回流沙河！

沙和尚：哎呀！

猪八戒：得了吧！

沙和尚：哎呀！二师兄，大师兄又不在，眼看就要到灵山了，你就拿个主意啊！

猪八戒：哼，他，指不定到哪儿去了呢！找他？嘿⋯⋯

孙悟空：八戒，八戒⋯⋯沙师弟！

沙和尚：大师兄！

猪八戒：猴哥！猴哥，上哪儿去了啊！

孙悟空：果然不出所料，那公主，是假的！

猪八戒、沙和尚：啊！！

孙悟空：不知是何方妖孽，正逼着师傅成亲呢！哼！

这段对白虽不长，却可以充分表现出猪八戒、沙和尚、孙悟空三人各自不同的角色、性格和情感特征：猪八戒的无能、懒怠、意志薄弱、贪图享乐；沙和尚的坚韧、执著、厚道与没有主见；孙悟空的聪明勇敢、能力非凡、冲锋现阵、嫉恶如仇等。再加上三个角色在对白时的那些副言语，如各自特有的音色、语调、语气、表情、体态等，使得三人各自的性格特征表现得更加淋漓尽致。

对白的运用一定要个性化，无论是角色的音色、语速、语调、语气等伴随着对白的副言语的运用还是对白本身的台词设计，都要有助于发挥前文所述的那五个作用。比如在上例中，孙悟空的音色细腔细调类似猴音，其语调听起来总是很调皮捣蛋。而猪八戒的音色则浑厚憨呆，语调总是一副懒洋洋的感觉，很有"猪儿"的可爱与呆傻。沙和尚的音色则低沉庄严，和他忠诚执著的性格很吻合。唐僧的音色和他的人一样俊秀斯文，其语调总是不紧不慢、谦和忍让。这些都非常符合人物的性格和角色特征。

二、画外音

"画外音"是影片中有声语言的画外运用，即不是由画面中的人物直接说话，而是一种来自画面外部的超越了画内叙事空间的有声语言。演剧类影视作品中的"画外音"主要包括"独白"和"旁白"两种形式。无论独白还是旁白，都没有对白显得真实自然，却有着自己独特的功能。

独白是影视剧中某一人物（一般为主角）的自述，即片中人物以主观角度来追溯往事、叙述所忆所思或所见所闻，是画面中人物的心理活动的语言表述，是揭示人物内心世界的重要手段，这是一种人物心理语言的外部化、有声化。我们听到片中某一角色的一段独白，但画面上这一角色却并没有说话，所以独白是导演人为加上去的，是为了帮助观众更好地理解人物的内心世界，为了更好地构选剧情。

旁白是影视剧创作者（或借助故事叙述者）以客观角度对影片的背景、人物、事件直接进行议论或抒发感情。旁白与独白的主要区别是其客观性。

画外音使得有声语言摆脱了依附于画面视像的从属地位，并使其可以充分发挥出自己的创造作用——打破镜头和画框的界限，把电影的表现力拓展到镜头和画面之外，不仅使观众能深入感受和理解画面形象的内在含义，而且能通过具体生动的声音形象获得间接的视觉效果，强化了影视剧的视听结合功能。画外音和画面内的声音及视像互相补充，互相衬托，可产生各种蒙太奇效果。

归纳起来，"画外音"在影视剧中的作用有以下两点：

第一，独白可以使观众以最真实的视角来审视角色的内心变化。独白作为一种将细腻隐秘的内心活动"外化"的直观的声音形态，就内心独白的发出者而言，不存在与观众直接交流的目的，而是一种在其他剧中人物的动作作用下产生出来的内心反应。人物的性格不仅表现在他"做什么"和"怎么做"上，也表现在他"想什么"和"怎么想"上。内心独白的基本作用在于从内心动作入手揭示人物性格，所以在应用独白这一有声语言形式时，要注意语言的性格化并赋予它丰富的潜台词。

例如：康洪雷导演的电视剧《士兵突击》记载了一群普通士兵的心路历程，讲述了一个中国军人的传奇故事。电视剧始终是以主人公许三多为主线展开的，剧中也穿插了许三多的许多独白，细腻地记录了这个新兵成长过程中的思想变化。如在电视剧一开始，在军事演习上，当许三多失足从高层摔下来生死未卜的危险时刻，响起的独白却是：

"我……我又出洋相了，又弄笑话了，我应该呼救，投降，剩下的时间在敌营里度过。"

许三多那带有浓郁乡音的腔调，加上一字一顿的语速，立刻生动地刻画出一个憨厚、老实又十分懦弱的人物形象。在第一天的训练中，排长训斥大家"是骡子是马拉出来遛遛"时，许三多为此专门查了字典，并出现这样的独白：

"新兵连的生活开始了，在新兵连，我们第一个学会的是一句话，准确地说是两种动物：骡子和马。在我们'下榕树'，不会有人注意到骡子和马的区别，但是连长很认真地跟我们说：（是）骡子（就）走人，（是）马（就）跟我上，于是，我更认真地翻了字典：骡子，家畜，马驴交配而生，鬃短，尾巴略扁，生命力强，一般无生育能力，可驮东西或拉车。我重点研究了骡子，因为知道自己不太像马。得出的答案不太叫人满意，后来，是骡子是马的问题，一直困惑了我许久。"

这些独白充分显示出许三多是一个典型的喜欢较真的人，给人忍俊不禁的感觉，但在幽默的同时却会触动观众内心柔软的地方——新兵连这个陌生的环境给许三多这个从小懦弱的孩子带来的只是深深的自卑，而这样的感觉也许我们每个人都曾遇到过。正因为这些独白可以勾起我们每个人内心深处的内向、保守、坚持的一面，所以才会引起观众的普遍认同。同时，这些看似平淡无聊的独白却从一个侧面暗示了剧情的发展。在这样一个适者生存的社会，显然，只有"马"这种优良品种才能幸存下来，而且刚从乡下出来当兵的许三多，深感自己不太像"马"。在兵营里，他看到的全是别人的优点，内心有着深深的自卑，因此也希望自己能拥有所有这些"马"的优点。自卑、认真、执著、老实这些独白中所表现出来的人物性格特征，也为许三多后来努力成为一名出色的士兵做出了合理的铺垫。

第二，旁白通常作为剧作结构的一种辅助手段，可用来说明剧情发展的时间、地点、时代背景，以及连接剧情的大幅度时空跨跃；可介绍人物；可对剧情的某些内容作必要的解释或发表具有哲理性和抒情性的议论等。

旁白大多不追求口语化，相反，它追求书面语言那种较为严密的语法结构和逻辑性，具有一定的文学性。应用旁白时一般都要避免与画面内容的同义重复和对主题的直接宣讲，在风格上则要与剧作的总体风格保持一致。

由好莱坞著名影人梅尔·吉布森自编、自导、自演的电影《勇敢的心》是一部悲壮的、融合血泪传奇的史诗般的影片，它以 13 世纪末至 14 世纪初英格兰的宫廷政治斗争为背景，以战争为核心，讲述了苏格兰起义领袖威廉·华莱士与英格兰统治者进行不屈不挠斗争的故事。该片在 1996 年第 68 届奥斯卡金像奖角逐中获得最佳影片、最佳导演、最佳摄影、最佳音乐、最佳化装等五项大奖。在影片拉开序幕时，一个低沉的男声伴随着苏格兰风笛开始了讲述：

"我将为你们讲述威廉·华莱士的故事，历史学家们会说我在说谎，但是历史是由处死英雄的人写的。"

"苏格兰国王死后无嗣，人称长腿爱德华的英格兰国王，一个残暴的异教徒。宣布苏格兰王位归他所有。苏格兰的贵族们为了王位和他开战，同时也在自相残杀。于是长腿邀请他们共商休战——不能带武器，每人只能带一名随从。当地有个名叫马尔克莱姆·华莱士的农民，他有自己的土地，有两个儿子，约翰和威廉姆……"

影片一开始，伴随着深邃、空旷、幽怨、悲壮而又荡气回肠的苏格兰风笛，摄影机引导我们的视线穿越于苏格兰高地史诗般的景色之中，随着一群骑士在丛林中走来的镜头，这段旁白向观众说明了故事发生的地点、人物和时代背景。在短短的不到 3 分钟时间里，导演将画面、背景音乐、旁白有机结合起来，创造了一种历史的沉重感。在英格兰王子的婚礼上，在观众都感觉新郎新娘怪异的表情与婚礼场景格格不入的时候，又出现了这样的旁白："多年以后，英国国王，长腿爱德华，为他的大儿子，王位继承人，操办了婚礼。至于新娘，长腿选择了自己的对手，法国国王的女儿。人们都传说，如果想让王妃怀孕，长腿得亲自出马才行。"

在法国公主与英国王子的婚礼上，新郎表情极度不安，新娘用无助困惑的眼神看着他，寥寥几句的旁白，介绍了这一婚礼背后的政治背景。背景音乐优美而感伤，旁白却是讽刺幽默的，使庄严的婚礼显得那么的可笑，似乎预言着这场政治婚姻的不幸，从而为这场悲剧的婚姻和剧情的发展埋下了伏笔。

画外音的运用，在影视作品中创造出一种"画外空间"，它与"画内空间"相结合，拓展了节目的表现力。它还在影视作品和观众之间创造出第三者的中介角色，使得观众可以拥有一种全知的新视角，从而更好地融入剧情之中。

7.2.2 节目语言

节目语言是一种常常出现在各类纪录片、电视栏目、晚会、广告等非演剧类影视节目、作品中的有声语言形态，它主要表现为纪录片中的解说、电视栏目或文艺晚会的主持人语言等。节目语言是非演剧类影视作品的主要表现手段之一，尤其在纪实类节目中占据着十分重要的作用。

一、解说

1. 解说的含义

解说也叫解说词，是对电视纪录性节目中画外有声语言的约定俗成的叫法。解说词可以从旁观者的角度发挥有声语言的独特优势，通过与其他影视表现手段的配合，共同完成影视纪录性节目的创作，是节目创作者传达创作意图，帮助观众理解节目内容和深层含义的主要方式之一。

由于画面语言本身所具有的局限性，譬如，它只能向观众展示镜头所记录到的景象，对于历史上发生过的事件难以完整再现，对于未来发生的事件难以预测，对于抽象的理论难以诠释，对于人物的内心更无法窥视，这些都使得解说的出现成为必然。

然而，我们需要明确一个前提：解说的目的并不是为了诠释画面，并不像"解说"本身这个词的字面意思那样是对画面的解释说明。在纪录性节目中，解说常常传达的是画面所无法表现的抽象信息。解说不是画面的附庸，画面也并非是解说的图解。创作中我们一定要避免用解说简单地重复画面，那样会导致冗余信息的产生，减少节目的有效容量，从而使节目变得直白浅露、冗长乏味。

2. 解说的功能

解说的合理运用，极大地影响着纪录性影视作品的质量。专题片是最常见的纪录性影视作品，是最能发挥解说的功能、表现编导思想的电视节目体裁。电视专题片种类繁多，其中纪录型和访谈型是最基本的形式。下面我们结合一些实例对纪录型专题片中解说的功能进行概括分析。

1) 弥补画面语言局限，完善人或物的形象报道

画面语言具有很强的视觉说服力，但是画面的正常叙事时态只能是"现在时"，即只能对当前发生的（实际或虚构的）事件进行表现，对于已经发生了的事件或者是很难捕捉到形象的事件就无从下手。同样，对于未来的展望也很难记录，这点在纪录片中尤为严重。纪录片的真实性原则使得任何一点虚构都会降低其质量。解说的合理运用则能很好地解决这个矛盾。

表 7.1 是纪录片《震撼 汶川大地震纪实》中部分解说的摘录。就像解说中所描述的那样，在"二零零八年五月十二日下午两点二十八分零四秒"发生了一场特大地震。但这个地震是突然发生的，没有前兆，没有预料，更没有人专门等待拍摄。所以，事件发生现场的画面镜头难以捕捉。而在后期制作的纪录片，依然需要遵循真实性的原则，不可能使用场景重现的方法。因此对于这种已经发生了的、画面难以记载的内容，解说是最好的补充。

表 7.1　纪录片《震撼 汶川大地震纪实》中部分解说摘录

画　面	解　说
汶川县电子地图的显示(全景)各地震后废墟画面	二零零八年五月十二日下午两点二十八分零四秒,地球板块运动把长期聚集起的能量在四川北部地区突然释放,一场特大地震发生了! 大地剧烈地震动, 瞬间, 将那些秀丽的小城变成一片片废墟。

2) 介绍事件各个要素，完善事实报道

画面语言只能反映当前的场景氛围，对事件发生的具体时间、地点、人物介绍、背景因素等都很难清楚呈现，而这些在纪录性电视节目中恰恰是十分重要的。所以，如果只是依靠画面的形象报道，很难满足观众的信息需求。另外，对于影视作品的相关背景知识，有时也需要解说的辅助说明。

表 7.2 是纪录片《圆明园》中部分解说的摘录。对于这种历史事件，单纯依靠画面是无法解释清楚的，而详尽的解说却为简单的画面插上了想象的翅膀，使纪录片生动而不乏真实性。

表 7.2　纪录片《圆明园》中部分解说摘录

画　面	解　说
(全景)奔跑的满族骑兵队 (全景)山川河流 (全景)紫禁城全貌	公元 1644 年, 一只来自北方的游牧民族开始南下, 铁骑越过长城, 直达北京。象征着皇权的紫禁城落入了满族人之手。中国历史上最后一个帝国——大清, 开始了。

3) 引导人们的思路，深刻揭示主题

观众欣赏电视节目，一般都会自发地通过感性体验去感受，对于节目的理解是建立在自己先前经验基础上的，往往未必会按照编导的意图进行理解。但在纪录性电视节目中，很多情况下，编导需要通过画面来传递一种特定的信息，解说的出现就正好可以营造出一种适当的语言氛围，引导观众朝着编导所希望的方向展开思考。表 7.3 所描述的

是纪录片《故宫》的部分解说，可以看出，镜头和解说的完美配合，循序渐进地引导着观众从外到内、从远及近、从下到上进行观赏。解说的声音平稳缓和，富有磁性，向观众讲述着一个古老的传说，引导着观众一点一点地进入故宫那个神奇的世界，让观众不由得对故宫那博大精深的美叹为观止。

表 7.3　纪录片《故宫》部分解说摘录

画　面	解　说
（全景）太和殿全景 （近景）皇帝宝座近景 （近景）太和殿金柱近景 推镜头，从柱子到屋顶 （特写）屋顶装饰特写	太和殿是目前世界上最大的木质结构建筑，在这个号称世界之最的大殿里，布置却相当简单，在基台的烘托下，皇帝的宝座是唯一的主角，目光所及之处，皇权的威严辐射到每一个角落，太和殿一共有 72 根大柱子，围绕着宝座的六根被贴上黄金，每根柱子上都有一条巨龙，这是皇权的象征。从这六根金柱中向上望去，房顶上有一盘龙，盘龙嘴里倒垂下来的宝珠又叫做轩辕镜

4）连接画面，顺利过渡转场

电视画面之间的转接有许多种方法，用解说转场便是最常用的一种。一般来讲，在前后两个镜头的画面连贯性不强但需要连续出现的情况下，会用解说加以缓和，即用承上启下的语句来连接先后两个画面，使两个画面之间转场自然、过渡流畅、结构严谨而完整。

表 7.4　央视《焦点访谈》之《北京奥运会迎来倒计时 100 天》中部分解说摘录

画　面	解　说
（近景）一幅剪纸和一位老奶奶的画像，如图 7.1 所示 （近景）跳舞的小朋友，如图 7.2 所示	97 岁的李奶奶和奥运结下了一段情缘，而今年刚满六周岁的五胞胎兄妹也幸运地被奥组委授予"奥运小使者"的称号，成为北京志愿团的成员

表 7.4 是央视《焦点访谈》之《北京奥运会迎来倒计时 100 天》中的部分解说。如果单纯看画面，画面内容的跳动幅度很大，从老人到小孩，从画像到真人，不好理解，而运用解说，就可以把他们完整地连接到一起，因为这些画面内容虽然表面上看起来跳动幅度很大，但其中的人物却具有共同点，那就是：他们都是 2008 北京奥运会的志愿者，都是热爱奥林匹克事业并希望为之付出一己之力的人。

图 7.1　《焦点访谈》镜头一

图 7.2　《焦点访谈》镜头二

5) 抒发情感，阐明道理

画面的直观表述尽管真实、形象、生动，但对于情感表达而言却只能是一种间接的传递，此时，就可以用解说直接表达情感——或通过对感人细节的动情表述来感染观众，或通过感情的直接抒发来打动观众。除此之外，在电视节目中如果要讲述道理、解释政策，画面虽然可以做些形象的个体表现，但这些抽象的道理和政策还是要借助解说才能得到更加直接、明确的表达。

表 7.5 是纪录片《震撼 汶川大地震纪实》中部分解说的摘录。由于片中需要系统详细地说明地震的地理知识、涉及的广度、波及的范围等，这些过于抽象的内容，画面难以精确诠释。而解说的出现正好弥补了这一不足。

表 7.5　纪录片《震撼　汶川大地震纪实》中部分解说摘录

画　面	解　说
（远景）高空拍摄山川大地风光 （全景）高空拍摄震后房屋倒塌状况	据初步调查统计，此次 8.0 级大地震的最大裂度达 11 度，破坏特别严重的地区达十万平方公里，受灾最严重的地区是：四川省北川、什邡、绵阳、汶川、旁州等地，灾区涉及四川、甘肃、陕西、云南等地。专家估计，汶川地震震源深度为十至二十公里，为浅源地震，震源越浅，对人类的破坏越大，地震的强度、裂度都超过唐山大地震

3．创作解说词应注意的问题

1) 充分了解创作意图

了解纪录性影视节目的创作意图，收集大量资料影视艺术是综合艺术，任何一部影视作品的创作过程，都是一个以导演为核心的，由摄像、编辑、剧本、文案、录音等人员集体合作的创作过程。所以，解说词撰写人员首先要充分了解编导的创作意图，明确作品的情感基调，对所要报道的问题、情况或人物要深入细致地了解、全面准确地把握。简单来理解，只有解说与作品主题配合完美的作品才能真正打动人。

例如：由金铁木导演领衔拍摄的大型史诗电影《圆明园》，一上映就引起了强烈的社会反响，获得了观众的一致好评。作为纪录片，"真实"是唯一的准则，但圆明园的遗址只剩下一些散落的石块，那么，作为导演究竟该如何从这些遗迹中表现一个完整而真实的圆明园？如果处理不好很容易把影片拍成一部"流水账式"的专题片和科教片。为了赢取社会大众的认同，就一定要让影片兼具艺术性和大众性——给它披上一件艺术和故事的外衣。这个外衣要华丽而缜密，可以将庞杂而凄凉的圆明园打扮得风姿绰约、意蕴深藏。据历史考证，一个颇有知名度的传教士与圆明园的历史故事正好契合了导演的这个设想，意大利传教士郎世宁在中国经历了三个皇帝（康熙、雍正和乾隆）和他们的王朝，他本人又参与过圆明园的建设。于是，影片三分之二的内容便通过这个传教士的旁白串联起来，这部纪录片也因此有了一个贯穿始终的人物，有了一种很"艺术"的旁白，从而使它免于枯燥而显得有声有色。

此外，解说词的撰写要与作品的风格、内容配合默契，只有收集完整的资料才能达到最佳的效果。收集资料可以通过整理相关背景资料、展开调查访谈来进行，之后，还要对收集的资料展开详尽的思考分析。撰写解说词之前，一定要对电视节目的主题进行反复思考，对各种资料进行有效整合，争取充分利用资源，考虑到可能涉及的所有问题。

2) 确定合适的立足点

一部电视节目的创作，需要一个很好的创作基点，角度选择的成功是作品成功的一半，纪录片的创作也不例外。同样，纪录片解说词的撰写也需要找到一个新颖的切入角度。

在进行纪录性节目的创作或制作过程中，为了扣紧主题，把内容表现得有条不紊，一般要根据所表现的对象，选择一条最能反映客观事实的注意线索即主线。这条主线要能够统领全局，使各个部分构成一个有机的整体，如果解说词的布局能起到不断提示、加深观众对主线的印象的作用，便可以使主线真正成为作品内在或外在的"魂"。那么，如何选择合适的立足点呢？总结起来，可以归结为十六字原则"打破常规"、"细节入手"、"发散思维"、"逆向切入"。

打破常规，就是在创作解说词的过程中要避免落入俗套，在接到题材后尽量不要采用下意识的第一反应，因为这种直接反应，往往是大家最熟悉的、最习惯的思维模式。

细节入手，举个例子来说，一部反映边远地区少数民族教育的纪录片，如果是宏观地介绍党和国家的政策，纪录各个家庭的普遍现状，那么作品就会变得很难打动人。纪录片《陪读》从一位藏族小学生和陪他读书的奶奶一天的日常生活入手，用解说详细地介绍了陪读奶奶的住所、一天的日程，并通过小学生教师家访的对话来反映了小孩父母的情况、小孩在校的学习状况等。这种针对具体人物、具体事件、具体故事、具体细节的纪录方式，生动地反映出了边远地区少数民族教育的发展变化。

发散思维，就是要求我们在创作过程中，应该尽量站在不同的立场上，从各种不同的角度来观察事物、思考问题。对于同样的事物，要看看别人是如何看待的，比如对于2008年北京奥运会的报道，有从官方入手的，有从外国人视角切入的，有普通百姓的看法，有反面的不文明行为的披露。对同一事件进行多种视点的思考，可以使我们避免片面性和单一性，避免闭门造车。

逆向切入，就是通过转换立场，从完全不同的角度观察思考问题。反映西部农村优秀教师的作品，多半是从教师的甘于奉献、乐于牺牲的角度出发，塑造一个像蜡烛一样燃烧自己、照亮别人的形象，但在笔者参与拍摄的纪录片《杨老师和他的小小学》的制作过程中，采访杨老师时我们了解，由于他家里有一位常年卧床不起的老母亲，纵然只有每月二百多元的工资，为了照顾母亲，他也只能留在学校教书，而不能像其他人那样外出打工。因此杨老师在乡村学校的坚守其实一开始是迫于无奈的，是被动的。可是他却从最初的被动走向了后来的主动，并逐渐爱上了这份高投入低收入的工作，勤勤恳恳地一干就是二十年，最后怎么也无法离开了。该片的解说正是从这个真实而独特的、不同于其他一些反映西部农村优秀教师纪录片的角度，刻画了一个不务虚名、贴近生活的农村教师的形象。

3) 合理安排解说层次

和一般的文学作品一样，层次是指纪录性电视节目编辑内容时的先后顺序，是纪录性节目内容开展的步骤，是人们认识和表达问题时的思维进程在节目结构上的反映。事物的发展和作者的认识过程都是有步骤、有阶段的，所以，无论是阐明道理，还是叙述事实，都得有条理、有系统，这就构成了影视作品的层次。安排层次意味着有步骤、有次序地表达内容。以下介绍几种可供大家参考的层次安排方法。

(1) 按时间顺序推移安排层次。

这种层次的安排方法在纪录性节目中常常被大量使用，在使用时要注意以下两个方面：首先，时间的发展是以延续不断的形式出现的，能表现生活中所发生的一切事情；其次，时间发展规程是固定不变的，而许多动作和关系是可变的，我们可以任意改变自己的行动，但时间的推移、流逝是不容修改的。

历史纪录片《邓小平——打不倒的东方小个子》就是按照时间的发展顺序，缓缓地讲述林彪的垮台如何为逆境中的邓小平带来转机的。毛泽东在陈毅的追悼会上，追忆往事，提到了邓小平，称赞他的才能。在场的周恩来当即嘱托陈毅的亲属，把这个评价传出去，为邓小平的复出制造舆论。面对江青等人的百般阻挠，周恩来几经周折，终于叩开了邓小平复出的大门。这样的讲述体现了历史的客观性，充分展示了作品的最佳效果。

(2) 按空间位置变换安排层次。

比起时间来，人可以在空间中更自由地活动，时间的流逝难以满足观众的好奇心，所以人们也喜欢用不断变化的空间来安排层次。这种方法不像按时间顺序的安排会给人以紧迫感，而是不断向人提供新鲜感、神秘感，不断满足人们的好奇心。这类层次的安排，主要适用于那些时间性不强的内容，使之在不断变化的空间中发展，不断给人以新鲜的感受。比如纪录片《话说长江》的内容就大体按照地理走向由西向东变换，走一处说一处，依次介绍沿岸景点。伴随着"如果说长江是一条长长的藤，那么长江沿岸就结出一个一个的瓜，由西向东数，这是第一个大瓜——洞庭湖……"这段解说，镜头开始了对洞庭湖的介绍。

当然，这种空间位置的变化也有可能给人以不稳定感，尤其是在处理不当时，就会出现内容表达不清的状况。所以它不利于表现那些空间变换太多或太少的节目内容。

(3) 按内容性质的分类安排层次。

这种方法是把表现主题的众多材料，按其性质加以分类，把相同的材料归在一起，作为一个层次，从各个不同的侧面来表现主题。这种安排层次的方法在电视纪录片创作中也是很常用的。因为在纪录片创作时编导经常会发现，有的材料不适合表现时间，有的材料不宜于表现空间，于是便按材料的分类来安排层次。

例如央视《焦点访谈》栏目 2008 年 4 月 30 号的节目是一部题为"北京奥运会迎来倒计时 100 天"的专题片。4 月 30 日是北京奥运会开幕倒计时 100 天的日子。在这个特殊的日子，北京、奥运协办城市以及全国其他许多城市都将举行盛大的庆祝活动。这一天，万名北京市民举行了奔向"鸟巢"的马拉松长跑活动。这一天，北京奥组委还将举行一场盛大的庆祝晚会，第四届北京 2008 年奥运会歌曲征集评选活动的一批获奖歌曲也会在晚会上发布。除此之外，还有成千上万的民众为奥运会做着自己力所能及的事情。所有这一切，都是为了庆祝北京奥运会倒计时 100 天。结合丰富的画面，从不同的视角，解说分门别类地、条理清楚地表现了大量的信息。

二、同期声语言

同期声是指在纪录片拍摄过程中记录图像信号的同时记录下的声音信号，包括现场的各种声音，具体包括：同期声坏境音响、同期声语言和有源音乐，不能将三者混为一谈。同期声环境音响是指影视拍摄现场的各种以噪声形式出现的声音，如鸣笛声、雷电声等；同期声语言则是在拍摄现场同时录下的人物的讲话声，其中不包括背景性人物讲话声，如记者现场采访时与被采访者的问与答；有源音乐指现场录下的有声源的音乐，如现场乐队或歌手的演奏、演唱，再如拍摄现场中 CD、MP3、喇叭等播放的音乐等，这类音乐具有一定的客观、真实性。

同期声语言与解说（包括旁白）的最大区别是：解说提供一个全知全能的角度，同期声却有着解说不可能具有的真实性、感染力和独特视角。同期声语言在影视作品中通常起到以下作用：

1. 增强信息传播的真实性

采用同期声语言尤其是事件中人物自己的谈话，可以增强传播信息的真实性。事件亲历者具有一定的权威性，他讲述的事实更真实，更生动细致，也更带有个人的印记。而恰恰是这种个人印记使得信息的可信度更高。

2. 对事件发展的描述

很多纪实类节目中，都采用现场采访、问答的同期声语言来揭示事态的发展或悬疑的真相，通过当事人亲口叙述，就更能增加节目的感染力。

3. 加强观众的参与度

亲切自然的同期声语言，可以激发观众已有的感知经验，缩短观众与影片的心理距离，并引起观众对影片情感上的认同。同时，采访不同对象，从各个角度反映事件，让观众得出自己的结论是比较好的做法。这是对观众智力和情感的尊重，这一点也是同期声语言与解说最本质的区别之一。

如表 7.6 所示，在抗震救灾系列播报的新闻中，运用了大量记者采访的现场录音。被采访人的直接讲话，虽然不像播音员的声音那么字正腔圆，但它是最真实的，是独一无二的。通过提问和现场讲述的方式，生动细腻地展现了现场的情况，提高了节目的可信度。在保证大信息量、快节奏的前提下，由记者现场叙述、提问和被采访人员回答的同期录音编辑而成的纪录片，应该是最生动、最真实的。

表 7.6　新闻联播"抗震救灾"部分片段

画　面	同　期　声　语　言
（近景） 主持人在演播室主持的镜头与汶川电子地图的分割画面	主持人：你现在是在绵阳？ 记者：对，是在绵阳，刚才我们记者从北川羌族自治县的救灾现场返回绵阳，了解到一些最新的情况。 主持人：那就请你来给我们介绍一下。 记者：好的，是这样子的，因为北川羌族自治县是离我们北川也就是绵阳最近的一个县，所以受灾比较严重，初步了解是两万多人受困，我们的市委书记在现场亲自指挥抢救，目前已经是四千多人脱险，另外，从记者去的路上可以看到，就是从……道路已经中断……就是从中断的地方到受灾地点需要一个多小时的路程，另外呢，现场的房屋倒塌特别严重，基本上没有一幢完整的建筑……

7.3 案例分析

7.3.1 有声小说《静静的顿河》有声语言运用分析

一、作品简介

长篇小说《静静的顿河》是苏联著名作家肖洛霍夫的一部力作。肖洛霍夫的这部处女作一经问世，立刻受到国内外的瞩目，被人称作"令人惊奇的佳作"，"苏联文学还没有遇到同它相比的小说"。此书于 1941 年获斯大林奖金，1965 年肖洛霍夫因此书获诺贝尔文学奖，成为第一位获此殊荣的苏联作家。

小说给我们讲述了这样一个故事：

散布在顿河沿岸的鞑靼部落里，有一位名叫葛利高里·麦列霍夫的年轻人，爱上了邻居阿斯塔霍夫的妻子阿克西妮娅，他俩的狂恋很快地传遍整个部落。其父为了遏止这种行为，便替他娶了一位富农之女娜塔莉亚为妻，而且贤淑的娜塔莉亚，也受到全家人的喜爱。但是，葛利高里已完全沉迷于对阿克西妮娅的热情，他无法满足于娜塔莉亚，而重回到畸恋中。其父在盛怒中与儿子起了冲突，葛利高里便不顾一切偕阿克西妮娅私奔。他暂时在李斯特尼斯基将军的府里工作。娜塔莉亚在失望之余企图自杀，但未成功。不久，葛利高里即被征召入伍。第一次世界大战爆发，当他在前线出生入死时，在后方的阿克西妮娅却在少主人的诱惑下，开始与他陷入缠绵的热恋之中。受伤返乡、得知此事的葛利高里，在愤怒之余便回到顿河岸的父亲家里。当他获得十字勋章，又重回战场时，娜塔莉亚已生下一对孪生姊妹。后来，俄国发生大革命，哥萨克们都离开部队，回到自己的家乡，葛利高里却加入了红军，担任连长，与白军作战，但又再度受伤返回乡下。内战风暴逐渐逼近顿河沿岸，哥萨克认为红军和革命动摇了自己的利益，于是在白匪的蛊惑下反叛，葛利高里加入叛军。自此起，顿河即陷入持续展开的血腥战斗中，葛利高里的命运也像被顿河的强风吹拂般，无法安定下来。战后，在倾废的村庄中，他与阿克西妮娅重逢，两人也再度绸缪在一起。不久，他以叛军师长的身分，率军与红军对抗。此时已怀身孕的娜塔莉亚得知丈夫的心又回到阿克西妮娅身上时，企图堕胎，却失败而死亡。后来，红军的势力如排山倒海般很快地控制了整条顿河，身为叛军的葛利高里只好带着阿克西妮娅，混在逃难的人群里逃亡，但逃至海边的时候，他决定为自己以前的所做所为还债（他内心同情红军和革命，但在战斗中杀死了不少红军战士）。最后，当葛利高里从叛军退伍，回到在逃难途中因患伤寒而返回鞑靼村的阿克西妮娅身边时，却因他以前曾有反革命行为，而传出要逮捕他的风声，至此，他不得不逃亡加入匪徒组织，再度与红军对抗。可是此时的匪徒们已军纪散漫，在无可忍受之余，他决定带阿克西妮娅离开，寻找属于两人的新天地。他俩想趁着暗夜，骑马逃走，不料被红军发现，阿克西妮娅被子弹击中，失去生命。此时的葛利高里也丧失了活下去的希望，他辗转流落各地，最后，终于身心疲惫地回到顿河岸的家。父母、兄嫂、妻女，均已去世，他唯一拥有的就是年幼的儿子——米夏洛而已。

有声小说《静静的顿河》共 120 回，每回长约 25 分钟左右，由李野默演播。李野默毕业于北京广播学院电视导演系，中央电视台中国电视剧制作中心导演，中央人民广播电台著名表演艺术家，曾播讲了多部名作。主要有《静静的顿河》、《白鹿原》、《平凡的世界》、《活着》、《早年周恩来》、《笨花》等。1992年，李野默被中国广播电视学会评选为"全国听众喜爱的演播艺术家"，深受广大听众欢迎和喜爱。

二、李野默演播《静静的顿河》有声语言运用分析

李野默老师演播的《静静的顿河》，诗意而深沉，意蕴悠长，充分表现出了原小说史诗般的意境与浓郁、忧伤的人生况味，非常富于感染力。该有声小说共分120回，每回长约25分钟左右，限于篇幅，本书在这里仅节选第1回前7分钟内的个别语句进行有声语言运用分析，如表7.7所示，表中加粗的斜体文字为重音，"/"符号之间为停顿处理。

表7.7 李野默演播《静静的顿河》第1回前7分钟有声语言运用分析

文 字 稿	李野默的演播分析
麦列霍夫家的院子/在村子的尽头。牲口圈的两扇小门朝着北面的顿河。在长满青苔的灰绿色巨石之间/有一条八沙绳长的坡道/，下去/就是遍地的珠母贝壳，/以及被水浪冲击的鹅卵石/形成的那条/**灰色的/弯曲的/河岸**。再过去，就是**微风吹皱的/青光粼粼的/顿河急流了**。东面，在用红柳树编成的场院篱笆外面。是黑特曼大道，路边长满了一丛丛的白艾，被马蹄践踏过的、生命力顽强的褐色车前草；岔道口上有一座小教堂；教堂后面，是飘忽的雾气笼罩着的草原。南面，是白垩的山脊。西面，是一条穿过广场、直通到河边草地去的土路。	"麦列霍夫"是主人公葛利高里的姓，这个词被重读，无论对明确主人公身份，还是对交待"院子"的属性都很重要。"院子"一词之后的停顿也处理得非常恰当，使这个句子显得主谓分明。第2句中各个停顿的处理也很恰当。而"灰色的"、"弯曲的"、"河岸"这三个词的重音既属于停顿重音，其表达方式是重音轻读和重音拖长，从中传递出一种浓浓的意味悠长的诗意。"微风吹皱的"与"青光粼粼的"之间的停顿则属于并列停顿，也是重音拖长的处理，从而引出了小说的主要意像"顿河"。
参加倒数第二次土耳其战争的哥萨克/麦列霍夫·普罗珂菲/回到了村子。他从**土耳其**带回个老婆，/一个/裹着披肩的/娇小女人。她总是把脸遮掩起来，很少露出她那忧郁的、野性的眼睛。丝披肩散发着一种远方的神秘气味，那绚丽的绣花令女人们艳羡。这个被俘虏的土耳其女人总是回避普罗珂菲家的亲属，所以麦列霍夫老头子不久就把儿子分了出去，**一直到死**也没有到儿子家去过，因为他不能忘掉/这种**耻辱**。 ……	"他从土耳其带回个老婆，/一个/裹着披肩的/娇小女人。"的语调属于落潮类，表达出对女人身份的强调。 "她总是把脸遮掩起来，很少露出她那忧郁的、野性的眼睛。"这句的语调则属于波谷类，从而强化了女人的性格特征。 "一直到死"这个重音及停顿，强调了老麦列霍夫那倔强的性格。 "耻辱"这个词被重音轻读，表现出老人内心的难言之隐。
…… 关于普罗珂菲的妻子/更着有各式各样的说法：有些人证明说，她是空前未有的**美人**，而另一些人的看法却恰恰**相反**。直到天不怕、地不怕的**玛夫拉**——一个正在服役的哥萨克的妻子——假装到普罗珂菲家去讨新鲜酵母回来以后，一切才算弄明白了。普罗珂菲到地窖里去取酵母，玛夫拉就趁这个工夫/**偷偷地**瞧了一眼，原来落到普罗珂菲手里的土耳其女人/是个**丑八怪**。	"美人"与"相反"两个词的重意形成了一种对比，表现出人们对这个外来女人的矛盾的心态。 "直到天不怕、地不怕的玛夫拉——一个正在服役的哥萨克的妻子——假装到普罗珂菲家去讨新鲜酵母回来以后，一切才算弄明白了。"这一句的语调属于落潮类，"普罗珂菲到地窖里去取酵母，玛夫拉就趁这个工夫/偷偷地瞧了一眼，原来落到普罗珂菲手里的土耳其女人/是个丑八怪……"这一句的语调属于波谷类，其中，"普罗珂菲到地窖里去取酵母，玛夫拉

文 字 稿	李野默的演播分析
	就趁这个工夫"和"原来落到普罗珂菲手里的土耳其女人"语速较快，而"偷偷地瞧了一眼"与"是个丑八怪"语速则较慢，而且是一种渐慢。 有关这样的重音、停顿和语速的处理都恰到好处，形成一种富于节奏的美感，再加上李野默的音色深沉而富有磁性，从而使得整个小说的演播非常有魅力。
过了一会儿，红涨着脸的玛夫拉，头巾歪到了一边，站在胡同里对一群娘儿们添油加醋地说道："亲爱的人们，真是不明白，这个女人哪点儿迷住了他，哪怕是个普通娘儿们倒也罢了，可是这个娘儿们，哎哟哟……肚子不像肚子，屁股不像屁股，简直丑死啦。咱们的姑娘们可比她长得水灵多啦。再说她那身段，哎哟哟哟哟……简直就像马蜂一样，一折就断；两只眼睛，又黑又大，眼睛一瞪，活像个妖精，老天饶恕我吧。她一定是怀了孩子了，真的！" ……	这一段，主要是角色语言的运用，演播者用夸张的腔调，模仿一个中年女性的音色，以富于戏剧性的、饱满的情感，模拟一个女人说话，非常有感染力。 此外，如果与原文对比，会发现演播者在演播时往往会对原有的文字语言进行二度加工、改造，使其更加符合有声语言或者口语的说话习惯。比如这一段中感叹词"哎哟哟"的两处加入便是这样。

7.3.2 DV 作品《生活的颜色》有声语言运用分析

作品简介见 6.3.1 节。DV 作品《生活的颜色》结构紧密而富有逻辑，有声语言的运用以角色语言为主，剧中人物对白虽然不多，但在剧中人物形象的刻画及推动剧情发展等方面都起到了十分重要的作用。《生活》中部分角色语言摘录及运用分析如表7.8 所示：

表 7.8　DV 作品《生活的颜色》有声语言运用分析

编号	画 面 内 容	有声语言文字稿	有声语言运用分析
1	（特写）搓麻将	（同期声）"三万！""四条！""胡了！"	故事的场景发生在甘肃兰州，所以开场打麻将的场景就是有浓郁兰州方言味的同期声语言，配合着烟雾缭绕的房间，昏暗的灯光，以及麻将碰撞的音响效果，立刻营造出一种消极、堕落、奢逸的氛围。
2	（近景）主人公进屋 （特写）包工头摸麻将	主人公："老板，您看是不是把上一次的工钱给结一下？" （同期声）"一万！" 包工头："过几天再说，现在没钱，先走吧！"	主人公同样说的是兰州方言，他挠着头，带些怯懦的、不安的小声询问与包工头叼着烟、蛮横的、不耐烦的大声回答形成鲜明对比，副言语的应用生动地塑造了角色人物的形象，也为剧情的发展奠定了基础。

编号	画 面 内 容	有声语言文字稿	有声语言运用分析
3	（特写）主人公卑微的表情 （特写）麻将牌 （特写）麻将桌上的几叠百元大钞 （近景）主人公转身离开	主人公："求你了老板，就给我结了吧，家里等着急用呢！" （同期声）"四万！" 主人公："老板，我看这桌子上的钱大概够呢，要么您先给我结了？" 包工头："再不要逼吱吱，赶快滚，把你弄死去！"	整个故事反映的基调是社会弱势群体的无助，所以主人公和包工头的对话也刻画了这种氛围，通过对白告诉了观众事件发生的起因。面对自己辛苦劳动所应得的报酬，主人公只能"求"老板支付，而老板却因这要钱的农民工打扰了自己的打牌兴致而十分不耐烦，霸道地叫器"赶快滚"、"逼吱吱"、"把你弄死去"，这些都是地道的兰州方言，给作品带来一种特殊的味道。
4	（特写）主人公躺在床上 （特写）房间紧闭的大门	（同期声）急促的敲门声 房东："我知道你在里边呢，我跟你说，你再不交房租你就卷铺盖走人，到时候不要再说我翻脸不认人了！"	讨钱未果的主人公蜷缩在房间里无处可去，偏偏房东又来收费，房东那刻板的、无情的声音对于主人公窘迫的处境来说无疑更是雪上加霜。房东的角色语言推动了剧情的发展，将主人公的处境逼上绝境。
5	（全景）繁华街道场景 （近景）主人公漫步在大街上	（同期声）街道现场环境音响，车鸣声等	都市的浮躁与冷漠沉重地打击着主人公，反衬出主人公无助的心情。
6	（近景）主人公路过一辆停放在路边的自行车 （特写）自行车没有上锁 主人公驻足观看 （特写）主人公紧张的面部表情	（同期声）街道现场环境音响，车鸣声等	现场同期音响声依然不变，但主人公的情绪却突然转折，这种对比更加深刻的反映出主人公内心激烈的斗争，正是"此处无声胜有声"。
7	（全景）主人公回忆工地干活场景 （近景）主人公回忆要钱场景 （近景）主人公回忆房东催促结账场景	（画外音）包工头："再不要逼吱吱，赶快滚，把你弄死去！" （画外音）"房东：你再不交房租你就卷铺盖走人，到时候不要再说我翻脸不认人了！" 背景音响：放大的心跳声	在道德和现实、正义与公平的两难选择间，主人公倍感矛盾。这种循环反复的画外音的出现正好反映了主人公内心情感的挣扎，配合旋转的画面和音响的夸张运用，观众便能够真切地体会到这种矛盾的情感。
8	（全景）主人公跳上自行车急速前进 （特写）主人公滴汗的脸庞、飞速转动的车轮	（同期声）骑自行车声；	现在的画面，没有对白，没有音乐，只是现场的同期音响声，吸引着观众跟随主人公一起将注意力全部集中到一件事上：那就是偷走自行车并赶快逃跑！
9	（全景）在一个小巷内停车，询问路人	同期有源音乐	

207

编号	画 面 内 容	有声语言文字稿	有声语言运用分析
10	（特写）废品收购站招牌 （近景）一青年在打台球 （近景）主人公上前站在台球桌前 （近景）主人公频频张望放在远处的自行车	主人公："大哥，要不要车？" 台球青年："你谁啊？不买！" 主人公："大哥，那我便宜些卖给你吧？" 台球青年："你找错人了！" 主人公："刚那边那个人说的啊？" 台球青年："找错人了！"	简单的对白，不同心境之间的对话。一个神情慌张，说话结巴；另一个坦然自若，对谈论的事情漫不经心。音量一大一小，音调一高一低，这些副言语信息反衬出主人公此时想销赃的迫切心情，同时也临摹出一个老实人做坏事时的滑稽表现。
11	（近景）自行车被人推走	主人公："你看，大哥……"	话语的忽然停顿暗示故事情节发生了转折。
12	（近景）主人公跑步追车 （全景）偷车人全速前进，在小巷中穿行 （近景）主人公追车 几个陌生人追车	背景音乐 （同期声）现场音响：骑自行车声 陌生人："站住！""别跑！"	陌生人在此的对白，加上混乱的场景，混乱的画面，摇晃的镜头，加快了追逐的节奏，同时加快的还有主人公的心跳。观众的好奇也被完全勾起，对白所引起的悬疑将剧情推向高潮。
13	（特写）陌生人将偷车人拉下车 （特写）站在不远处的主人公惊恐的面庞	偷车人："干吗？" 陌生人："别动！警察！老实点！都盯你好几天了，还偷！"	这一来一往的对白虽然与"自己"无关，却像是说给"自己"听的，表现出主人公惊恐、心有余悸，又暗自庆幸的复杂心情。同时，此处的对白推动了剧情的发展，整个疑团迎刃而解，故事的发展也至此接近尾声。
14	（近景）主人公坐在工地上 （特写）主人公拿起一块绿色玻璃，透过玻璃看世界 （全景）绿色的工地干活场景	背景音乐：《生活的颜色》	背景音乐的歌词起到了深化主题的作用，就像歌曲里所描述的那样："你有没有问过路边卖菜的阿婆，她是什么星座？你有没有问过沿街乞讨的老伯，有没有吃斋念佛？你有没有问过衣衫褴褛的拾荒者，他爱上了哪一个？你有没有问过双目失明的孩子，生活是什么颜色？其实有没有人关心他们，喜欢什么牌子的车？其实有没有人真正懂得，生活的颜色……"背景音乐呼应了作品的主题，抒发了情感，为整个故事画上了完美的句号。

教学活动建议

1. 课堂讨论

(1) 听一部有声小说，分析其角色语言的运用。

(2) 观看一部 DV 作品，分角色扮演剧中的人物，揣摩人物语言的特点。

(3) 欣赏广播新闻节目或影视新闻、专题片，分析其节目语言演播的优劣。

2. 实践活动

(1) 分小组，分角色，制作一部有声小说。

(2) 为自己制作的 DV 作品设计、编配有声语言。

参 考 文 献

[1] 安德烈·巴赞. 电影是什么？[M]. 崔君衍, 译. 北京: 中国电影出版社, 1987.

[2] 艾莉森·古德曼 [美]. 平面设计的七大要素 [M]. 王群, 译. 上海: 上海人民美术出版社, 2002.

[3] 保罗·芝兰斯基, 玛丽·帕特·费希尔 [美]. 色彩概论 [M]. 文沛, 译. 上海: 上海人民美术出版社, 2004.

[4] 曹祖允, 周伯华. 影视艺术与技术 [M]. 北京: 电子工业出版社, 1997.

[5] 曹永慈. 电影艺术面面观 [M]. 武汉: 武汉大学出版社, 1986.

[6] 陈卫平. 影视艺术欣赏与批评 [M]. 上海: 上海古籍出版社, 2003.

[7] 陈斌, 程晋. 影视音乐 [M]. 杭州: 浙江大学出版社, 2004.

[8] 陈存瑞. 电视数码美术 [M]. 北京: 中国广播电视出版社, 2006.

[9] 蔡顺兴. 编排（高等学校艺术设计学科教材设计形式系列）[M]. 南京: 东南大学出版社, 2006.

[10] 蔡海宁, 杨卓, 等. 网页制作一册通 [M]. 北京: 海洋出版社. 2001.

[11] 大卫·波德维尔, 克莉丝汀·汤普森. 电影艺术——形式与风格 [M]. 北京: 北京大学出版社, 2003.

[12] 段晓明. 影视编辑学 [M]. 杭州: 浙江大学出版社, 2004.

[13] 东方人华. FrontPage 2002 中文版快捷教程 [M]. 北京: 清华大学出版社, 2001.

[14] 费承铿. 青少年学和声 [M]. 上海: 上海音乐出版社, 2003.

[15] 高雄杰, 刘立滨. 影视画面造型 [M]. 北京: 中国电影出版社, 2004.

[16] 龚妮丽. 音乐美学论纲 [M]. 北京: 中国社会科学出版社, 2002.

[17] 顾群业. 网页配色密码 [M]. 北京: 清华大学出版社, 2006.

[18] 胡菡菡. 广播电视广告 [M]. 南京: 南京大学出版社, 2007.

[19] 黄河明. 科教电视电影编导（电教理论基础）[M]. 成都: 四川教育出版社, 1988.

[20] 姜伟. 网页美工传奇 [M]. 北京: 机械工业出版社, 2004.

[21] 靖鸣. 采访对象主体论 [M]. 北京: 人民出版社, 2005.

[22] 卡雷尔·赖兹, 盖文·米勒. 电影剪辑技巧 [M]. 方国伟, 郭建中, 黄海, 译. 北京: 中国电影出版社, 1985.

[23] [法] 雷纳·克莱尔. 电影随想录 [M]. 北京: 中国电影出版社, 1962.

[24] 李稚田. 影视语言教程 [M]. 北京: 北京师范大学出版社, 2004.

[25] 刘书亮. 影视摄影的艺术境界 [M]. 北京: 中国广播电视出版社, 2003.

[26] 刘毓敏, 等. 桌面DV制作教程 [M]. 北京: 人民邮电出版社, 2003.

[27] 刘惠芬. 数字媒体——技术·应用·设计 [M]. 北京: 清华大学出版社, 2008.

[28] 刘宏球. 影视艺术概论 [M]. 上海: 上海文艺出版社, 2002.

[29] 刘世清, 刘家勋. 教育信息技术实用教程 [M]. 北京: 电子工业出版社, 2003.

[30] 刘惠芬. 数字媒体传播基础 [M]. 北京: 清华大学出版社, 2000.

[31] 刘毓敏, 等. 电视摄像与编辑 [M]. 北京: 国防工业出版社, 2004.

[32] 刘久明. 电脑平面设计 [M]. 北京: 中国水利水电出版社, 2006.

[33] 刘钝文, 禾央. 散文十六美. 上海: 上海文艺出版社, 1991.

[34] 鲁宏伟，汪厚祥．多媒体计算机技术（第二版）［M］．北京：电子工业出版社，2004．

[35] 毛寒．广告电脑设计与制作［M］．长沙：中南大学出版社，2000．

[36] 马烈天，王强．Cakewalk 实战演练［M］．北京：人民邮电出版社，2006．

[37] 马塞尔·马尔丹．电影语言［M］．何振淦，译．北京：中国电影出版社，1980．

[38] 孟涛．银色的梦：电影美学百年回眸［M］．上海：复旦大学出版社，1998．

[39] 潘天强．西方电影简明教程［M］．上海：复旦大学出版社，2003．

[40] 庆秋辉，等．网页制作教程与上机实训 Dream weaver MX 2004［M］．北京：机械工业出版社，2004．

[41] 钱家渝．视觉心理学——视觉形式的思维与传播［M］．上海：学林出版社，2006．

[42] 任理德．新闻知识 500 问［M］．长沙：湖南大学出版社，2000．

[43] 索南夏因［美］．声音设计——电影中语言、音乐和音响的表现力［M］．王旭锋，译．杭州：浙江大学出版社，2007．

[44] 史仲文，等．中国文化精粹分类辞典［M］．北京：中国国际广播出版社，1998．

[45] 田大海．音乐艺术教学学科教研与专业课程设置全书（第 4 卷）［M］．合肥：安徽文化音像出版社，2004．

[46] 王甫．电视新闻的视觉传播优势［M］．北京：中国广播电视出版社，1996．

[47] 王心语．影视导演基础［M］．北京：中国传媒大学出版社，2009．

[48] 王宇红.朗读技巧.北京：中国广播电视出版社，2002．

[49] 王泰兴.有声传播语言应用.北京：中国广播电视出版社，2000．

[50] 汪流．中外影视大辞典［M］．北京：中国广播电视出版社，2001．

[51] 伍建阳．影视声音创作艺术［M］．北京：中国广播电视出版社，2005．

[52] 温化平．电视节目解说词写作［M］．北京：北京广播学院出版社，1988．

[53] 徐舫州．电视解说词写作［M］．北京：北京师范大学出版社，2001．

[54] 徐鹏民，等．农业网络传播［M］．北京：中国传媒大学出版社，2006．

[55] 夏正达．摄像基础教程［M］．上海：上海人民美术出版社，2005．

[56] 徐阳，刘瑛．版面与广告设计［M］．上海：上海人民美术出版社，2003．

[57] 谢深泉，等．多媒体基础与应用［M］．北京：北京大学出版社，1997．

[58] 谢尔盖·爱森斯坦．爱森斯坦论文选集［M］．北京：中国电影出版社，1982．

[59] 游泽清．多媒体画面艺术基础［M］．北京：高等教育出版社，2003．

[60] 姚国强．影视声音艺术与技术［M］．北京：中国广播电视出版社，2003．

[61] 雨石等．美术基础知识与欣赏［M］．上海文艺出版社，2002．

[62] 余甲方．音乐鉴赏教程［M］．上海：复旦大学出版社，2006．

[63] ［瑞士］约翰内斯·伊顿．色彩艺术［M］．杜定宇，译．上海：上海人民美术出版社，1978．

[64] 张浩，冯晓临．影视作品分析教程（电影分册）［M］．北京：国防工业出版社，2008．

[65] 张晓锋．电视编辑思维与创作［M］．中国广播电视出版社，2001．

[66] 张连生，等．装饰色彩［M］．沈阳：辽宁美术出版社，2006．

[67] 《住宅设计资料集》编委会．住宅设计资料集 4［M］．北京：中国建筑工业出版社，1999．

[68] 赵国志．色彩构成［M］．沈阳：辽宁美术出版社，1989．

[69] 张颂．朗读学．北京：北京广播学院出版社，1999．

[70] http://news.sina.com.cn/pl/2010-08-18/093920922533.shtml.

[71] http://finance.sina.com.cn/focus/chinaGDP/index.shtml.

[72] http://news.sina.com.cn/c/p/2010-08-18/111920923415.shtml.

[73] http://news.sina.com.cn/c/2010-08-18/071320921025.shtml.

[74] http://news.sina.com.cn/.

[75] http://www.sina.com.cn/.

[76] http://weather.news.sina.com.cn/.

[77] http://space. tv. cctv. com/act/video. jsp?videoId=VIDE1209558959616530.

[78] http://v. ku6. com/show/8-Cdna1YUh58xHuZ. html.

[79] http://video. google. cn/videoplay?docid=−7507133175104770220&q=地震专题&hl=zh−CN.

[80] http://club. news. sohu. com/r-sohu_wireless_bbs-6437-0-0-10. html.

[81] http://www. tudou. com/playlist/playindex. do?lid=3982758&iid=5258230.

[82] http://sh. sohu. com/20070612/n250524565. shtml.

[83] http://ent. sina. com. cn/f/v/tvsbtj/index. shtml.

[84] http://www. verycd. com/topics/5576/.

[85] http://olivier. danchin. neuf. fr.

[86] http://summer. tnvacation. com.

[87] http://www. cameronmoll. com/portfolio.

[88] http://bartelme. at.

[89] http://202. 201. 48. 18/art/index. html.

[90] http://www. lx. gsnet. cn/.

[91] http://www. lx. gsnet. cn.

[92] http://www. nwnu. edu. cn/.

[93] http://jcjy. nwnu. edu. cn/new/.

[94] http://blog. sina. com. cn/xueli1010.

[95] http://blog. sina. com. cn/tjql.

[96] http://blog. sina. com. cn/hxy3611885.

[97] http://blog. sina. com. cn/gansuqinfeng.

[98] http://blog. sina. com. cn/hexg1964111.

[99] http://www. sohu. com/.

[100] http://jcjy. nwnu. edu. cn/2008dv/.

[101] http://www. cclib. com. cn.

[102] http://baike. baidu. com/view/298504. html?wtp=tt.

[103] http://www. douban. com/review/1849691/.

[104] http://ent. 163. com/edit/010810/010810_96029. html.

[105] http://www. cnmdb. com/newsent/20061207/867783.

[106] http://www.tudou.com/playlist/id/5439728/.

[107] http://baike.baidu.com/view/131789.htm?fr=ala0_1_1.

[108] http://paper.jyb.cn/zgjyb/html/2010-08/24/node_2.htm.

[109] http://www.sciencenet.cn/sbhtmlnews/2009/1/215161.html.

[110] http://image.baidu.com/i?ct=503316480&z=0&tn=baiduimagedetail&word=%D9%AA%C2%DE%BC%CD%B9%A

B%D4%B0&in=12236&cl=2&lm=−1&pn=10&rn=1&di=28016926755&ln=1&fr=&ic=0&s=0&se=1&sme=0.

[111] http://hiphotos.baidu.com/ziyv/pic/item/23d09e5412a30c65574e0012.jpg.

[112] http://image.baidu.com/i?ct=503316480&z=0&tn=baiduimagedetail&word=%CC%A9%CC%B9%C4%E1%BF%C
B%BA%C5%BA%A3%B1%A8&in=9912&cl=2&lm=−1&pn=29&rn=1&di=1809317343&ln=1&fr=&ic=&s=&se=
&sme=0.